Leitfäden und Monographien
der Informatik

S. Naumann / H. Langer
Parsing

Leitfäden und Monographien der Informatik

Die Leitfäden und Monographien behandeln Themen aus der Theoretischen, Praktischen und Technischen Informatik entsprechend dem aktuellen Stand der Wissenschaft. Besonderer Wert wird auf eine systematische und fundierte Darstellung des jeweiligen Gebietes gelegt. Die Bücher dieser Reihe sind einerseits als Grundlage und Ergänzung zu Vorlesungen der Informatik und andererseits als Standardwerke für die selbständige Einarbeitung in umfassende Themenbereiche der Informatik konzipiert. Sie sprechen vorwiegend Studierende und Lehrende in Informatik-Studiengängen an Hochschulen an, dienen aber auch in Wirtschaft, Industrie und Verwaltung tätigen Informatikern zur Fortbildung im Zuge der fortschreitenden Wissenschaft.

Parsing

Eine Einführung in die maschinelle Analyse natürlicher Sprache

Von Dr. phil. Sven Naumann
Universität Trier
und Dr. phil. Hagen Langer
Universität Osnabrück

B. G. Teubner Stuttgart 1994

Dr. phil. Sven Naumann

Geboren 1958 in Oldenburg. Von 1976 bis 1983 Studium der Deutschen Philologie und Philosophie an der Georg-August-Universität Göttingen und dem Trinity College in Dublin. Von 1983 bis 1987 wiss. Mitarbeiter am Seminar für deutsche Philologie der Universität Göttingen. 1987 Promotion mit ‚Ein einfacher Parser für Generalisierte Phrasenstrukturgrammatiken'. Seit 1987 wiss. Mitarbeiter im Fach Linguistische Datenverarbeitung/Computerlinguistik an der Universität Trier.
Forschungsinteressen: Parsing, Lexikonrepräsentation, maschinelles Lernen, Grammatiktheorie.

Dr. phil. Hagen Langer

Geboren 1962 in Hannover. Von 1983 bis 1989 Studium der Deutschen Philologie und Philosophie an der Georg-August-Universität Göttingen. 1989 Promotion mit ‚Ein automatisches Morphsegmentierungsverfahren für deutsche Wortformen'. Von 1989 bis 1993 Tätigkeit als wiss. Mitarbeiter in verschiedenen computerlinguistischen Forschungsprojekten an der Universität Bielefeld. Seit Januar 1994 wiss. Assistent am Fachbereich ‚Sprach- und Literaturwissenschaft' der Universität Osnabrück und kooptiertes Mitglied des Instituts für semantische Informationsverarbeitung.
Forschungsinteressen: Parsing, Lexikonrepräsentation, Computerlinguistische Morphologiemodelle, Grammatiktheorie.

Die Deutsche Bibliothek – CIP-Einheitsaufnahme

Naumann, Sven:
Parsing : eine Einführung in die maschinelle Analyse
natürlicher Sprache / von Sven Naumann und Hagen Langer. –
Stuttgart : Teubner, 1994
(Leitfäden und Monographien der Informatik)
ISBN 978-3-519-02139-1 ISBN 978-3-322-90877-3 (eBook)
DOI 10.1007/978-3-322-90877-3

NE: Langer, Hagen:

Gesamtherstellung: Zechnersche Buchdruckerei GmbH, Speyer
Einband: Peter Pfitz, Stuttgart

Für Wolf

Vorwort

Als wir Ende der 80er Jahre zum erstenmal Lehrveranstaltungen vorbereiteten, die einen Überblick über die aus Sicht der Computerlinguistik wichtigsten Parsingalgorithmen geben sollten, mußten wir feststellen, daß zwar einerseits die Zahl der Aufsätze, die sich direkt oder indirekt mit Fragen des Parsing beschäftigen, ständig wächst und schon fast nicht mehr überschaubar ist, es anderseits aber kaum Lehrbücher gibt, die sich als Grundlage für einführende Veranstaltungen eignen. Natürlich gibt es ganze Reihe von Büchern, die algorithmische Verfahren der Syntaxanalyse unter dem Gesichtspunkt der Entwicklung von Compilern (für Programmiersprachen) diskutieren. Einige fundamentale Unterschiede zwischen natürlichen und formalen Sprachen und den Anforderungen an Parser, die als Teil eines Compilers oder eines natürlichsprachlichen Systems konzipiert werden, lassen diese Bücher aus Sicht der Computerlinguistik nur eingeschränkt geeignet erscheinen. Aus diesem Grund begannen wir, ein Skript zu schreiben, aus dem sich im Verlauf mehrerer Jahre dieses Buch entwickelte. In dieser Zeit ist es durch viele Hände gegangen: Für viele wertvolle Anregungen möchten wir besonders P.Barg, F.Guenthner, R.Posner, I.Renz und J.Schrepp danken. Ohne die Geduld und die Sorgfalt von S.Bauer, J.Falkenberg, B.Grote, H.Kranzdorf, B.Krier-Brandt und C.Schulz wären viele sachliche und orthographische Fehler unentdeckt geblieben.

Alle die in diesem Buch abgedruckten Programme und weitere, die aus Platzgründen nicht aufgenommen werden konnten, sind über den ftp–Server der Universität Trier erhältlich (Adresse: *ftp.uni-trier.de* / User-Name: *anonymous*). Wem dieser Weg verstellt ist, kann sie gegen Einsenden einer formatierten Diskette (3 1/2 Zoll), eines frankierten Rückumschlags und einer Bearbeitungsgebühr von 10 .- DM an folgende Addresse erhalten:

Dr. Sven Naumann
LDV/CL
Universität Trier
D-54286 Trier

Wir möchten das über den ftp–Server verfügbare Angebot an für Forschung und Lehre relevanter Software möglichst umfassend und attraktiv gestalten. Aus diesem Grund fordern wir alle Entwickler und Entwicklerinnen von Parsern, Regognizern und Grammatiken, die bereit sind, ihre Ergebnisse zur Verfügung zu stellen, dazu auf, ihre Programme an folgende e-mail Addresse zu schicken:

naumann@ldv01.uni-trier.de

Trier, im April 1994
S.N. und H.L.

Einleitung

Ein kurzer Blick auf die Titel der in Zeitschriften und Tagungsbänden veröffentlichten computerlinguistischen Arbeiten genügt, um zu erkennen, daß sich eine nicht unerhebliche Zahl von ihnen mit Fragen des Parsings (wie z.B. der Entwicklung neuer bzw. der Optimierung bekannter Parsingalgorithmen, der Entwicklung von Parsern für bestimmte Grammatikformalismen, etc.) auseinandersetzt. Um so erstaunlicher ist es, daß es kaum aktuelle (Lehr-)Bücher gibt, die eine Einführung in diesen für die Computerlinguistik so zentralen Bereich bieten[1]. Das vorliegende Buch bemüht sich, diese Lücke zu schließen: Es enthält eine ausführliche Beschreibung der wichtigsten im Bereich der Computerlinguistik verwendeten Parsingalgorithmen. Alle Algorithmen werden nicht nur informell erläutert, sondern detailliert und in einem einheitlichen Format spezifiziert.

Das Buch kann, aufgrund unserer eigenen Erfahrung, als Textgrundlage für Parsingseminare, als Mittel zum Selbststudium bzw. als Nachschlagewerk verwendet werden. Da es sich außerdem ausführlich mit der Frage auseinandersetzt, wie sich auf Grundlage der beschriebenen Algorithmen Recognizer und Parser in Lisp bzw. in Prolog implementieren lassen, kann es darüber hinaus auch im Rahmen von Programmierkursen in diesen beiden Sprachen genutzt werden.

Wir möchten allerdings betonen, daß es sich bei dem Buch nicht um eine Einführung in die Computerlinguistik im allgemeinen handelt. Seine Lektüre setzt Grundkenntnisse der Mengenlehre und der Theorie der formalen Sprachen voraus. Programmierkenntnisse in Lisp oder Prolog dagegen sind wünschenswert, aber nicht unbedingt erforderlich.

Grenzen

Fast alle computerlinguistischen Methoden und Gegenstände haben Bezüge zum Parsing: Viele implementierte Systeme, gleichgültig, ob es sich dabei um Übersetzungsprogramme, Frage-Antwort-Systeme oder linguistische Werkzeuge („Tools") zur Text- und Sprachanalyse handelt, enthalten Parsingkomponenten. Auch für die Beurteilung von Repräsentationssprachen und Grammatikformalismen bildet die Verfügbarkeit geeigneter Parsingverfahren ein wichtiges Kriterium. Insofern gibt es

[1]Am Ende dieses Vorwortes findet sich eine kommentierte Kurzbibliographie, die u.a. die uns bekannten Einführungen aufführt.

nur sehr wenige computerlinguistische Arbeiten, die überhaupt nichts mit Parsing zu tun haben.

Da sich dieses Buch darauf beschränkt, einen Überblick über die wichtigsten in der Computerlinguistik verwendeten Parsingverfahren zu vermitteln, werden bestimmte Themenkomplexe, deren Behandlung eine LeserIn von einer Einführung in diesen Bereich erwarten würde, nur sehr knapp oder aber gar nicht berücksichtigt. Dazu zählen insbesondere die folgenden Punkte:

1. Wir haben darauf verzichtet, bestimmte existierende natürlichsprachliche Systeme bzw. Parsingkomponenten solcher Systeme detailliert zu beschreiben.

2. Auf Probleme, die sich bei der Entwicklung von Parsern für spezielle Grammatikformalismen (z.B. Parser für *tree adjoining grammars*, *Prinzipien-&-Parameter*-Parser etc.) ergeben, wird nur am Rande eingegangen.

3. Stochastische und konnektionistische Verfahren (*statistisches Parsen* bzw. *Parsen mit neuronalen Netzwerken*) werden nicht behandelt.

4. Die „*Spielzeug*"-Grammatiken, die sich in den diversen Beispielen des Buchs finden, spezifizieren entweder eine einfache formale Sprache, oder sie erlauben die Analyse bzw. Generierung einer kleinen Zahl deutscher (Deklarativ)Sätze. In jedem Fall wurden sie so formuliert, daß sich anhand ihrer die Charakteristika der verschiedenen Verarbeitungsstrategien illustrieren lassen. Wir erheben nicht den Anspruch, mit ihnen bestimmte sprachliche Phänomene des Deutschen in linguistisch adäquater Weise zu beschreiben.

5. Da die in diesem Buch verwendeten Grammatiken, die keine formale Sprache beschreiben, reine Satzgrammatiken sind, könnte der Eindruck entstehen, daß Parsing in irgendeinem direkten Zusammenhang mit Satzsyntax stünde. Dieser Eindruck ist jedoch falsch; die Algorithmen sind gegenüber der linguistischen Interpretation der Grammatiken neutral und eignen sich grundsätzlich auch für Grammatiken, die z.B. die Struktur von Silben, Morphemen, Wörtern, Texten oder sogar nicht-sprachlichen Zeichenkomplexen (z.B. Bildern oder Musikstücken) beschreiben. Fragen, die die Adäquatheit bestimmter Grammatiken oder Grammatiktypen für die Beschreibung gegebener linguistischer Phänomene betreffen, werden in diesem Buch nicht näher diskutiert. Es steht aber außer Frage, daß die Leistungsfähigkeit eines tatsächlich realisierten Parsingsystems in erheblichem Maße von dem Umfang und der Qualität der verwendeten Grammatik abhängt.

6. Verfahren aus der Signalphonetik und Mustererkennung werden wir nur am Rande behandeln, obwohl man die Erkennung gesprochener Sprache, also z.B. die Abbildung eines kontinuierlichen Sprachsignals auf eine Kette von diskreten Symbolen eines phonologischen Alphabets, durchaus als ein Parsingproblem

im weiteren Sinne auffassen kann. Die bei solchen Fragestellungen verwendeten Algorithmen sind jedoch grundsätzlich verschieden von den hier dargestellten Verfahren. Alle in diesem Buch beschriebenen Algorithmen setzen nämlich als Eingabe bereits eine Folge von Symbolen aus einem endlichen, vordefinierten Alphabet voraus, und alle Operationen, die in den Algorithmen Verwendung finden, sind Manipulationen dieser diskreten Symbole.

7. Die Verarbeitung natürlicher Sprache ist ein hochgradig komplexes Problem, was dazu führt, daß bereits bei der Entwicklung von Parsern für Sprachfragmente mittlerer Größenordnung Effizienzüberlegungen berücksichtigt werden müssen. Wir werden in diesem Buch nur gelegentlich auf effiziente Parserprogrammierung in den beiden verwendeten Programmiersprachen eingehen und uns im allgemeinen auf die Diskussion der Effizienz der zugrundeliegenden *Algorithmen* beschränken.
   Bei den Beispielprogrammen wurde dem Kriterium der Übersichtlichkeit des Kodes eine höhere Priorität eingeräumt als dem Kriterium der Verarbeitungsgeschwindigkeit (so finden sich z.B. aus Gründen der besseren Lesbarkeit Prologprogramme mit dem Listenkonstruktor *append*, obwohl die semantisch äquivalente Differenzlistenrepräsentation immer effizienter ist). Diese Bevorzugung des Übersichtlichkeitskriteriums gegenüber der Effizienz hat den folgenden Grund: Wir gehen davon aus, daß die Programmiersprachen Lisp und Prolog in der Regel für *rapid prototyping* eingesetzt werden. Die in diesen Sprachen entwickelten linguistischen Programme haben zumeist nur wenige Anwender und dienen eher dem Zweck, die grundsätzliche Algorithmisierbarkeit bestimmter Probleme zu zeigen. Soll ein in Lisp oder Prolog entwickeltes Programm einer größeren Zahl von Anwendern zur Verfügung gestellt werden, empfiehlt sich wohl ohnehin eine Reimplementierung in einer dafür geeigneten Programmiersprache wie z.B. C.

8. Für viele relevante mathematische Eigenschaften der in diesem Buch diskutierten Parsingalgorithmen liegen Beweise vor. Wir beschränken uns darauf, die wichtigsten Resultate wiederzugeben. Auf die ihnen zugrundeliegenden Beweise wird an den entsprechenden Stellen verwiesen.

9. Eine wichtige Motivation für die Beschäftigung mit Parsingverfahren ist die Modellierung der Sprachverarbeitung durch den Menschen. Da aber eine angemessene Berücksichtigung dieses interessanten Aspekts den Umfang dieses Buches sprengen würde, haben wir auf eine ausführliche Diskussion der psycholinguistischen Adäquatheit von Parsingverfahren verzichtet.

Aufbau

Im ersten Teil des Buchs (Kapitel 1 und 2) beschreiben wir zunächst kurz, welche Bedeutung Verfahren der maschinellen Sprachanalyse in der Informatik (Compilerbau), der kognitiven Psychologie und der Computerlinguistik haben. Außderdem führen wir die grundlegenden Begriffe wie *Parser*, *Recognizer*, *Parsingalgorithmus* usw. ein und erläutern unsere Darstellungsweise von Algorithmen.

Teil 2 (Kapitel 3 bis 5) stellt eine Reihe einfacher Parsingalgorithmen für kontextfreie Syntaxen vor, die entweder mit einer *Depth-first-Suchstrategie mit Backtracking* arbeiten oder eine *Breadth-first-Suchstrategie* verwenden.

Der dritte Teil (Kapitel 6 bis 9) gibt einen Überblick über *Chart-parsing*-Algorithmen. Charakteristisch für diese Parsingverfahren ist, daß sie zusätzliche Mechanismen für die Verwaltung bereits erreichter Teilergebnisse verwenden und so redundante Arbeitsschritte vermeiden, die bei den in Teil 2 besprochenen Algorithmen nicht ausgeschlossen werden können.

Anschließend (Kapitel 10 und 11) wenden wir uns dem deterministischen Parsing zu. Eine besonders wichtige Rolle spielen dabei die LL- und LR-Algorithmen, die vor allem im Compilerbau sehr häufig verwendet werden und die Grundlage für den in den letzten Jahren in vielen natürlichsprachlichen Systemen verwendeten Algorithmus von M.Tomita bilden.

In der Computerlinguistik werden seit Anfang der 80er Jahre zunehmend unifikationsbasierte Grammatikformalismen verwendet. Teil 5 (Kapitel 12 und 13) demonstriert, wie sich die zuvor behandelten Chart-Parsing-Algorithmen so modifizieren lassen, daß sie auch für diese Grammatikformalismen verwendet werden können.

Am Ende des Buchs finden sich eine Reihe von Appendices. Sie enthalten u.a.:

- eine kurze Darstellung der grundlegenden Begriffe aus dem Bereich der Theorie der formalen Sprachen und der Graphentheorie und
- erläutern die wichtigsten der verwendeten Datenstrukturen.

Allen Kapiteln liegt die folgende Struktur zugrunde: Den Anfang bildet die informelle Darstellung eines Algorithmus, die anschließend schrittweise präzisiert wird. In den meisten Fällen wird zunächst ein Erkennungsalgorithmus entwickelt, der dann zu einem Parsingalgorithmus erweitert wird. Gegebenenfalls werden auch interessante Varianten des Grundalgorithmus behandelt. Es folgen Implementierungen der im ersten Teil des Kapitels vorgestellten Algorithmen. Allerdings wird in der Regel nicht jeder Algorithmus in LISP **und** PROLOG dargestellt. Am Schluß eines Kapitels finden sich Übungsaufgaben, die der Vertiefung des behandelten Stoffs dienen sollen.

In dem folgenden Literaturüberblick führen wir einige der wichtigsten Werke auf, die geeignet sind, die Lektüre dieses Buches zu ergänzen und zu vertiefen.

Literatur

Aho, A.V., Ullman, J.D. (1972). The Theory of Parsing, Translation, and Compiling. Prentice-Hall: Englewood Cliffs, New York.
Dieses Buch ist ein Klassiker, in dem die wichtigsten Algorithmen und Beweise knapp und präzise dargestellt werden. Es führt auch in die Grundlagen der Mengentheorie, der Theorie der formalen Sprachen und der Graphentheorie ein. Die Darstellungsweise ist an informatischen Standards und dem imperativen Programmierparadigma orientiert. Das Buch enthält allerdings keine linguistischen Bezüge.

Bátori, I.S., Lenders, W., Putschke, W. (Hrsg.) (1989) Computational Linguistics. An International Handbook on Computer Oriented Language Research and Applications. Berlin: Walter de Gruyter.
Ein sehr umfangreiches Nachschlagewerk. Die beiden Artikel von P.Hellwig über Parsing geben einen knappen Überblick über Parsingalgorithmen.

Charniak, E., Riesbeck, C.K., McDermott, D.V., Meehan, J.R. (1987) Artificial Intelligence Programming. New Jersey: Lawrence Erlbaum Assoc., 2. Auflage.
Ein ausgezeichnetes LISP-Buch für Fortgeschrittene.

Gazdar, G., Mellish, C. (1989) Natural Language Processing in PROLOG/LISP. Addison-Wesley: Reading, M.A.
Diese beiden Bücher (oder beiden Varianten eines Buches) sind Einführungen in die Computerlinguistik. Sie decken alle wichtigen Teilgebiete von der Phonologie bis hin zur Pragmatik ab. Die Darstellungsweise hat zwei Komponenten: Zum einen werden die Inhalte informell und didaktisch angerissen, zum anderen werden sie durch Implementierungen in der jeweiligen Programmiersprache exemplifiziert. Auf eine systematische, formale und programmiersprachenunabhängige Darstellung der Verfahren wird allerdings weitgehend verzichtet.

Görz, G. [Hrsg.] (1993) Einführung in die künstliche Intelligenz. Bonn: Addisson-Wesley.
Dieses umfangreiche Buch enthält u.a. Abschnitte über KI-Programmiertechniken in LISP und PROLOG, linguistische Repräsentationsformalismen und kognitionswissenschaftliche Aspekte der Sprachverarbeitung.

Hopcraft, J.E., Ullman, J.D. (1979) Introduction to Automata Theory, Languages, and Computation. Massachusetts: Addison-Wesley.
Dieses Buch darf z.Zt. als DAS Standardwerk zur Theorie der formalen Sprachen gelten. Es deckt alle wichtigen Teilbereiche (Automatentheorie, Komplexitätstheorie usw.) ab und enthält alle relevanten Beweise. Die Darstellungsweise ist sehr redundanzarm und präzise.

König, E., Seiffert, R. (1989) Grundkurs PROLOG für Linguisten. Tübingen: Francke Verlag, UTB 1525.
Ein Prologlehrbuch mit linguistischen Anwendungen.

Partee, B.H., ter Meulen, A., Wall, R.E. (1990) Mathematical Methods in Linguistics. Dordrecht: Kluwer Academic Publishers.
Ein ausgezeichnetes Buch, das eine ausführliche und präzise Darstellung der für die (Computer-)Linguistik relevanten mathematischen Grundlagen und Verfahren bietet.

Pereira, F.C.N., Shieber, S.M. (1987) Prolog and Natural-Language Analysis. Stanford: CSLI Lecture Notes 10.
Eine fundierte, empfehlenswerte Einführung in das Parsing mit Prolog.

Sterling, L., Shapiro, E. (1986) The Art of Prolog. Cambridge: MIT Press.
Dieses Buch ist u.E. derzeit die beste Einführung in die Programmiersprache PROLOG. Es steht zwar in dem Ruf, deutlich anspruchsvoller zu sein als vergleichbare Werke, es ist aber auch für den engagierten Anfänger empfehlenswert.

Winston, P.H., Horn, B.K.P. (1989^3) LISP. Massachusetts: Addison-Wesley.
Trotz einiger konzeptioneller Schwächen immer noch ein besonders für Anfänger geeignetes Buch, das sich durch eine Vielzahl von Beispielen und Anwendungen auszeichnet.

Winograd, T. (1983) Language as a Cognitive Process: I. Syntax. Addison-Wesley.
Ein weitgefächerter, sehr systematischer Überblick über computerlinguistische Methoden und Resultate. Nach wie vor sehr empfehlenswert.

Viele wichtige Arbeiten im Bereich Parsing kursieren bereits Jahre vor ihrer regulären Veröffentlichung als *technical reports* oder als *graue Papiere*. Diese Situation macht es gerade für AnfängerInnen schwierig, sich einen Überblick über den aktuellen Stand der Diskussion in diesem Bereich zu verschaffen. Hilfreich sind in diesem Zusammenhang besonders die folgenden Quellen:

- die Proceedings der einschlägigen internationalen Konferenzen COLING, ACL und EACL;
- spezielle Tagungen und Workshops zum Thema Parsing (z.B. der TWLT-Workshop „Parsing Natural Language“, 1993);
- Fachzeitschriften wie *Computational Linguistics*, *Artificial Intelligence* etc.;
- themenspezifische Fachgruppen in Vereinen wie der *Deutschen Gesellschaft für Sprachwissenschaft* (DGfS), der *Gesellschaft für Informatik* (GI) oder der *Gesellschaft für linguistische Datenverarbeitung* (GLDV);
- die usenet-newsgroup *comp.ai.nat-lang* (die *elektronische Zeitung* im Internet) und andere elektronische Informationsquellen wie die *newsletter* bestimmter Interessengruppen und die ftp-server relevanter Projekte und Institute.

Inhaltsverzeichnis

Symbolverzeichnis

Symbol	*Bedeutung*
$<$	kleiner als; bei ID/LP-Syntaxen: lineare Präzedenz
$>$	größer als
$x \in A$	x ist Element von A
$x \notin A$	x ist kein Element von A
$\{x \mid \ldots\}$	die Menge aller x, für die gilt: ...
$A \subseteq B$	A ist eine Teilmenge von B
$A \subset B$	A ist eine echte Teilmenge von B
$A \cup B$	Vereinigung der Menge A und der Menge B
$\bigcup A_1, \ldots, A_n$	Vereinigung aller A_i
$A \cap B$	Schnitt der Menge A mit der Menge B
$\bigcap A_1, \ldots, A_n$	Schnitt aller A_i
$A - B$	Differenz der Mengen A und B
$\bar{A}$	Komplement der Menge A
POT(A)	Potenzmenge der Menge A
CARD(A)	Kardinalität der Menge A
$A \times B$	kartesisches Produkt der Mengen A und B
$f{:}A \rightarrow B$	f ist eine Funktion bzw. Abbildung von A nach B
$\emptyset$ bzw. $\{\}$	leere Menge
$\wedge$	Konjunktion
$\vee$	Disjunktion
$\neg$	Negation
$\exists$	Existenzquantor
$\forall$	Allquantor
a^n	die Kette, die aus n Vorkommen des Symbols a besteht
$\|k\|$	die Länge der Kette k
$\|G\|$	die Länge der Grammatik G
$x \rightarrow \alpha$	ersetze das Symbol x durch die Kette α
$\alpha \Rightarrow \beta$	die Kette β ist aus der Kette α direkt ableitbar
$\alpha \stackrel{*}{\Rightarrow} \beta$	die Kette β ist aus der Kette α ableitbar
V^*	Abschluß eines Alphabets bzw. einer Sprache (Kleene-Stern)
e	leeres Wort
$\Leftarrow$	Wertzuweisung
$\sqcup$	Unifikation
$\preceq$	Subsumtion
[ ]	die leere Merkmalsstruktur (*top*)
$\perp$	die inkonsistente Merkmalsstruktur (*bottom*)
Φ	Restriktor einer Merkmalsstruktur
FIRST	FIRST-Relation

Teil I

Grundlagen

1 Was ist Parsing?

Der Ausdruck „Parsing“ leitet sich aus den „partes orationis“, d.h. den Wortarten, ab. Entsprechend den Vorstellung der Grammatiktradition des 19. Jahrhunderts besteht die grammatische Analyse im wesentlichen aus der Bestimmung der Wortarten.

Die Vorstellungen von der Form von Grammatiken und dem, was sie leisten sollen, haben sich in der Zwischenzeit erheblich gewandelt. In der modernen Linguistik werden Grammatiken in der Regel als formale - oder zumindest doch im Prinzip formalisierbare - komplexe Objekte betrachtet, die in systematischer Form phonologische, morphologische, syntaktische, semantische und auch pragmatische Informationen über eine natürliche Sprache präsentieren. So betrachtet, gibt es für Grammatiken einerseits *formale* Adäquatheitskriterien (wie z.B. Konsistenz, Entscheidbarkeit, ...), wie anderseits bestimmte *empirische* Adäquatheitskriterien (z.B. die in [Chomsky 1965] formulierten Kriterien der *Beobachtungs-*, *Beschreibungs-* und *Erklärungsadäquatheit*).

Für fast alle der in den letzten Jahrzehnten entwickelten Grammatikformalismen wurden geeignete Parsingalgorithmen entwickelt und implementiert. Dazu gehören u.a.:

- Verschiedene Typen von Unifikationsgrammatiken (PATR-II, GPSG, LFG, HPSG, ...),
- Tree Adjoining Grammars (TAGs),
- Dependenzgrammatiken,
- Kategorialgrammatiken und
- Systeme, die sich an der *Government-&-Binding*-Theorie orientieren („*parameter-based parsing*“).

Der Begriff „Parsing“ wird heutzutage in vielen Disziplinen wie dem Compilerbau, der kognitiven Psychologie, der Computerlinguistik, sowie der sprachorientierten KI und der Sprachtechnologie als selbstverständlicher Grundbegriff verwendet, „der keiner weiteren Explikation bedarf“. Vielleicht mag darin die Ursache dafür liegen, daß es nach wie vor keine allgemein akzeptierte und präzise Definition für einen Parser gibt.

Zuweilen wird unter einem Parser ein lauffähiges und tatsächlich auf einem konkreten Rechner implementiertes Programm verstanden, das in der Lage ist, formalsprachliche oder natürlichsprachliche Eingaben auf Korrektheit (Grammatikalität) zu überprüfen und ihnen dabei eine Interpretation, gewöhnlich in Form von einer oder mehreren Strukturbeschreibungen, zuordnet. Manchmal wird jedoch mit „Parser" auch der (abstrakte) Algorithmus bezeichnet, der einer solchen Implementierung zugrunde liegt (etwa, wenn man von einem „Earley-Parser" spricht).

Auch die Form der Eingabe sowie die Art des bei der Analyse herangezogenen Wissens variieren stark: Während insbesondere in der Computerlinguistik Parsing häufig mit automatischer (syntaktischer) Satzanalyse gleichgesetzt wird, gibt es gerade im Bereich der kognitiven Psychologie eine Reihe (meistens aus den 70er Jahren stammender) Systeme, deren *Parser* sich um eine direkte semantische Interpretation von Eingaben bemüht. Neben *syntaktischen* und *semantischen* Parsern finden sich aber auch *phonologische* und *morphologische* Parser sowie *Textparser*, d.h. Systeme die Text- bzw. Diskursstrukturen analysieren. Aus diesem Grund führt die Beschränkung auf die syntaktische Analyse von Sätzen zu einer zu engen Definition von Parsing[1]. Der Versuch, eine Definition des Begriffs Parser zu entwickeln, die allen seinen unterschiedlichen Verwendungsweisen gerecht wird, kann andererseits leicht zu einer zu weiten Definition dieses Begriffs führen: Wenn man einen Parser einfach als Algorithmus bzw. Programm definiert, das einem natürlichsprachlichen bzw. einem formalsprachlichen Ausdruck einen anderen formalsprachlichen Ausdruck zuordnet, dann fallen im Prinzip auch beliebige Computerprogramme bzw. Algorithmen unter diese Definition. Aufgrund dieser konzeptuellen Probleme werden wir Parser deshalb zunächst informell als Klasse von Algorithmen auffassen, die für die Analyse (natürlich-)sprachlicher Ausdrücke entwickelt und verwendet wurden, und zwar im wesentlichen - aber nicht nur - im Bereich der Satzsyntax.

Wenn man Parsing als einen Prozeß betrachtet, in dem einem sprachlichen Ausdruck eine Strukturbeschreibung zugewiesen wird, dann lassen sich die folgenden Faktoren unterscheiden:

- Eingabe:
  Als Eingabe kommen natürlichsprachliche Ausdrücke oder Ausdrücke einer formalen Sprache, wie z.B. einer Programmiersprache, in Frage. Natürlichsprachliche Ausdrücke können entweder in geschriebener Form oder als akustisches Signal vorliegen.

- Ausgabe:
  Es gibt eine Vielzahl von Möglichkeiten, syntaktische Strukturbeschreibungen zu

[1]Die starke Orientierung an der syntaktischen Analyse hat vor allem historische Gründe, die mit dem Primat der Syntax in Linguistik und Computerlinguistik in den letzten Jahrzehnten zusammenhängen.

repräsentieren; zu den wichtigsten gehören Baumdiagramme und Attribut-Wert-Matrizen (Merkmalsstrukturen).

- Parser:
  Parsing kann entweder als Teil des menschlichen Sprachverstehensprozesses aufgefaßt werden oder als ein maschinell realisierter Prozeß.

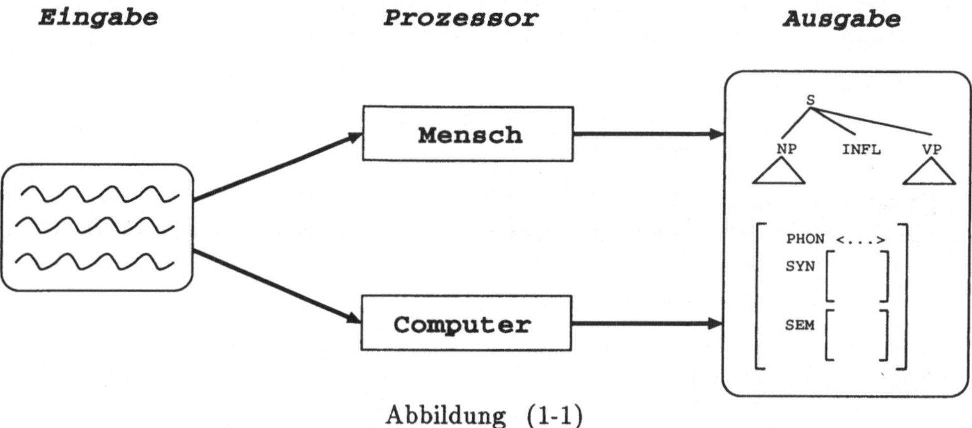

Abbildung (1-1)

Mit dieser intuitiven Vorstellung von Parsing wollen wir uns vorläufig begnügen[2]. In den folgenden Abschnitten skizzieren wir kurz, welche Rolle Parsing in den Disziplinen Compilerbau, kognitive Psychologie und Computerlinguistik spielt. Dabei zeigt sich, daß es ein breites Spektrum unterschiedlicher Fragestellungen und Erkenntnisinteressen gibt, die eine Auseinandersetzung mit Sprachanalysemethoden motivieren.

1.1 Parsing und Compilerbau

Anweisungen, die von einem Rechner direkt ausgeführt werden können, müssen in der *Maschinensprache* geschrieben sein, die der Prozessor dieses Rechners „versteht". Für die Entwicklung von Programmen allerdings werden in der Regel sogenannte *höhere Programmiersprachen* wie z.B. C, COBOL, FORTRAN, LISP, PASCAL, PROLOG etc. verwendet. Neben der Portabilität dieser Programme liegt ein entscheidender Vorteil bei der Verwendung höherer Programmiersprachen darin, daß sie – anders als eine Maschinensprache bzw. maschinennahe Sprache wie Assembler – eine große Zahl leistungsfähiger Funktionen und Prozeduren zur Verfügung stellen,

[2]In Kapitel 2 dieses Buches werden wir dann präziser definieren, wie wir die Begriffe „Parser", „Parsingalgorithmus" usw. verwenden, und auch auf das Verhältnis von Parsingalgorithmen zu anderen Algorithmen (insbesondere Suchalgorithmen) eingehen.

die es ermöglichen, für bestimmte Aufgabenstellungen in kurzer Zeit leistungsfähige Programme zu entwickeln.

Die in einer höheren Programmiersprache geschriebenen Programme (*Quellkode*) können allerdings nicht direkt ausgeführt werden, sondern müssen dazu in eine Folge von Maschinensprachanweisungen (*Objektkode*) übersetzt werden. Diese Übersetzung des Quellkodes in den Objektkode wird als *Compilierung* bezeichnet[3].

P sei ein beliebiges in einer höheren Programmiersprache geschriebenes Programm und M der durch die Compilierung von P generierte Objektkode. Die Compilierung von P kann als ein zweistufiger Prozeß betrachtet werden:

1. *Syntaktische Analyse:*
   Die syntaktische Struktur von P wird analysiert; d.h. P wird auf eine Strukturbeschreibung SB(P) abgebildet.

2. *Semantische Analyse:*
   Die Strukturbeschreibung des Programms wird verwendet, um ein Maschinensprachprogramm zu generieren, dessen Semantik mit der von P übereinstimmt; d.h. SB(P) wird auf M abgebildet.

Die syntaktische und semantische Analyse lassen sich in eine Reihe einzelner Schritte zerlegen, wie die folgende Abbildung zeigt:

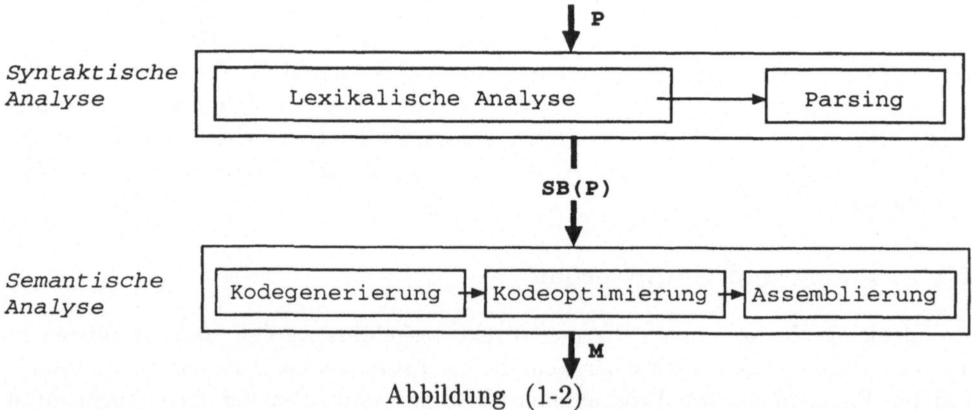

Abbildung (1-2)

Die Aufgabe der lexikalischen Analyse besteht darin, die Zeichenfolgen des Programmtextes zu identifizieren, die eine einzelne syntaktische Einheit repräsentieren und ihnen eine syntaktische Kategorie (wie z.B. *Variable* oder *Konstante*) zuzuordnen. Diese Einheiten werden als *Token* bezeichnet. Der Parser operiert auf einer von

[3]Die folgende Darstellung, die sich an [Aho/Ullman 1972, S.53-75] orientiert, beschränkt sich darauf, die Bedeutung der syntakischen Analyse bei der Compilierung eines Programms zu skizzieren und erhebt keinen Anspruch auf Vollständigkeit oder etwa darauf, den neuesten Stand der Compilertechnik zu beschreiben.

der lexikalischen Analyse generierten Kette von Token und ordnet ihr eine Strukurbeschreibung (meistens in Form eines Strukturbaums) zu. Diese Strukturbeschreibung bildet dann den Ausgangspunkt für die Kodegenerierung: Häufig wird zunächst ein maschinensprachnaher Zwischenkode (z.B. *Assembler*) generiert, der dann optimiert und schließlich in den eigentlichen Maschinenkode übersetzt wird (*Assemblierung*).

Wie auch in vielen natürlichsprachlichen Systemen hat auch hier die syntaktische Analyse sprachlicher Einheiten primär die Funktion, bestimmte semantische Operationen zu unterstützen. Wir werden abschließend an einem kleinen, stark vereinfachten Beispiel demonstrieren, wie die syntaxgestützte Generierung von Assemblerkode realisiert werden kann.

Beispiel (1-1)
Zu den in einer Assemblersprache verfügbaren Operationen gehören typischerweise bestimmte Registeroperationen wie z.B. das Übertragen des Inhalts einer bestimmten Speicheradresse in ein Register (LDA m[4]), das Speichern des Registerinhalts an einer bestimmten Speicheraddresse (STA m) und das Addieren und Multiplizieren des Registerinhalts mit dem Inhalt einer bestimmten Speicheradresse (ADC m / MPY m).

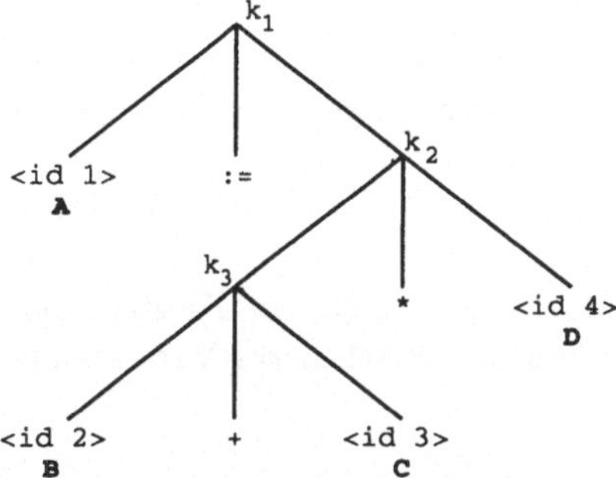

Angenommen, bei dem Quellkode handelt es sich um ein PASCAL-Programm, das unter anderem auch die folgende Anweisung enthält:

A := (B + C) * D.

Wenn die lexikalische Analyse für diese Anweisung die Tokenkette

<id 1> := (<id 2> + <id 3>) * <id 4>

und der Parser für diese Kette die durch den Strukturbaum (s.o.) repräsentierte Strukturbeschreibung generiert, dann könnte die Kodegenerierung wie folgt realisiert werden:

[4]Die in diesem Abschnitt verwendeten Befehle stammen aus dem Befehlssatz des 6502-Prozessors von Motorola, der in so legendären Kleincomputern wie dem Apple-II und dem C-64 verwendet wurde.

1. Der Strukturbaum setzt sich aus zwei Typen von Teilbäumen zusammen:

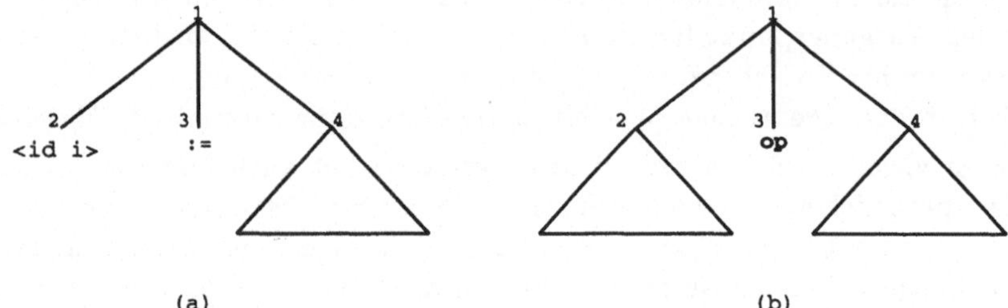

wobei Δ einen beliebigen Teilbaum repräsentiert, der natürlich auch nur aus einem einzelnen Knoten bestehen kann, und **op** $\in \{+, *\}$.

2. Jedem Teilbaumtyp kann eine Folge (schematischer) Anweisungen zugeordnet werden, die die intendierte Semantik des durch ihn repräsentierten Ausdrucks abbilden:

   (a) Berechne den Wert von 4.
   Speichere diesen Wert unter 2. (STA <id *i*>)

   (b) Berechne den Wert von 2.
   Speichere diesen Wert unter \$1, (STA <id \$1>)
   wobei \$1 eine nicht bereits verwendete Speicheradresse bezeichnet.
   Berechne den Wert von 4.
   Wende **op** auf diesen Wert und \$1 an. (MPY \$1 bzw. ADC \$1)

3. Besteht ein Teilbaum aus einem einzelnen Knoten, der mit einer Variablen *var* etikettiert ist, dann muß nur der Wert dieser Variablen in das Register übertragen werden:
   LDA *var*.

4. Der Kode für den gesamten Strukturbaum kann *bottom-up* generiert werden, indem man mit dem Teilbaum beginnt, dessen Wurzelknoten ausschließlich Blätter dominiert und sich dann schrittweise nach oben arbeitet. Der Kode, der dem Wurzelknoten des Strukturbaums (k_1) zugeordnet wird, ist der Assemblerkode für die vollständige PASCAL-Anweisung.

   In unserem Beispiel beginnen wir mit der Kodegenerierung bei dem Teilbaum mit der Wurzel k_3:

   (a) Dem Knoten k_3 wird folgende Anweisungsfolge zugeordnet:

   LDA B
   STA \$1
   LDA C
   ADC \$1

Nach Ausführung dieser Sequenz enthält das Register den Wert der Addition von A und B. Damit ist auch die Berechnung des ersten Arguments der Multiplikation abgeschlossen.

(b) Die Anweisungen, die k_2 zugeordnet werden, bestehen aus den k_3 zugeordneten Anweisungen, gefolgt von:

```
⋮
STA $2
LDA D
MPY $1
```

Nach Ausführung dieser Anweisungen enthält das Register den Wert des gesamten arithmetischen Ausdrucks, der nur noch der Variablen A zugewiesen werden muß.

(c) Der Kode für k_1 enthält als nur eine weiter Anweisung:

```
⋮
STA A
```

Als vollständigen Kode erhalten wir also:

```
LDA B
STA $1
LDA C
ADC $1
STA $2
LDA D
MPY $1
STA A
```

Ein wichtiger Unterschied zwischen formalen Sprachen (wie z.B. Programmiersprachen) und natürlichen Sprachen besteht darin, daß formalen Sprachen „*Kunstprodukte*“ sind, die für einen bestimmten Aufgabenbereich konzipiert werden. Sie unterscheiden sich von natürlichen Sprachen unter anderem dadurch, daß sie eine genau definierte Semantik besitzen und - wenn überhaupt - ein erheblich geringeres Maß an Ambiguität und Vagheit aufweisen.

Um die Entwicklung effizienter Compiler zu unterstützen, wird beim Entwurf einer Programmiersprache in der Regel darauf geachtet, daß sich die syntaktische Struktur ihrer Sätze durch einen Typ von Syntax beschreiben läßt, der die Verwendung von Parsingalgorithmen erlaubt, die sich durch günstige Zeit- und Speicheranforderungen auszeichnen. Häufig werden bestimmte Subtypen kontextfreier Syntaxen verwendet wie z.B. LL- und LR-Syntaxen (vgl. Kapitel 10).

1.2 Parsing und Kognitive Psychologie

Die sprachorientierte kognitive Psychologie und verwandte Disziplinen wie die Psycholinguistik, die Kognitive Linguistik, die Neurolinguistik etc. beschäftigen sich mit Fragestellungen wie den folgenden:

- **Wie verarbeitet der Mensch Sprache?**
- **Welche kognitiven Prozesse und mentalen Zustände spielen dabei eine Rolle?**
- Wie hängt die sprachliche Kompetenz und Performanz mit anderen kognitiven Fähigkeiten und Verhaltensweisen zusammen?

Gegenstände wie „mentale Zustände" und „kognitive Prozesse" sind - das liegt in der Natur der Sache - nicht direkt beobachtbar und können experimentell nur indirekt durch Korrelate wie Verarbeitungszeiten (beobachtbar durch Augenbewegungsmessungen und probantengesteuerte inkrementelle wortweise Darbietung von Sätzen am Bildschirm) erschlossen werden. Neben dem grundsätzlich problematischen Verfahren der Introspektion und den genannten indirekten empirischen Beobachtungsmethoden bedient sich die Psycholinguistik auch der Simulation von kognitiven Prozessen als einer Methode, die die Korrektheit von Hypothesen über die menschliche Sprachverarbeitung bis zu einem gewissen Grade überprüfbar und falsifizierbar machen kann. Zudem können Simulationen natürlich auch einen nicht unbedeutenden heuristischen Wert für die weitere Hypothesenbildung haben. Umgekehrt können psycholinguistische Ergebnisse über die menschliche Sprachverarbeitung (das nach wie vor beste Sprachverarbeitungssystem) die Entwicklung von verbesserten Parserarchitekturen unterstützen.

Wichtige psycholinguistische Untersuchungen mit Bezügen zur Parsingtheorie betreffen vor allem die Untersuchung der Verarbeitung von Konstruktionen wie:

1. *PP-Attachment*
2. Anaphernresolution
3. *Garden-path*-Sätze

Die ersten beiden Phänomene unterstreichen die Notwendigkeit einer engen Interaktion von syntaktischer und semantischer Analyse, während die Verarbeitung von *Garden-path*-Sätzen wichtige Aufschlüsse über die Organisation des menschlichen Kurzzeitgedächtnisses geben kann.

Beispiel (1-2)
PP-Attachment
Im Deutschen wie im Englischen können Präpositionalphrasen sowohl attributiv als

auch adverbiell verwendet werden. Für den Satz (1) lassen sich deshalb die syntaktischen Strukturbeschreibungen (2a) und (2b) angeben, die mit diesen unterschiedlichen Lesarten korrespondieren. Bei einer direkten semantischen Interpretation von Sätzen, die derartige Konstruktionen enthalten, besteht die Gefahr, daß nur eine der beiden Lesarten erkannt wird.

(1) *Der Mann sah die Frau mit dem Fernrohr.*

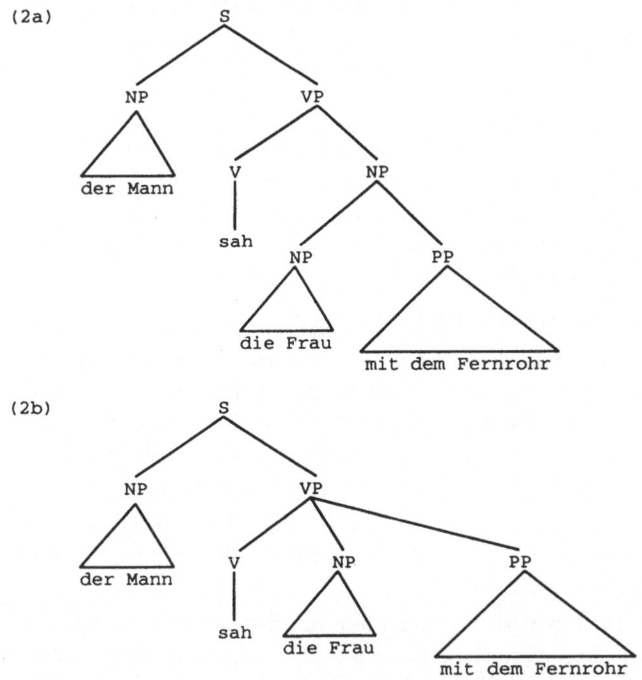

Anaphernresolution

Als Anaphern bezeichnet man u.a. Reflexiv- und Reziprokpronomina (im Deutschen *sich*, *einander*; im Englischen *herself, himself, ..., each other*). Auf den ersten Blick scheint es, daß die Referenz solcher Ausdrücke allein durch den Äußerungskontext determiniert wird. Es läßt sich aber leicht zeigen, daß auch syntaktische Faktoren eine wichtige Rolle zu spielen scheinen. So gibt es z.B. Anaphern, die nur als korreferentiell mit solchen Nominalphrasen interpretiert werden können, die sich in ihrer unmittelbaren Umgebung befinden:

(3a) *Bill believes that John*$_i$ *hurt himself*$_i$[5].

(3b) **Bill*$_i$ *believes that John hurt himself*$_i$.

(4a) *Bill*$_i$ *believes that John hurt him*$_i$.

(4b) **Bill believes that John*$_i$ *hurt him*$_i$.

Es gibt verschiedene Versuche, diese syntaktischen Faktoren genau zu charakterisieren: In der *Government-&-Binding*-Theorie z.B. wird versucht, eine rein strukturelle Analyse zu entwickeln; die *Lexical Functional Grammar* dagegen führt sie auf funktionale Relationen zurück.

Garden-path-Sätze

Als „*Garden-path*-Sätze“ werden solche Konstruktionen bezeichnet, bei denen lokale, zunächst nicht offensichtliche syntaktische Ambiguitäten auftreten und erst spät aufgelöst werden. Das folgende Beispiel illustriert eine typische *Garden-path*-Konstruktion des Englischen:

(5a) ... *the horse raced past the barn* ...

Auf den ersten Blick scheint es sich bei *raced* um das finite Verb eines einfachen Matrixsatzes zu handeln. Da es im Englischen jedoch möglich ist, Relativsätze ohne einleitende Relativpronomina wie *that* oder *who* zu bilden, kann *raced past the barn* auch als Relativsatz fungieren. Diese Lesart wird aber überhaupt erst in Betracht gezogen, wenn das Auftreten einer zweiten finiten Verbform die zunächst naheliegendere Lesart ausschließt:

(5b) ... *the horse raced past the barn fell* ...

Bei mehrfacher Verschachtelung solcher *Garden-path*-Konstruktionen (z.B. weitere eingebettete Relativsätze) treten beim menschlichen Rezipienten erhebliche Verarbeitungsprobleme auf, die aus kognitiver Sicht zurückgeführt werden auf die begrenzte Kapazität des menschlichen Kurzzeitgedächtnisses. Für die Simulation solcher Annahmen sind die Arbeiten von Mitchell Marcus grundlegend. Der von ihm entwickelte deterministische Parser verwendet einen begrenzten Stack, der nur die Verarbeitung solcher Sätze erlaubt, die auch menschlichen Hörern/Lesern keine Verständnisprobleme bereiten.

Charakteristisch für frühere Arbeiten im Bereich der Kognitiven Modellierung der menschlichen Sprachverarbeitung ist der Versuch einer unmittelbaren semantischen Interpretation sprachlicher Ausdrücke ohne vorherige syntaktische Analyse. Zu den einflußreichsten Ansätzen dieser Art zählen die „conceptual dependency theory“ [Schank 1975] und die Arbeiten von Anderson (u.a. [Anderson 1976] und [Anderson 1983]). Probleme dieses, aus linguistischer Sicht „naiven“ Ansatzes führten Mitte der siebziger Jahre zur Entwicklung kognitiv motivierter Grammatikformalismen wie den ATNs („Augmented transition networks“), vgl. [Woods 1970].

Einen ausführlichen Überblick über die kognitive Plausibilität von Parsingarchitekturen gibt [Johnson-Laird 1983]. In neuester Zeit sind insbesondere auch konnektionistische Ansätze in der Sprachverarbeitung von besonderem Interesse in der kognitiven Psychologie (vgl. [Schnelle/Wilkens 1990], [Jain/Waibel 1991] und [Schade 1992]).

---

[5] Die Indizes in diesen Beispielen werden als „referentielle Indizes“ bezeichnet und sollen zum Ausdruck bringen, daß Ausdrücke mit gleichen Indizes sich auf dasselbe Objekt beziehen.

1.3 Parsing in der Computerlinguistik

Die Computerlinguistik beschäftigt sich mit der automatischen Verarbeitung natürlicher Sprache. Dazu zählen Problembereiche wie natürlichsprachliche Benutzerschnittstellen zu Computersystemen, automatische und maschinengestützte Übersetzung, Hilfsmittel zur Textverarbeitung (automatische Rechtschreib- und Grammatikkorrektur), Text-to-speech-Systeme etc.

Die Zielsetzungen der Computerlinguistik sind im Unterschied zur kognitiven Psychologie nicht notwendigerweise darauf ausgerichtet, Parsingsysteme als (partielle) Modelle der menschlichen Sprachverarbeitungsstrategien zu entwickeln. Unterschiede zur Herangehensweise an Parsingprobleme im Bereich Compilerbau ergeben sich daraus, daß sich die Computerlinguistik in erster Linie mit der Verarbeitung natürlicher Sprache auseinandersetzt. Die Unterschiede zu den Nachbardisziplinen „sprachverarbeitende KI“ und „Sprachtechnologie“ liegen im wesentlichen in der deutlicheren Orientierung an linguistischen Methoden und der insgesamt stärkeren Betonung von Grundlagenproblemen, die nicht direkt auf spezifische Anwendungen bezogen sind. Die Überlappungen zwischen allen genannten Disziplinen sind jedoch relativ groß, und Konvergenztendenzen in vielen Einzelfragen sind zunehmend zu beobachten.

1.3.1 Die Rolle von Parsern in natürlichsprachlichen Systemen

Wesentliche Teile der Computerlinguistik beschäftigen sich mit theoretischen und praxisbezogenen Fragestellungen, die bei der Entwicklung von natürlichsprachlichen Systemen berücksichtigt werden müssen. Zu den wichtigsten Typen von natürlichsprachlichen Systemen zählen maschinelle Übersetzungssysteme und natürlichsprachliche Frage/Antwort-Systeme. In diesen Systemen spielen Parsingkomponenten eine wichtige Rolle. Abhängig von der Architektur des Gesamtsystems können auch mehrere verschiedene Parser eingesetzt werden (z.B. ein Parser für die morphologische Analyse von Wörtern und ein weiterer für die satzsyntaktische Analyse).

In solchen Systemen können Parsingkomponenten verschiedene Aufgaben erfüllen:

- Prüfung der Eingabe auf Wohlgeformtheit
- Aufbau von Strukturbeschreibungen, die die Weiterverarbeitung z.B. durch semantische Interpretationskomponenten oder Übersetzungsmodule unterstützen
- Disambiguierung der Eingabe (vgl. z.B. die Rolle der syntaktischen Analyse bei der Anaphernresolution, die wir im vorangegangenem Abschnitt bereits kurz diskutiert haben)
- Identifikation der Eingabe (z.B. bei stark verrauschten Sprachsignalen, bei denen zunächst mehrere Interpretationen des Wortlauts möglich erscheinen und erst

durch eine syntaktische Filterung eine Reduktion des Suchraums erzielt werden kann)

- Korrektur der Eingabe („robustes Parsing")

Aber auch außerhalb des Bereichs der natürlichsprachlichen Systeme spielt Parsing eine wesentliche Rolle innerhalb der Computerlinguistik, so z.B. als unentbehrliches Werkzeug für die Entwicklung und Überprüfung von größeren Grammatiken.

1.3.2 Parsing natürlicher Sprache

Bei der Verarbeitung natürlicher Sprache ergeben sich Probleme, die beim Parsing im Bereich Compilerbau keine oder nur eine untergeordnete Rolle spielen. Diese Probleme resultieren direkt aus den besonderen Eigenschaften, die natürliche Sprachen im Unterschied zu künstlichen Sprachen wie z.B. Programmiersprachen aufweisen. Zu diesen Eigenschaften zählen u.a.:

- erheblich höhere syntaktische Komplexität und größere Strukturvielfalt
- zahlreiche Ambiguitäten
- Vagheit
- Sub- und Irregularitäten

Als Folge dieser Eigenschaften sind die Grammatiken für Fragmente natürlicher Sprachen deutlich umfangreicher und komplexer als Syntaxen für die Beschreibung von Programmiersprachen. Bereits bei der Wahl des Formalismus, in dem die Grammatik definiert werden soll, muß in der Regel über die im Compilerbau üblichen LL- und LR-Grammatiken (s. Kapitel 10) hinausgegangen werden. Während die Definition einer künstlichen Sprache bereits eine korrekte und vollständige Syntax voraussetzt, ist man bei der Verarbeitung von natürlichen Sprachen mit der Situation konfrontiert, daß selbst für ein eingeschränktes Sprachfragment keine *per definitionem* eindeutige und korrekte Grammatik vorliegt, sondern eine Rekonstruktion vorgefundener Strukturen, die lediglich nachträglich mit geeigneten Argumenten empirisch oder auch theoretisch gerechtfertigt werden kann.

Anhand des Beispiels (1-3) läßt sich exemplarisch zeigen, worin sich Parsing bei natürlichsprachlichen Ausdrücken von der syntaktischen Analyse eines Ausdrucks einer Programmiersprache unterscheidet:

Beispiel (1-3)

In Beispiel (1-1) hatten wir anhand des folgenden PASCAL-Ausdrucks Grundzüge syntaxorientierter Kodegenierung illustriert:

$$A := (B + C) * D.$$

Das natürlichsprachliche Analogon zu diesem Ausdruck ist:

A ist B plus C mal D.

Es fällt auf, daß alle Sprachelemente des PASCAL-Ausdrucks genau einem Wort im natürlichsprachlichen Pendant entsprechen - bis auf eine Ausnahme: die Klammern. Durch das Fehlen der Klammern entsteht eine Mehrdeutigkeit, die sich durch die folgenden beiden Strukturbeschreibungen veranschaulichen läßt:

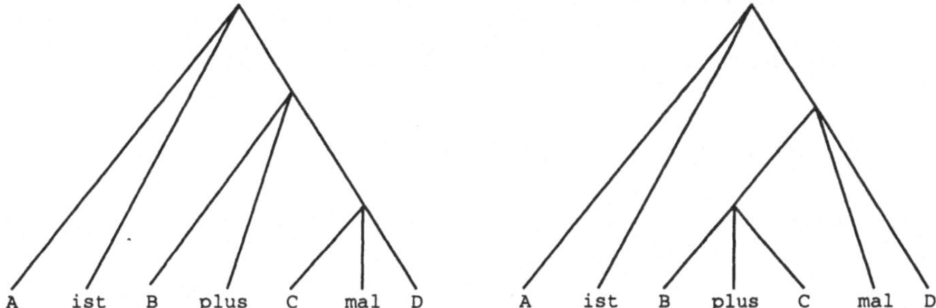

In dem Falle, daß dieser Satz als gesprochene Äußerung vorliegt, ist es vorstellbar, daß die Ambiguität durch eine entsprechende Intonationskurve oder durch Pausen aufgelöst wird. Solche prosodischen Markierungen sind jedoch in den seltensten Fällen wirklich eindeutig und stellen zudem keine Voraussetzung für die Grammatikalität der Äußerung dar, d.h. sie können auch fehlen (in der Schriftsprache wird eine solche prosodische Markierung ohnehin nicht sichtbar und auch eine analoge Markierung durch Interpunktion gibt es in diesem Fall nicht).

Derartige und andere Ambiguitäten, die bei der Verarbeitung natürlicher Sprachen aufgefunden und - sofern möglich - aufgelöst werden müssen, machen Algorithmen erforderlich, die entweder Ambiguitäten vollständig eliminieren oder *nondeterministisch* arbeiten. In den ersten Jahrzehnten der Computerlinguistik wurden zu diesem Zweck im wesentlichen sogenannte Backtracking-Parser verwendet, die wir im ersten Teil dieses Buches vorstellen werden. Einen entscheidenden Fortschritt stellte Ende der 60er Jahre die Entwicklung von Chart-Parsern dar[6], die im zweiten Teil des Buchs ausführlich dargestellt werden.

1.3.3 Grammatikformalismen

Eine maschinelle Analyse natürlicher Sprache ist nur möglich, wenn das erforderliche linguistische Wissen in einer zu diesem Zweck geeigneten Form vorliegt; d.h., es ist eine Repräsentation zu wählen, die es erlaubt, dieses Wissen präzise und eindeutig darzustellen. Die Annahme, Sprache sei ein wissensbasiertes, durch eine endliche Menge von Regeln zu modellierendes System, die lange Zeit die Entwicklung der

[6]Zu den *klassischen* Arbeiten in diesem Bereich gehören u.a.: [Kasami 1965], [Younger 1967], [Kay 1967] und [Earley 1970].

modernen Linguistik prägte, kommt dieser Forderung entgegen. Sie führte dazu, daß in den vergangenen viereinhalb Jahrzehnten diverse Regeltypen formuliert wurden, die in einer Reihe verschiedener Grammatikformalismen Verwendung fanden[7]. Grundlegend sind die Arbeiten von N. Chomsky Ende der 50er Jahre, in denen er eine Hierarchie von formalen Grammatiken bzw. Syntaxen (*Chomsky-Hierarchie*) definierte. Es handelt sich dabei um einfache Ersetzungssysteme, die aus den folgenden Komponenten bestehen:

1. einer endlichen Menge V_N von nicht-terminalen Symbolen (grammatischen Kategorien);
2. einer endlichen Menge V_T von terminalen Symbolen (lexikalischen Einheiten);
3. einem ausgezeichneten Element S aus dem nicht-terminalen Vokabular, dem Startsymbol;
4. und einer endlichen Menge R von Ersetzungsregeln.

Eine Ersetzungsregel $\alpha \rightarrow \beta$ (zu lesen als: *ersetze α durch β*) besteht aus einer linken und einer rechten Seite. α und β sind *Ketten*, die aus Symbolen des terminalen und nicht-terminalen Vokabulars aufgebaut sind. Auf der linken Regelseite muß mindestens ein nicht-terminales Symbol vorkommen. Durch Anwendung dieser Regeln können aus dem Startsymbol neue Ketten abgeleitet werden.
Eine *Ableitung* besteht aus einer Folge von Ketten, die mit dem Startsymbol beginnt und bei der jede weitere Kette sich durch Anwendung einer Regel aus der vorangehenden Kette ergibt. Eine Regel ist auf eine Kette anwendbar, wenn sie eine Teilkette enthält, die mit der linken Seite der Regel identisch ist. Bei Anwendung der Regel wird diese Teilkette durch die rechte Seite der Regel ersetzt.

Eine aus dem Startsymbol einer Syntax G ableitbare Kette, die nur aus terminalen Symbolen besteht, wird als *Satz* bezeichnet; die Menge aller Sätze als die durch G festgelegte Sprache (notiert als: L(G)).

Beispiel (1-4)
Gegeben sei folgende einfache Grammatik $G_1 = \langle V_N, V_T, S, R \rangle$:

$V_N =$ {S, NP, VP, DET, N, V}
$V_T =$ {der, Affe, schläft}
R = {S → NP VP, NP → DET N, VP → V, DET → der, N → Affe,
V → schläft}

Aus dieser Grammatik läßt sich der Satz *Der Affe schläft* wie folgt ableiten:

[7]Einen guten Überblick über verschiedene aktuelle Modelle gibt das Kapitel *Beschreibungsformalismen für sprachliches Wissen* in [Görz 1993].

Ableitung:	*Aktion*:
S	Startsymbol
NP VP	Regel: S → NP VP
Det N VP	Regel: NP → DET N
der N VP	Regel: DET → der
der Affe VP	Regel: N → Affe
der Affe V	Regel: VP → V
der Affe schläft	Regel: V → schläft

Charakteristisch für die Regeln des voranstehenden Beispiels ist es, daß die linke Seite der Regeln aus einem einzelnen (nicht-terminalen) Symbol besteht. Regeln dieses Typs werden als *kontextfreie Regeln* bezeichnet und eine Syntax, die nur solche Regeln enthält, entsprechend als *kontextreie Syntax*[8]. Bei den Parsingalgorithmen, die wir in diesem Buch vorstellen werden, handelt es sich fast ausschließlich um Parsingalgorithmen für kontextfreie Syntaxen. Für das Interesse an Parsingalgorithmen für kontextfreie Syntaxen gibt es verschiedene Gründe:

- Kontextfreie Syntaxen sind mächtig genug, um die syntaktische Strukur natürlicher Sprachen fast vollständig zu beschreiben.
- Sie sind einfach zu entwickeln und zu modifizieren.
- Die Frage, ob ein Satz zu der von einer Grammatik festgelegten Sprache gehört (*Wortproblem*), ist entscheidbar.
- Sie erlauben die Entwicklung *effizienter* Parsingalgorithmen.

Aus diesen Gründen gibt es zahlreiche Grammatikformalismen, in denen kontextfreie Regeln verwendet werden: In der *Generativen Transformationsgrammatik* waren es ursprünglich kontextfreie Regeln, die dazu dienten, die *Tiefenstruktur* von Sätzen

[8]Die Chomsky-Hierarchie besteht aus vier Typen von Ersetzungssyntaxen, die sich durch die Form der Ersetzungsregeln unterscheiden:

- Typ-0-Syntaxen (*unbeschränkte* Syntaxen):
  Es gibt keine weiteren Beschränkungen für die linke bzw. rechte Regelseite.
- Typ-1-Syntaxen (*beschränkte* Syntaxen):
  Die rechte Regelseite darf nicht weniger Symbole als die linke Regelseite enthalten.
- Typ-2-Syntaxen (*kontextfreie* Syntaxen): s.o.
- Typ-3-Syntaxen (*reguläre* Syntaxen):
  Die linke Seite besteht aus einem nicht-terminalen Symbol. Die rechte Seite enthält maximal ein nicht-terminales Symbol, das in allen Regeln an erster Position (links-reguläre Syntaxen) oder an letzter Position (rechts-reguäre Syntaxen) steht.

zu generieren, aus der dann durch Anwendung von *Transformationsregeln* ihre *Oberflächenstruktur* abgeleitet wurde (vgl. [Chomsky 1957] und [Chomsky 1965]). In neueren Versionen der Transformationsgrammatik (*Government-&-Binding-Theorie* bzw. *Prinzipien-&-Parameter-Ansatz*) wird die Bildung von Tiefenstrukturen durch das Zusammenspiel verschiedener Wohlgeformtheitsbedingungen wie der $\overline{X}$-Konvention, des θ-Kriteriums und der im Lexikon für Wortformen verzeichneten Subkategorisierungsrahmen gesteuert (vgl. [Chomsky 1981] und [Chomsky 1986]).

Auch die meisten der seit Ende der 70er Jahre entwickelten unifikationsbasierten Grammatikformalismen verwenden entweder kontextfreie Regeln oder andere formale Mechanismen, die sich ähnlich wie die Wohlgeformtheitsbedingungen des *Prinzipien-&-Parameter-Ansatzes* als metasprachliche Beschreibung einer (endlichen) Menge von kontextfreien Regeln interpretieren lassen.

2 Begriffe & Repräsentationen

Im folgenden werden eine Reihe fundamentaler Begriffe eingeführt, verschiedene Kriterien zur Klassifikation von Parsingalgorithmen vorgestellt, Möglichkeiten der Repräsentation linguistischen Wissens diskutiert und die zur Beschreibung von Prozeduren und Algorithmen verwendeten Konventionen erläutert.

2.1 Einige grundlegende Begriffe

Was ist ein Parser? Ein Parser ist ein spezieller Typ von ***abstrakter Maschine***. Diese Antwort ist zu knapp, um als befriedigend gelten zu können. Im Gegenteil: Sie mag empfindsame Gemüter mit ontologischen Skrupeln veranlassen zu fragen, ob wir nicht so unser Universum unnötig mit Objekten von recht fragwürdigem Status bevölkern. Ist es notwendig, neben uns so vertrauten Dingen wie Algorithmen und Programmen etwas Drittes anzunehmen, das wir als „abstrakte Maschine" bezeichnen? Können wir uns nicht einfach mit einem „tertium non datur" begnügen, indem wir „Parser" als Bezeichnung für eine bestimmte Klasse von Algorithmen oder Programmen auffassen? Wenn nicht, wie ist dann die Beziehung zwischen den Begriffen **Algorithmus, abstrakte Maschine** und **Programm** zu charakterisieren?

Algorithmen. Ein Algorithmus ist ein durch eine präzise endliche Beschreibung gegebenes, grundsätzlich maschinell ausführbares Verfahren zur Lösung einer Klasse von Problemen. Uns interessieren Algorithmen zur syntaktischen Analyse natürlicher und auch formaler Sprachen, kurz *Analysealgorithmen* genannt. Zwei Typen von Analysealgorithmen sind zu unterscheiden: Erkennungsalgorithmen und Parsingalgorithmen.
Ein *Erkennungsalgorithmus* ist ein Verfahren, um für eine Kette w von Symbolen zu entscheiden, ob sie zu der durch eine Syntax G festgelegten Sprache L(G) gehört oder nicht, wobei G eine beliebige Syntax eines zuvor spezifizierten Typs sein kann. Ein *Parsingalgorithmus* unterscheidet sich von einem Erkennungsalgorithmus darin, daß für den Fall, daß $w \in L(G)$ ist, nicht einfach ein boolescher Wert zurückgegeben wird, sondern eine oder mehrere Strukturbeschreibungen für w. Anders formuliert: Wenn G eine beliebige Syntax, L(G) die durch G festgelegte Sprache und L die Menge aller über dem terminalen Vokabular von G formbaren Ketten ist, dann ist ein Recognizer R_G eine charakteristische Funktion für L(G). Ein Parser P_G kann als eine Funktion von L in die Potenzmenge von SB aufgefaßt werden, mit SB als Menge aller Strukturbeschreibungen, die G den Sätzen aus L(G) implizit zuordnet:

$$(1)\quad R_G(s_i) = \left\{ \begin{array}{l} 1\ gdw.\ s_i \in L(G); \\ 0\ sonst. \end{array} \right\}$$

$$(2)\quad P_G(s_i) = \left\{ \begin{array}{l} p \in POT^+(SB)\ gdw.\ s_i \in L(G); \\ \emptyset\ sonst. \end{array} \right\}$$

Welches Repräsentationsformat für die Strukturbeschreibungen gewählt wird (indizierter Klammerausdruck, Strukturbaum, Links-/Rechtsparse, etc.), ist in diesem Zusammenhang irrelevant.

Beispiel (2-1)
Wenn man eine kontextfreie Syntax G betrachtet, die die folgenden indizierten Regeln enthält:

$1 : S \rightarrow NP\ VP \qquad 2 : NP \rightarrow det\ n \qquad 3 : VP \rightarrow v$

$4 : det \rightarrow der \qquad 5 : n \rightarrow s\ddot{a}ufer \qquad 6 : v \rightarrow singt$

dann kann man für den Satz *„Der Säufer singt"* folgende äquivalente Strukturbeschreibungen erhalten:

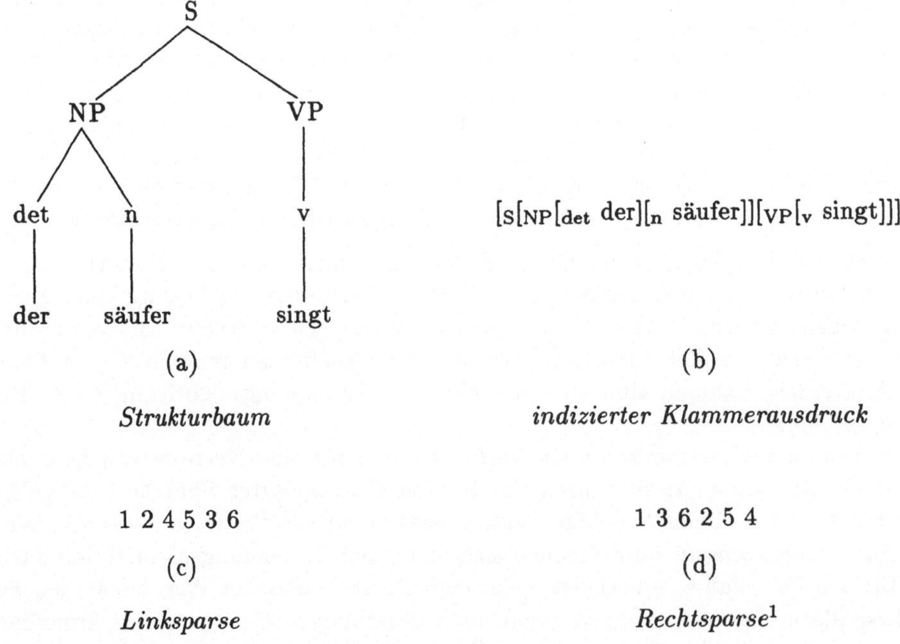

(a) *Strukturbaum*

(b) *indizierter Klammerausdruck*

(c) *Linksparse*

(d) *Rechtsparse*[1]

[1]Intuitiv betrachtet scheinen die ersten beiden Strukturbeschreibungen mehr Informationen zu enthalten als die letzten beiden. Tatsächlich kann jedem Strukturbaum (jedem indizierten Klammerausdruck) genau ein Linksparse bzw. Rechtsparse zugeordnet werden und umgekehrt.

Ein Analysealgorithmus kann für alle Syntaxen eines Typs verwendet werden, die bestimmte formale Eigenschaften aufweisen: So gibt es z.B. Analysealgorithmen für deterministische kontextfreie Syntaxen, für kontextfreie Syntaxen in Chomsky-Normalform, für diverse Arten von kategorialen Syntaxen etc.

Abstrakte Maschinen. Erkennungs- und Parsingalgorithmen bilden die Grundlage für die Klassen von abstrakten Maschinen, die als „Recognizer" bzw. „Parser" bezeichnet werden. Recognizer/Parser resultieren aus der Verbindung eines Analysealgorithmus mit sprachspezifischen Daten; d.h. einer Syntax oder einer Syntax und einem Lexikon. Jeder Analysealgorithmus bildet so betrachtet die Grundlage für eine Vielzahl verschiedener abstrakter Maschinen. Die abstrakten Maschinen, die auf demselben Algorithmus basieren, werden als Maschinen eines Typs betrachtet.

Die Realisierung eines Parsers[2] durch Verbindung von Algorithmus und Syntax ist keine triviale Angelegenheit: In vielen Fällen werden z.B. die lexikalischen und syntaktischen Informationen aus ihrer durch den Formalismus der Syntax determinierten *externen Repräsentation* in eine für die Realisierung eines effizienten Parsers geeignetere *interne Repräsentation* transformiert[3]. In vielen Fällen werden Parser nicht direkt, sondern durch andere abstrakte Maschinen erzeugt, die als „Parser-Compiler" oder „Parser-Generatoren" bezeichnet werden. Ein Parser-Generator ist eine abstrakte Maschine 2. Stufe, die als Eingabe eine Syntax nimmt und aus ihr zusammen mit einem gegebenen Parsingalgorithmus einen Parser generiert (vgl. Abbildung (1-1)).

Parser ⟨abstrakte Maschine 1. Stufe⟩		**Parser-Generator** ⟨abstrakte Maschine 2. Stufe⟩
Syntax Lexikon	DATEN	Parsing- Algorithmus
Parsing- Algorithmus	VERFAHREN	Generierungs- Algorithmus

Eingabe: Satz[4]
Ausgabe: Menge von Strukturbeschreibungen bzw. FALSE

Eingabe: Syntax/Lexikon
Ausgabe: Parser

Abbildung (2-1)

[2]Auch wenn wir im folgenden nur von Parsern/Parsingalgorithmen reden, so gelten die Ausführungen ebenso für Recognizer/Erkennungsalgorithmen.

[3]Zu den möglichen Operationen bei dieser Transformation gehören unter anderem die Expansion von Makros, die Ordnung/Indizierung der Regelmenge, die Erstellung einer Parsingtabelle und die Compilierung der Regeln in Graphen.

[4]Nicht nur Sätze können Gegenstand syntaktischer Analysen sein: Texte, Textabschnitte, Teilsätze und einzelne Konstituenten bilden weitere Kandidaten.

Programme. Programme sind in der von uns verwendeten Terminologie **Realisierungen** von abstrakten Maschinen. Ähnlich wie ein Parsingalgorithmus die Grundlage für diverse Parser bilden kann, gibt es wiederum für einen Parser zahlreiche Realisierungsmöglichkeiten. Wir betrachten alle Programme, in denen ein Parsingalgorithmus mit demselben Satz Daten (Syntax/Lexikon) so verknüpft wird, daß sich die Programme gleich verhalten - dieselben Sätze werden akzeptiert bzw. zurückgewiesen, und es werden ihnen äquivalente Strukturbeschreibungen zugeordnet - als verschiedene Realisierungen *eines Parsers* und nicht als verschiedene Parser.

2.2 Zur Klassifikation von Parsingalgorithmen

Zur Klassifikation von Parsingalgorithmen bieten sich vor allem die folgenden drei Kriterien an:

1. *Verarbeitungsrichtung* - In welcher Reihenfolge werden die Worte eines Satzes bei seiner Analyse verarbeitet?

2. *Analyserichtung* - Welche Objekte bilden Ausgangspunkt bzw. Ziel der Analyse? Wie wird der Ablauf der Analyse gesteuert[5]?

3. *Suchstrategie* - Wie wird verfahren, wenn es verschiedene Analysemöglichkeiten gibt?

2.2.1 Verarbeitungsrichtung

Unidirektionale Verarbeitung. Für eine unidirektionale Verarbeitung von Sätzen gibt es zwei Möglichkeiten: Bei einer *Links-rechts-Verarbeitung* beginnt die Analyse mit dem ersten Wort eines Satzes und arbeitet ihn dann Wort für Wort von links nach rechts ab. Diese Verarbeitungsrichtung wird für die meisten unidirektionalen Parser gewählt und eignet sich unter anderem für die Entwicklung von *On-line*-Parsern; d.h. für Parser, die mit der Analyse eines Satzes beginnen, während er eingelesen wird. Bei einer *Rechts-links-Verarbeitung* wird der Satz vom Satzende ausgehend in umgekehrter Reihenfolge verarbeitet.

Bidirektionale Verarbeitung. Bei einem bidirektionalen Verfahren gibt es entweder mit Satzanfang und Satzende zwei feste Startpunkte für die Verarbeitung des Satzes, oder es werden zunächst nach bestimmten Kriterien ein/mehrere Worte markiert (sogenannte *Inseln*), von denen aus dann die Analyse uni- oder bidirektional fortschreitet, bis schließlich der vollständige Satz verarbeitet ist. Die Entwicklung bidirektionaler Algorithmen wurde vor allem durch Probleme motiviert, die bei der Verarbeitung gesprochener Sprache auftreten können (vgl. Kapitel 8).

[5] Statt „Analyserichtung" wird auch der Begriff „rule invocation strategy" [Wiren 1987] verwendet.

2.2.2 Analyserichtung

Unidirektionale Analyse. Die meisten Algorithmen arbeiten nicht nur bei der Verarbeitung des Satzes, sondern auch bei der Analyse selbst unidirektional:

Top-down arbeitende Algorithmen beginnen bei der Analyse eines Satzes w mit dem Startsymbol der Syntax und suchen nach einer **Ableitung** für w. Sie sind *zielgesteuert* und terminieren, sobald der abgeleitete Ausdruck mit w übereinstimmt[6]. *Bottom-up* arbeitende Algorithmen dagegen sind *datengesteuert*: Ausgehend von w suchen sie nach einer **Reduktion** für w; d.h., sie terminieren, sobald der reduzierte Ausdruck nur noch aus dem Startsymbol besteht. Eine Schwäche von Top-down-Algorithmen liegt darin, daß Kategorien vorgeschlagen werden können, die nicht terminierbar sind; bei Bottom-up-Algorithmen besteht dagegen die Gefahr, daß Konstituenten gebildet werden, die nicht weiter reduzierbar sind.

Bidirektionale Analyse. Neben den unidirektionalen finden sich auch bidirektionale Algorithmen, die bei der Analyse die beiden oben beschriebenen Verfahren miteinander kombinieren, um so die gerade beschriebenen Nachteile von reinen Top-down- bzw. Bottom-up-Algorithmen zu vermeiden.

Die Unterschiede zwischen den verschiedenen Verarbeitungs- und Analyserichtungen werden deutlich, wenn man betrachtet, in welcher Weise bei der Analyse eines Satzes w ∈ L(G) ein Strukturbaum für w generiert wird.

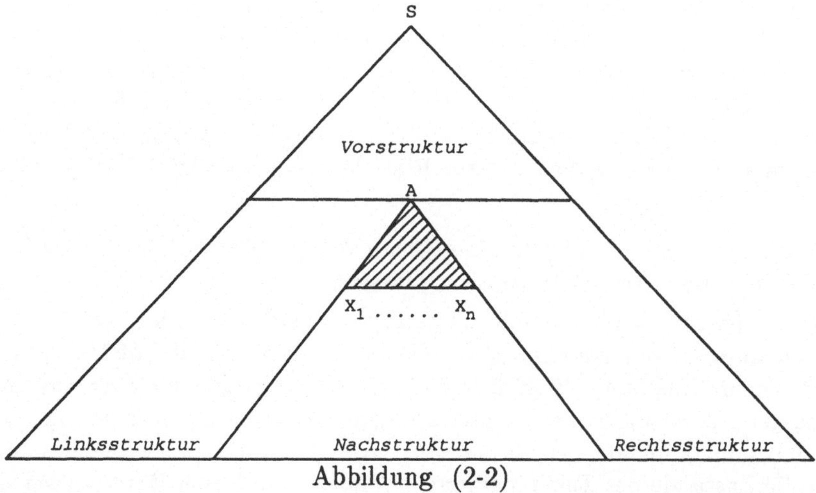

Abbildung (2-2)

Jeder bei der Ableitung von w verwendeten Regel entspricht ein **lokaler Baum**, d.h., der Strukturbaum kann als eine Menge von lokalen Bäumen aufgefaßt werden, die in bestimmter Weise miteinander verknüpft sind. Greift man einen dieser lokalen

---

[6] Wir spezifizieren hier nur die Terminierungsbedingung für den Fall, daß w ∈ L(G).

Bäume heraus, z.B. den, der der Anwendung einer Regel $A \rightarrow X_1 \ldots X_n$ entspricht, so läßt sich jetzt der Strukturbaum in Teilstrukturen zerlegen (vgl. Abbildung 1-2). Die unidirektionalen Verarbeitungs- und Analysevarianten lassen sich nun wie folgt unterscheiden[7]:

1. Wird eine Regel nur dann angewendet, wenn die Linksstruktur vollständig, die Rechtsstruktur dagegen noch gar nicht bekannt ist, wird eine links-rechts Verarbeitung realisiert (im umgekehrten Fall eine rechts-links Verarbeitung).

2. Wird eine Regel nur dann angewendet, wenn die Vorstruktur vollständig, die Nachstruktur dagegen noch gar nicht erkannt ist, wird der Satz top-down analysiert (im umgekehrten Fall bottom-up).

2.2.3 Suchstrategien

Deterministische & nicht-deterministische Algorithmen. Für bestimmte Klassen von kontextfreien Syntaxen ist es möglich, deterministische Parsingalgorithmen zu verwenden, die sich durch ein hohes Maß an Effizienz auszeichnen (z.B. für LL- & LR-Sprachen). Deterministisches Parsen ist aber nur dann möglich, wenn in jeder Situation die anzuwendende Regel eindeutig identifizierbar ist, d.h. nur eine Analysemöglichkeit betrachtet werden muß. Für viele kontextfreie Sprachen gibt es allerdings keine Syntax, die die Verwendung solcher deterministischen Parsingalgorithmen erlaubt, und gerade natürliche Sprachen gehören, sofern man sie überhaupt als kontextfreie Sprachen betrachtet, sicher in diese Klasse.

Nicht-deterministische Parsingalgorithmen müssen über eine Kontrollstruktur verfügen, die es erlaubt, in den Situationen, in denen mehrere Regeln angewendet werden können, diese verschiedenen Analysemöglichkeiten zu verfolgen. Nicht-deterministisches Parsen kann in dieser Hinsicht als ein spezielles Suchproblem aufgefaßt werden.

Parsing als Suchproblem. Es gibt eine Klasse von Problemen, die sich als Suchprobleme der folgenden Art charakterisieren lassen:

Es gibt eine (eventuell nicht-endliche) Zahl von Zuständen. Diese Zustände bilden den sogenannten *Zustandsraum.* Einer dieser Zustände ist als *Startzustand* ausgezeichnet, andere Zustände als *Zielzustände.* Der Übergang von einem Zustand Z in einen Zustand Z' ist durch bestimmte, problemspezifische Operationen möglich.

Der Zustandsraum läßt sich als ein (gerichteter) Graph repräsentieren, in dem die Knoten die Zustände des Zustandsraums abbilden und dessen Kanten zwei Knoten Z, Z' miteinander verbinden, wenn Z' von Z aus erreichbar ist.

Diese Repräsentation erlaubt es, die Probleme als Suchprobleme zu betrachten: Die Suche nach einer Lösung wird so, abhängig von der Aufgabenstellung und dem Typ des verwendeten Suchalgorithmus, zu der Suche nach *einem* Weg oder dem

[7] Vgl. [Mayer 1982, S.81-83].

kürzesten bzw. *günstigsten* Weg oder nach *allen* Wegen, die vom Startzustand zu einem Zielzustand führen.

Auch das Problem, einem Satz die Strukturbeschreibungen zuzuordnen, die sich relativ zu einer gegebenen Syntax für ihn bilden lassen, kann als ein derartiges Suchproblem aufgefaßt werden: Der Satz und das Startsymbol der Syntax bilden Start- und Zielzustand, die Regeln der Syntax die problemspezifischen Operationen und die durch sie generierbaren Ausdrücke die übrigen Zustände des Zustandsraums.

Für Top-down-Algorithmen z.B. besteht der Zustandsraum aus allen Links-/Rechtssatzformen, die innerhalb der zugrundeliegenden Syntax gebildet werden können. Der Startzustand ist das Startsymbol dieser Syntax. Die Menge der potentiellen Zielzustände ist die Menge aller Ketten, die sich über dem terminalen Vokabular bilden lassen; aktueller Zielzustand ist die Satzform, die mit dem zu analysierenden Satz übereinstimmt (vgl. Beispiel (3-5)).

Für Bottom-up-Algorithmen dagegen enthält der Zustandsraum alle möglichen Reduktionen, die relativ zur Syntax gebildet werden können. Die Menge der potentiellen Startzustände besteht aus allen über dem terminalen Vokabular generierbaren Ketten. Den aktuellen Startzustand bildet der zu analysierende Satz, und der Zielzustand ist das Startsymbol der Syntax. Das folgende Schema skizziert einen prozeduralen Rahmen, in den sich verschiedene Suchalgorithmen einbetten lassen:

PROZEDUR GRAPH_SUCHE
Schema

DATEN: Ein Graph G.
EINGABE: Ein Knoten K_s aus G.
AUSGABE: *True/False.*
ARBEITSSTRUKTUREN:
KNOTEN - Eine Menge von noch zu bearbeitenden Knoten aus G.
Anfangswert: $\{K_s\}$.
NEUK - Eine Menge von Knoten aus G.
Anfangswert: $\emptyset$.

METHODE:
Wiederhole:
Wenn <KNOTEN = $\emptyset$>
Dann <RETURN(*False*)>
Wähle einen beliebigen Knoten k $\in$ KNOTEN aus.
Wenn <k repräsentiert einen Zielzustand>
Dann <RETURN(*True*)>
Sonst <NEUK $\Leftarrow$ {k' | k' ist von k aus direkt erreichbar $\wedge$
k' ist kein Vorgänger von k }>
KNOTEN $\Leftarrow$ (KNOTEN - {k}) $\cup$ NEUK.

Die Bedingung ***k' ist kein Vorgänger von k*** stellt sicher, daß die Suche auch bei zyklischen Graphen terminiert. Um aus der Prozedur **GRAPH_SUCHE** einen Algorithmus zu erhalten, ist es notwendig zu spezifizieren, nach welchem Kriterium der zu expandierende Knoten aus KNOTEN auszuwählen ist.
Zwei wichtige Suchalgorithmen bilden die *Depth-first-* und die *Breadth-first-*Suche:

Beispiel (2-2)

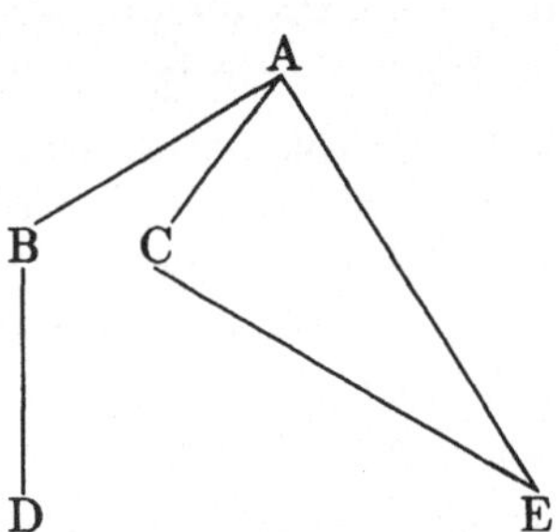

depth-first (links-rechts) : A B D C E
breadth-first (links-rechts) : A B C E D

Bei einer Depth-first-Suche wird ein begonnener Pfad immer weiter verfolgt, und andere Pfade werden erst dann berücksichtigt, wenn der untersuchte Pfad nicht weiter expandiert werden kann: Es wird also ein Knoten k ∈ KNOTEN gewählt, der Nachfolger des zuletzt untersuchten Knotens k' ist. Bei einer Breadth-first-Suche dagegen werden alle bereits untersuchten Pfade ihrer Länge nach geordnet und immer der kürzeste erweitert. Es wird also in jedem Schritt ein Knoten k gewählt, der Nachfolger des Knotens k' ist, der den Endknoten des kürzesten Pfades bildet. Die Depth-first- und die Breadth-first-Suche gehören zu der Klasse der *uninformierten* („uninformed") Suchalgorithmen, die den zu expandierenden Knoten 'blind' auswählen. *Heuristische* Suchalgorithmen dagegen verwenden problemspezifische Informationen, um eine Bewertungsfunktion zu formulieren, die es ihnen erlaubt, aus KNOTEN in jedem Schritt den vielversprechendsten Knoten auszuwählen. Zu den heuristischen Suchverfahren gehören z.B. sogenannte *Best-first-* und *Beam-search-*Algorithmen.

Parallele versus sequentielle Suche. Es gibt einen weiteren Aspekt, der im Zusammenhang mit der Klassifikation von Algorithmen relativ zu der verwendeten Suchstrategie zu beachten ist: Werden andere verfügbare Analysemöglichkeiten sequentiell oder parallel verarbeitet?

Bei sequentiellen Algorithmen ist immer nur ein 'Prozeß' aktiv; d.h. es wird zu einem Zeitpunkt immer nur eine Analysemöglichkeit verfolgt. Dafür müssen die gerade nicht verfolgten Analysemöglichkeiten gespeichert werden, damit sie bei der

Terminierung des aktuellen Prozesses zur Verfügung stehen; bei parallelen Algorithmen dagegen sind verschiedene Prozesse zur gleichen Zeit aktiv, die überwacht und eventuell synchronisiert werden müssen. Allerdings eignet sich auf den ersten Blick nicht jede Suchstrategie gleichermaßen für eine parallele Realisierung: Es ist offensichtlich, daß die Breadth-first-Suche sowohl sequentiell als auch parallel ausgeführt werden kann. Sie eignet sich - sofern geeignete Soft- und Hardware zur Verfügung stehen - als Ausgangspunkt für die Realisierung echter paralleler Maschinen. Die Formulierung eines parallelen, depth-first arbeitenden Algorithmus dagegen ist aus konzeptuellen Gründen weniger naheliegend.

2.3 Komplexität und Effizienz

Man kann die Auffassung vertreten, daß sich als einzige anwendungsunabhängige Adäquatheitskriterien für Parsingalgorithmen und deren Implementierungen (neben solchen selbstverständlichen Voraussetzungen wie Korrektheit bzw. Lauffähigkeit) die Faktoren Komplexität bzw. Effizienz anführen lassen. Den Begriff Komplexität beziehen wir grundsätzlich auf algorithmische Probleme, während wir von Effizienz im Zusammenhang mit tatsächlich implementierten Systemen sprechen.

Die Komplexität von Parsingalgorithmen wird in der Regel durch ihr Worst-case-Verhalten definiert, d.h. durch den Raum- und Zeitbedarf des Algorithmus im ungünstigsten Fall (z.B. bei der Verwendung einer maximal mehrdeutigen Grammatik oder bzw. und einer maximal mehrdeutigen Eingabekette). Bei derartigen Komplexitätsüberlegungen wird über die Größe und Struktur der zugrundeliegenden Grammatik sowie über die Eigenschaften der Eingaben (z.B. ihre Länge) abstrahiert, d.h. diese Faktoren gehen als unbekannte *Konstanten* in die Komplexitätsberechnungen ein, während die Länge der Eingabekette typischerweise als *Variable* behandelt wird [8].

Die Bestimmung der Zeit- und Raumkomplexität von Algorithmen durch Worst-case-Untersuchungen ist von großem theoretischen Interesse, für die konkrete Aufwandsabschätzung bei implementierten Parsingsystemen dagegen besitzt sie nur eingeschränkte Aussagekraft, da sie Faktoren wie die Komplexität des Lexikonzugriffs, Merkmale der verwendeten Grammatiken und strukturelle Eigenschaften der zu verarbeitenden Satzmengen nicht hinreichend berücksichtigt. Diese Aspekte werden von einer Reihe empirischer Untersuchungen über die Effizienz und den De-facto-Speicherbedarf bei der Verarbeitung realistischer Grammatiken und Eingabeketten berücksichtigt.

Im Zusammenhang mit der Beschreibung der einzelnen Parsingalgorithmen haben wir in den entsprechenden Kapiteln auch Angaben über die Worst-case-Komplexität des jeweiligen Algorithmus gegeben. Ergänzend wollen wir deshalb an dieser Stelle

[8] Ein gut lesbarer Überblick über das Thema Komplexität von Sprachverarbeitungsmodellen findet sich in: [Barton et al. 1987] und [Hopcraft/Ullman 1979, Kap. 12].

einige neuere Resultate von Tests mit tatsächlich implementierten Parsingsystemen unter (zum Teil) annähernd realistischen Bedingungen diskutieren.

2.3.1 Zur Bewertung von empirischen Tests von Parsingsystemen

Wir haben oben erläutert, warum Komplexitätsberechnungen allein keine hinreichenden Kriterien für die Abschätzung der Effizienz von Parsingsystemen liefern können und deshalb um empirische Tests unter realistischen oder prototypischen Bedingungen erweitert werden sollten. Es scheint uns aber erforderlich zu sein, zunächst auf einige Probleme hinzuweisen, die sich bei der Beurteilung von derartigen empirischen Resultaten ergeben. Wir wollen keinesfalls in Zweifel ziehen, daß es sich bei den meisten Arbeiten über die Performanz von Parsingalgorithmen und -systemen um ausgesprochen nützliche Resultate handelt, aber - um es vorwegzuschicken - es stehen wohl zur Zeit noch keine unumstrittenen und standardisierten Verfahren zur Verfügung, mit denen die Effizienz von Parsingsystemen verläßlich abzuschätzen ist. Da aber solche klar festgelegten Kriterien für Parsingsysteme bislang nicht vorlagen und deshalb auch noch keine Verwendung gefunden haben, sind die Ergebnisse der vorliegenden empirischen Untersuchungen nur sehr bedingt miteinander vergleichbar und können nur mit größter Vorsicht verallgemeinert werden. Die meisten vorliegenden Arbeiten zum Thema Effizienz von Parsingsystemen berücksichtigen jeweils nur genau einen Grammatikformalismus, genau eine linguistische *Ebene* (zumeist Syntax) und/oder nur genau eine Sprache.

Ein weiteres Problem stellen absolute Zeitangaben dar, die natürlich abhängig von der verwendeten Hardware sind und deshalb - obwohl scheinbar objektiv vergleichbar - doch nur von sehr beschränktem Wert sind. Besser geeignet für Zwecke des Vergleichs können gegebenenfalls Maße wie die Anzahl der Anwendungen der fundamentalen Regel in einem Chartparser oder die Anzahl der logischen Operationen eines Prolog-Interpreters sein (vgl. [Kindermann/Meier 1985]). Aber auch in diesem Falle können implementationsspezifische Faktoren, die die Ergebnisse verfälschen, nicht völlig ausgeschlossen werden.

Schließlich werden in den meisten Arbeiten zur Effizienz von Systemen nur Resultate über die Performanz des Parsers bei *wohlgeformten* Eingaben berichtet. Unter Umständen kann jedoch der Raum- und Zeitbedarf eines Systems bei ungrammatischen Eingaben mindestens ebensoviel zu einer Performanzbeurteilung beitragen wie das Verhalten bei wohlgeformten Sätzen.

In den meisten Arbeiten zur empirischen Überprüfung der Effizienz von Parsingalgorithmen wird übereinstimmend festgestellt, daß die Leistungsfähigkeit eines Systems massiv von der Grammatik und der zu verarbeitenden Satzmenge abhängen. Einige Zitate mögen als Illustration genügen:

> *Our experiments confirm the results of Shann and Wiren that parsing efficiency depends heavily on the grammar, the language, the grammar formalism, and the sentence set.* [Russi 1990]

> *The main conclusion to be drawn from the experiments discussed above is that the influence of the grammar can hardly be underestimated.* [Bouma/Noord 1993]
>
> *The recognition of sentences is highly influenced by the choice of sentences.* [Vreught 1993]

Angesichts der Tatsache, daß die meisten Untersuchungen auf unterschiedlichen Grammatikformalismen und Satzmengen beruhen, kann es nicht verwundern, daß die Resultate insgesamt äußerst hetegoren ausfallen und einander zum Teil sogar klar widersprechen:

Russi kommt einerseits zu dem Ergebnis, daß einfache Top-down-Algorithmen (ohne Look-ahead usw.) einfachen Bottom-up-Algorithmen überlegen sind, während andererseits Top-down-Parser mit Look-ahead in etwa gleich effizient ausfallen wie Left-Corner-Parser mit Look-ahead und Top-down-Filterung. Bouma und van Noord vergleichen CUG- und DCG-basierte Grammatiken[9] hinsichtlich der Frage, in welchem Verhältnis die Effizienz von head-corner-basierten Algorithmen und left-corner-basierten Algorithmen zueinander stehen. Die von ihnen berichteten Resultate besagen, daß Head-corner-Algorithmen bei bestimmten Grammatiken und Eingabeketten zu einer besseren Performanz führen, in manchen Fällen jedoch auch nicht. Außerdem bemerken Bouma und van Noord, daß Erreichbarkeitstafeln unter bestimmten Umständen sogar zu einer Verschlechterung der Effizienz führen, z.B. weil bei nicht oder nur geringfügig mehrdeutigen Eingaben der Zugriff auf die Erreichbarkeitstafeln mehr Aufwand erfordert als die direkte Überprüfung mit dem normalen Parsingsalgorithmus. Zu einem ähnlichen Resultat kommt Verlinden, die eine etwas bessere Effizienz eines Left-corner-Parsers gegenüber einem Head-corner-Parser experimentell feststellt. Haas[10], schließlich, berichtet, daß ein von ihm entwickelter Bottom-up-Parser für einen unifikationbasierten Formalismus ohne zusätzliche Prediktionen schneller arbeitet als mit.

Angesichts solcher Ergebnisse muß wohl zusammenfassend konstatiert werden, daß die Auswahl eine passenden Parsingalgorithmus für eine bestimmte Grammatik und eine festgelegte Satzmenge zwar durchaus zu deutlichen Optimierungen führen kann, daß aber unabhängig von diesen Voraussetzungen keine präzisen und verallgemeinerbaren Aussagen über die praktische Effizienz von Parsingmodellen gemacht werden können. Die oben kurz referierten Untersuchungsergebnisse gehen also in dieser Hinsicht wohl nicht substantiell über die Resultate hinaus, die bereits seit den frühen 80er Jahren bekannt sind (vgl. z.B. [Slocum 1981]): Experimentelle Untersuchungen der Effizienz von Parsingsystemen, die die Eigenschaften der Testsatzmenge und der verwendeten Grammatik unberücksichtigt lassen, sind unbrauchbar.

---

[9] CUG steht für *Categorial Unification Grammar*, einem auf der Kategoralgrammatik basierenden Grammatikformalismus und DCG für *Definite-Clause-Grammar*. DCGs werden in Kapitel 12 behandelt.

[10] Vgl. [Verlinden 1993] und [Haas 1989].

2.4 Repräsentation des linguistischen Wissens

In der traditionellen Definition von Phrasenstrukturgrammatiken, wie man sie vor allem in der Literatur zur Theorie der formalen Sprachen findet, wird nicht zwischen dem Regelsystem einer Grammatik und dem Lexikon differenziert: Terminale Symbole werden durch (terminale) Regeln der Form $X \rightarrow a$, mit $X \in V_N$ und $a \in V_T$, eingeführt. Dasselbe gilt auch für zahlreiche linguistische Arbeiten älteren Datums. Es gibt allerdings gute Gründe für die inzwischen übliche Praxis, eine solche explizite Trennung vorzunehmen, die hier kurz skizziert werden sollen:

- Zum einen ist das Lexikon in den vergangenen Jahren immer mehr in das Zentrum linguistischer Forschung gerückt und wird längst nicht mehr nur als unstrukturierte Auflistung von Wortformen aufgefaßt. Man nimmt für das Lexikon spezifische, linguistisch motivierte Strukturprinzipien und Organisationsformen an, die sich von denen anderer grammatischer Komponenten unterscheiden.
- Weitere Gründe für die Trennung zwischen Regelapparat und Lexikon sind eher praktischer Natur. Insbesondere bei größeren natürlichsprachlichen Systemen sind häufig Lexika mit mehreren zehntausend Einträgen erforderlich, für deren Verwaltung effiziente Repräsentationsformate und Zugriffsstrategien (zum Beispiel Diskriminationsnetzwerke) erforderlich sind. Auch unter dem Gesichtspunkt der flexiblen Erweiterung von Grammatiken (Modifikation, Austausch von Komponenten) ist diese Modularisierung wünschenswert.

Es stellt sich natürlich die Frage, welche Konsequenzen mit dieser primär methodologisch motivierten Trennung von Syntax und Lexikon für die Beschreibung von Parsingalgorithmen verbunden sind. Zunächst lassen sich einige formale Konsequenzen konstatieren:

1. Da die Verbindung zwischen lexikalischen Einheiten und syntaktischer Beschreibung nicht mehr durch Regeln der Syntax, sondern durch Einträge im Lexikon erfolgt, können nun die lexikalischen Kategorien als die terminalen Symbole der Syntax betrachtet werden; d.h. eine Syntax G besteht aus einer Menge syntaktischer und einer Menge lexikalischer Kategorien, dem Startsymbol und einer endlichen Menge von Ersetzungsregeln.
2. Die Trennung von Syntax und Lexikon erfordert eine Modifikation der für kontextfreie Syntaxen üblichen Sprachdefinition:

   Wenn $G = \langle V_N, V_T, S, R\rangle$ eine kontextfreie Syntax und L ein Lexikon ist, dann besteht die durch G und L festgelegte Sprache aus der Menge aller Ketten $w = w_1 \ldots w_n$ $(n \geq 0)$ für die gilt:

   (a) $S \stackrel{*}{\Rightarrow} x_1 \ldots x_n$, $x_i \in V_T$ und

   (b) $w_i \in x_i$, für $1 \leq i \leq n$;

d.h. aus dem Startsymbol der Syntax muß eine Kette von lexikalischen Kategorien ableitbar sein, so daß das i-te Wort Element der i-ten lexikalischen Kategorie ist.

Die durch G festgelegte Sprache besteht also aus der Menge aller Sätze, in die sich eine aus dem Startsymbol von G ableitbare Kette von lexikalischen Kategorien überführen läßt, indem jede lexikalische Kategorie durch eine der Wortformen ersetzt wird, die ihr das Lexikon zuordnet.

Auch wenn in den letzten Jahren das Interesse an effizienten und linguistisch motivierten Lexikonrepräsentationsformalismen in der Computerlinguistik stark zugenommen hat, bleibt festzustellen, daß für die in den folgenden Kapiteln beschriebenen Algorithmen die konkrete Organisationsform des Lexikons eine stark vernachlässigbare Größe bildet. Natürlich ist die Realisierung der innerhalb eines Recognizers oder Parsers erforderlichen Zugriffsoperationen stark abhängig von der für das Lexikon gewählten Repräsentation. Für die Formulierung eines Parsingalgorithmus dagegen ist nur entscheidend, daß ein derartiger Zugriff möglich ist, nicht aber, wie er im Detail zu realisieren ist. Aus diesem Grund verzichten wir bei der Beschreibung von Prozeduren und Algorithmen auf eine explizite funktionale Differenzierung zwischen der Anwendung syntaktischer Regeln und Lexikonzugriffen; d.h. der Zugriff auf einen Lexikoneintrag wird als Anwendung einer (lexikalischen) Regel betrachtet. Der Vorteil dieses Verfahrens liegt darin, daß es eine redundanzfreie Darstellung ermöglicht. Anderenfalls wären alle Formulierung der Art '*Wenn es eine Regel gibt, die die Bedingungen ... erfüllt, dann ...*', die bei der Beschreibung von Analysealgorithmen relativ häufig anzutreffen sind, mit einer Ergänzung zu versehen wie '*... oder einen Eintrag im Lexikon L gibt, der die Bedingungen ... erfüllt, ...*'.

Bei der Präsentation von Beispielen und für die Implementierung der Algorithmen setzen wir folgende sehr einfache Lexikonorganisation voraus:

$$\begin{array}{l}\text{Lexikon} = \,<\!<\!\text{Wortform}_1\ \text{Eintrag}_1^1\ \text{Eintrag}_1^2 \ldots>\\ \qquad\qquad\quad <\!\text{Wortform}_2\ \text{Eintrag}_2^1\ \text{Eintrag}_2^2 \ldots>\\ \qquad\qquad\quad \ldots>\\ \text{Wortform} = \text{Symbol}\\ \text{Eintrag} = \text{Kategoriensymbol} \mid\\ \qquad\qquad \{\text{Merkmalsspezifikation}_1, \text{Merkmalsspezifikation}_2, \ldots\}\\ \text{Merkmalsspezifikation} = (\text{Merkmal Wert})^{11}\end{array}$$

[11] Es gibt natürlich verschiedene Möglichkeiten, das Lexikon zu organisieren. Adäquate Zugriffsoperationen vorausgesetzt, kann für die Beschreibung von Parsingalgorithmen die aktuelle Organisation des Lexikons vernachlässigt werden.

Jeder Wortform ist also eine Folge von *Einträgen* zugeordnet, die die verschiedenen Lesarten für diese Wortform repräsentieren. Ein Eintrag besteht in den „Spielzeuglexika", die in den ersten drei Abschnitten verwendet werden, nur aus einem Kategoriensymbol; Merkmalsspezifikationen werden erst bei der Behandlung von unifikationsbasierten Syntaxen im letzten Abschnitt eingeführt.

Grundsätzlich sollte beachtet werden, daß es weder erforderlich noch im Einzelfall besonders sinnvoll ist, innerhalb eines Parsers linguistisches Wissen exakt in der Form zu repräsentieren, die in den externen Wissensquellen Lexikon und Syntax verwendet wird. Verschiedene Typen von Algorithmen können verschiedene Zugriffsformen auf Syntax und Lexikon erfordern und damit auch unterschiedliche Repräsentationsprinzipien für dieses Wissen nahelegen:

- Syntax:
  Für Top-down-Algorithmen z.B. liegt es nahe, Regeln mit identischer linker Seite zusammenzufassen; bei von links nach rechts arbeitenden Bottom-up-Algorithmen andererseits könnten Regeln mit identischer linker Ecke (erstes Symbol der rechten Seite) in Bäume kompiliert werden.

- Lexikon:
  Bei Top-down-Algorithmen ist zu entscheiden, ob es in einer (lexikalischen) Kategorie K einen Eintrag für ein Wort w gibt; bei Bottom-up-Algorithmen dagegen sind für ein Wort w alle lexikalischen Kategorien des Lexikons zu finden, in denen es einen Eintrag für w gibt.

Beispiel (2-3)

Wenn G eine kontextfreie Syntax ist, die die folgenden Regeln enthält:

S → NP VP	VP → v NP	VP → v
NP → det n	NP → det adj n	NP → n

dann erhalten wir folgende interne Repräsentation für die Syntax:

(a) Top-down-Repräsentation	(b) Bottom-up-Repräsentation
<S <NP VP>>	<NP <VP S>>
<NP <det n> <det adj n> <n>>	<det <n NP> <adj n NP>>
<VP <v NP> <v>>	<n <NP>>
	<v <NP VP> <VP>>

Eine effiziente Repräsentationsform für lexikalische Informationen bilden *Tries* (vgl. Appendix D.3), die in (computer)linguistischen Arbeiten auch häufig als *Buchstabenbäume* („letter trees") bezeichnet werden:

Beispiel (2-4)

Wenn L ein Lexikon ist, das u.a. die Einträge

<bauen v>	<bau n>	<baum n>
<bank n>	<bild n>	<billig adj>

enthält, dann läßt sich dieser Ausschnitt von L durch folgenden *Trie* repräsentieren:

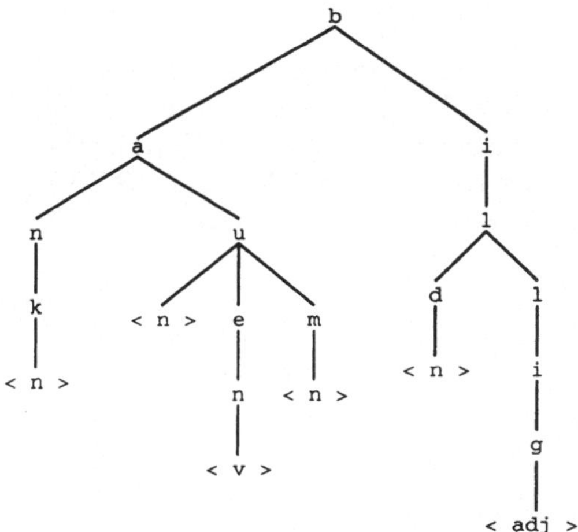

2.5 Die Beschreibung von Algorithmen und Prozeduren

Zur Beschreibung von Algorithmen und Prozeduren verwenden wir, wie schon die Prozedur **GRAPH_SUCHE** aus Abschnitt 1.2.3 illustriert, eine Notation, die sich an der von T.Winograd entwickelten Sprache DL („description language") orientiert[12]. Wir erläutern im folgenden die wichtigsten der von uns verwendeten Notationskonventionen. Jede Beschreibung einer Prozedur bzw. eines Algorithmus besteht aus folgenden drei Teilen:

- einem Beschreibungskopf,
- einem Spezifikationsteil und
- einem Operationsteil.

2.5.1 Der Beschreibungskopf

Der Beschreibungskopf spezifiziert den Typ und Namen des beschriebenen Objekts, gefolgt von einer (möglicherweise leeren) Folge von Attributen, die die wichtigsten Eigenschaften des Objekts spezifizieren:

PROZEDUR *Name*
attribut$_1$ ... ***attribut***$_n$

ALGORITHMUS *Name*
attribut$_1$ ... ***attribut***$_n$

[12] Vgl. [Winograd 1983, S.416-63].

2.5.2 Der Spezifikationsteil

In diesem Teil der Beschreibung wird festgelegt, welche Eingaben das beschriebene Objekt erwartet (**EINGABE**) und welche Resultate es generieren kann (**AUSGABE**). Der Spezifikationsteil endet mit der Deklaration der im Operationsteil verwendeten lokalen Variablen (**ARBEITSSTRUKTUREN**). Parameter- und Variablennamen werden durch Großschreibung hervorgehoben. Für lokale Variablen kann ein Anfangswert spezifiziert werden.

EINGABE: $PARAMETER_1$ - $Objektbereich_1$
⋮ ⋮
$PARAMETER_n$ - $Objektbereich_n$
AUSGABE: $Wert_1 \ldots Wert_n$
ARBEITSSTRUKTUREN:
$VARIABLE_1$ - $Objektbereich_1$
Anfangswert: $Wert_1$
⋮ ⋮
$VARIABLE_m$ - $Objektbereich_m$
Anfangswert: $Wert_m$

2.5.3 Der Operationsteil

Der Operationsteil beginnt mit dem Schlüsselwort **METHODE**. Was folgt, ist eine (endliche) Sequenz von Anweisungen. Es gibt einfache und komplexe Anweisungen. Komplexe Anweisungen werden aus einfachen Anweisungen mit Hilfe der folgenden Kontrollstrukturen gebildet:

1. Iteration
   (a) **Wiederhole:** <*Anweisung*>$^+$
   (b) **Wiederhole bis** <*Bedingung*>: <*Anweisung*>$^+$
   (c) **Für** *Variable* = *Anfangswert*, ..., *Endwert*: <*Anweisung*>$^+$
   (d) **Für jedes** *Objekt* aus *Menge*: <*Anweisung*>$^+$
2. Bedingte Anweisungen
   (a) **Wenn** <*Bedingung*> **Dann** <*Anweisung*>$^+$
   (b) **Wenn** <*Bedingung*> **Dann** <*Anweisung*>$^+$ **Sonst** <*Anweisung*>$^+$

Bedingungen sind Anweisungen, die einen booleschen Wert erzeugen. Durch Negation, Konjunktion oder Disjunktion von einfachen Bedingungen können komplexe Bedingungen gebildet werden. Innerhalb komplexer Anweisungen werden einfache

Anweisungen und Bedingungen durch spitze Klammern eingeschlossen. Wir verzichten darauf, innerhalb komplexer Anweisungen Anfang und Ende eines Anweisungsblocks explizit zu markieren (BEGIN ... END), und begnügen uns damit, durch Einrückung mögliche Ambiguitäten aufzulösen. Einen wichtigen Anweisungstyp bilden Wertzuweisungen. Als Zuweisungsoperator verwenden wir das „⇐"-Zeichen; d.h. sie haben die Form:

VARIABLE ⇐ *Wertbezeichner*

Enthält eine Anweisung einen Prozeduraufruf, wird der Name der Prozedur kursiv gesetzt und unterstrichen:

... *Prozedur* $(arg_1, \ldots, arg_n)$ ...

Die beschriebenen Prozeduren und Algorithmen operieren häufig auf ***strukturierten Objekten***, die aus einer Sequenz von anderen Objekten (Komponenten genannt) bestehen. Die Beschreibung von Operationen auf Objekten dieses Typs läßt sich relativ einfach gestalten, wenn man geeignete *Selektoren* und *Konstruktoren* definiert, die den gezielten Bezug auf einzelne Komponenten der strukturierten Objekte ermöglichen und spezifizieren, wie aus bestehenden Objekten neue gebildet werden können. Wir verwenden die folgenden Selektoren und Konstruktoren:

1. *Selektoren*

   Wenn ein Parameter bzw. eine Variable VAR an ein strukturiertes Objekt OBJ gebunden ist, das aus einer Sequenz von anderen Objekten $<obj_1, \ldots, obj_n>$ $(n \geq 0)$ besteht, dann bezeichnet:

   (a) VAR_i — obj_i

   (b) *First*(VAR) — obj_1

   (c) *Rest*(VAR) — $<obj_2, \ldots, obj_n>$.

2. *Konstruktoren*

   Wenn VAR_1 und VAR_2 an zwei strukturierte Objekte $OBJ_1 = <obj_1, \ldots, obj_n>$, $OBJ_2 = <obj_1', \ldots, obj_m'>$ gebunden sind, dann bezeichnet:

   $$VAR_1 + VAR_2$$

   das Objekt $OBJ_{12} = <obj_1, \ldots, obj_n, obj_1', \ldots, obj_m'>$, das sich durch die Verknüpfung der Objekte OBJ_1 und OBJ_2 ergibt.

Aufgaben

2.1 Formulieren Sie eine Anzahl von Lexikoneinträgen (15-20) und repräsentieren Sie sie als *Trie*.

2.2 Gegeben sei ein als *Trie* repräsentiertes Lexikon. Definieren Sie eine Prozedur, die es ermöglicht

(a) die einer Wortform im Lexikon zugeordneten Informationen und extrahieren

(b) neue Einträge im Lexikon zu erzeugen.

2.3 Entwickeln Sie einen Lexikongenerator, der eine Folge von Lexikoneinträgen in einen *Trie* kompiliert.

2.4 Bei Sprachen, die über ein ausgeprägteres Flexionssystem verfügen als das Englische, liegt es nahe, nicht alle Formen eines Wortes innerhalb eines Lexikons aufzulisten (*Vollformlexikon*), sondern Wortstämme und Flexionsendungen separat zu verwalten (Trennung von *Grundform-* und *Endungslexikon*). Verwenden Sie dieses Verfahren, um ein kleines Lexikon für deutsche Verbformen zu erstellen.

2.5 Wo liegen die deskriptiven Grenzen des in der vorangegangenen Frage skizzierten Verfahrens?

Teil II

Elementare Analysealgorithmen

Die Algorithmen, die wir in den folgenden drei Kapiteln vorstellen werden, bezeichnen wir als „elementare Analysealgorithmen", da es sich bei ihnen um die einfachsten Algorithmen handelt, die sich zur Analyse beliebiger kontextfreier Sprachen eignen[1]. Sie unterscheiden sich durch die bei der Verarbeitung eines Satzes realisierte Analyserichtung: Wir beginnen mit top-down arbeitenden Algorithmen (Kapitel 3), behandeln anschließend Bottom-up-Algorithmen (Kapitel 4) und beenden diesen Abschnitt mit *Left-corner*-Algorithmen (Kapitel 5), die eine Mischstrategie realisieren.

Speicherung von Teilergebnissen. Charakteristisch für alle in diesen drei Kapiteln behandelten Algorithmen ist, daß die bei der Analyse eines Satzes w gewonnenen Teilergebnisse nicht gespeichert werden. So ist es möglich, daß ein Satzabschnitt mehrfach auf dieselbe Art und Weise analysiert wird. Diese Situation kann z.B. dann eintreten, wenn die Syntax Regeln der Form $X \rightarrow \alpha_1$, $X \rightarrow \alpha_2$, ..., $X \rightarrow \alpha_n$ ($n > 1$) enthält, deren rechte Seiten einen identischen Präfix aufweisen:

Beispiel (II-1)
Wenn G eine Syntax ist, die u.a. die folgenden Regeln enthält:

S → NP S
S → NP Aux VP
S → NP VP PP
S → NP VP

dann kann die Verarbeitung eines Satzes dazu führen, daß die Subjekt-NP mehrfach auf dieselbe Weise analysiert wird, bevor es möglich ist, den Satz vollständig zu verarbeiten.

Kontrollstruktur. Da es verschiedene Möglichkeiten (Regeln) geben kann, mit denen die Analyse von w fortgesetzt werden kann, müssen diese Algorithmen eine Kontrollstruktur verwenden, die sicherstellt, daß bei Bedarf alle diese Alternativen untersucht werden können. Wir formulieren jeweils einen depth-first arbeitenden Algorithmus mit Backtracking und einen breadth-first arbeitenden Algorithmus (ohne Backtracking).

Komplexität. Alle der vorgestellten Algorithmen besitzen einen polynomiellen Zeit- und Raumbedarf.

---

[1]Daraus folgt nicht, daß sie beliebige kontextfreie Syntaxen verarbeiten können. Im Gegenteil: Es sind für die Algorithmen aus allen drei Klassen weitreichende Restriktionen bzgl. der in der Syntax zulässigen Regeltypen zu beachten (z.B. keine links-/rechtsrekursive Regeln, keine Tilgungsregeln etc.).

3 Top-down-Parsing

Wir entwickeln in diesem Kapitel zunächst ein Schema zur Top-down-Analyse von Sätzen, das wir anschließend schrittweise zu einem Erkennungs- und einem Parsingalgorithmus erweitern. Dabei wird gezeigt, wie bei einer Top-down-Analyse entweder die Depth-first-Suche mit Backtracking oder die Breadth-first-Suche verwendet werden kann.

3.1 Grundzüge

Charakteristisch für das Top-down-Parsing ist der von oben nach unten gerichtete Aufbau syntaktischer Strukturbeschreibungen: Ausgehend von dem Startsymbol der Syntax wird nach einer Ableitung gesucht, die es erlaubt, Schritt für Schritt eine oder gegebenenfalls mehrere Strukturbeschreibungen für die Eingabekette zu generieren.

ALGORITHMUS RECOGNIZE$_{TD}$
top-down / links-rechts
deterministisch

DATEN: Ein Lexikon L und eine kontextfreie Syntax $G = <V_N, V_T, S, R>$.
EINGABE: Ein Satz $w = w_1 \ldots w_n$, mit $n \geq 0$.
AUSGABE: *True*/*False*.
ARBEITSSTRUKTUREN:
WORT - Eine Zahl), die auf das nächste zu verarbeitende Wort des Satzes weist.
Anfangswert : 1.
ABLEITUNG - Eine Folge von syntaktischen und lexikalischen Kategorien.
Anfangswert: [S].

METHODE:
Wiederhole:
Wenn <ABLEITUNG = [ ]> ∧ <WORT = n+1>
Dann <RETURN(*True*)>
Sonst
Wenn <ABLEITUNG = [ ]> ∨ <*First*(ABLEITUNG) ∈ V_T >
Dann <RETURN(*False*)>
Sonst <ABLEITUNG ⇐ *Reduziere*(*Expandiere*(ABLEITUNG))>

Wenn wir vernachlässigen, daß dieser Suchprozeß nicht-deterministisch ist, d.h., daß es häufig verschiedene Möglichkeiten gibt, eine begonnene Ableitung fortzusetzen, dann lassen sich die grundlegenden Operationen für Top-down-Parsing durch die Prozedur $\text{RECOGNIZE}_{\text{TD}}$ beschreiben. Diese Prozedur verarbeitet einen Satz w von links nach rechts. Die beiden Variablen ABLEITUNG und WORT dienen dazu, den aktuellen Stand der Ableitung und einen Verweis auf das nächste zu verarbeitende Wort zu speichern. Sie terminiert, wenn eine der folgenden Situationen eintritt:

1. der Satz ist komplett abgearbeitet und ABLEITUNG enthält keine Symbole[1];
2. ABLEITUNG enthält keine Symbole, aber der Satz ist noch nicht vollständig verarbeitet (WORT $<$ n+1);
3. das erste Symbol in ABLEITUNG ist eine *lexikalische* Kategorie, und das nächste zu verarbeitende Wort des Satzes ist kein Element dieser Kategorie.

Bis der Algorithmus terminiert, wird in jedem Verarbeitungszyklus zunächst das erste Symbol in ABLEITUNG durch die rechte Seite einer geeigneten Regel ersetzt[2] (EXPANDIERE). Anschließend wird versucht, alle lexikalischen Kategorien, die in ABLEITUNG links vor der ersten syntaktischen Kategorie stehen, zu tilgen (REDUZIERE). Wenn nicht alle führenden lexikalischen Kategorien entfernt werden können, terminiert der Algorithmus im nächsten Durchgang mit „*False*“ (Fall 3).

Die Wahl einer Regel zur Fortsetzung der begonnenen Ableitung in EXPANDIERE ist von entscheidender Bedeutung: Die Kontrollstruktur von $\text{RECOGNIZE}_{\text{TD}}$ erlaubt es nicht, verschiedene Analysemöglichkeiten zu verfolgen. Ein Satz nur dann erkannt, wenn EXPANDIERE immer die 'richtige' Regel wählt. Da in jedem Schritt immer die syntaktische Kategorie in ABLEITUNG ersetzt wird, die am weitesten links steht, generiert der Algorithmus sogenannte *Linksableitungen* und der Inhalt von ABLEITUNG wird entsprechend als *Linkssatzform* bezeichnet. Die Prozeduren EXPANDIERE und REDUZIERE lassen sich wie folgt beschreiben:

PROZEDUR EXPANDIERE

EINGABE: Eine Linkssatzform L_{SF}.
AUSGABE: Eine neue Linkssatzform.

METHODE:

Wähle eine Regel $r_i \in R$, mit $Left(r_i) = First(L_{SF})$

<RETURN($Right(r_i) + Rest(L_{SF})$)>

---

[1]Wenn die Syntax Tilgungsregeln enthält, dann muß eine Ableitung nicht terminieren, sobald WORT = n + 1 und ABLEITUNG $\neq$ [ ].

[2]Wir setzen voraus, daß die Syntax keine überfüssigen nicht-terminale Symbole enthält (mit anderen Worten: $X \overset{*}{\Rightarrow} \alpha$, mit $X \in V_N$ und $\alpha \in V_T^*$, für alle $X \in V_N$). So ist sichergestellt, daß EXPANDIERE immer gelingt.

PROZEDUR REDUZIERE

EINGABE: Eine Linkssatzform L_{SF}.
AUSGABE: Eine neue Linkssatzform.
SEITENEFFEKT: Die Änderung der Variablen WORT.

METHODE:
Wiederhole:
Wenn <$First(L_{SF}) \in V_T$> $\wedge$ <$w_{WORT} \in First(L_{SF})$>
Dann <WORT $\Leftarrow$ WORT + 1>
<*Reduziere*(*Rest*(L_{SF})) >
Sonst <RETURN(L_{SF})>

Beispiel (3-1)

Satz : Der alte Mann starb.
Syntax: {1:S → NP VP, 2:NP → det N1, 3:N1 → AP n, 4:AP → adj, 5:VP → v}

	Satz[3]	ABLEITUNG	Aktion	Regel
(1)	[Der alte Mann starb]	[S]		
(2)	[Der alte Mann starb]	[NP VP]	EXPANDIERE	1
(3)	[Der alte Mann starb]	[det N1 VP]	EXPANDIERE	2
(4)	[alte Mann starb]	[N1 VP]	REDUZIERE	
(5)	[alte Mann starb]	[AP n VP]	EXPANDIERE	3
(6)	[alte Mann starb]	[adj n VP]	EXPANDIERE	4
(7)	[Mann starb]	[n VP]	REDUZIERE	
(8)	[starb]	[VP]	REDUZIERE	
(9)	[starb]	[v]	EXPANDIERE	5
(10)	[ ]	[ ]	REDUZIERE	

Es gibt verschiedene Möglichkeiten, auf Grundlage der Prozedur RECOGNIZE_{TD} einen Parsingalgorithmus zu entwickeln: Die konzeptuell vielleicht naheliegendste Möglichkeit besteht darin, eine weitere Variable einzuführen, die dann für den Aufbau dieser Strukturbeschreibung verwendet wird[4]. Allerdings führt diese Lösung zu einer unübersehbaren Redundanz: Wenn man das oben gegebene Beispiel betrachtet, wird deutlich, daß diese Struktur zumindest *implizit* bereits in der Variablen ABLEITUNG durch EXPANDIERE aufgebaut und durch REDUZIERE allerdings auch wieder abgebaut wird.

[3]Aus Gründen der Anschaulichkeit geben wir hier nicht den Wert von WORT an, sondern den noch zu verarbeitenden Teil des Satzes.

[4]In diesem Fall hat man die Möglichkeit, entweder die Struktur direkt aufzubauen oder die Indizes der Regeln, die verwendet werden, zu akkumulieren und anschließend den Linksparse des Satzes auszugeben.

Eine andere Möglichkeit besteht darin, statt in einer neuen Variablen die Strukturbeschreibung aufzubauen, die Prozedur REDUZIERE so zu reformulieren, daß sie nicht mehr Symbole löscht, sondern einen *Zeiger* auf der in ABLEITUNG gebildeten Strukturbeschreibung verschiebt:

Beispiel (3-2)

$[\overset{1}{S}]$

$[S\ [\overset{2}{NP}\ \ VP]]$

$[S\ [[NP\ [\overset{3}{det}\ \ N1]]\ VP]]$

$[S\ [[NP\ [[det\ der]\ \ \overset{5}{N1}]]\ VP]]$

$[S\ [[NP\ [[det\ der]\ [N1\ [\overset{6}{AP}\ \ n]]]]\ VP]]$

$[S\ [[NP\ [[det\ der]\ [N1\ [[AP\ [\overset{7}{adj}]]\ n]]]]\ VP]]$

$[S\ [[NP\ [[det\ der]\ [N1\ [[AP\ [adj\ alte]]\ \overset{9}{n}]]]]\ VP]]$

$[S\ [[NP\ [[det\ der]\ [N1\ [[AP\ [adj\ alte]]\ [n\ mann]]]]]\ \ \overset{11}{VP}]]$

$[S\ [[NP\ [[det\ der]\ [N1\ [[AP\ [adj\ alte]]\ [n\ mann]]]]]\ [VP\ [\overset{12}{v}]]]]$

$[S\ [[NP\ [[det\ der]\ [N1\ [[AP\ [adj\ alte]]\ [n\ mann]]]]]\ [VP\ [v\ starb]]]]\ ^{14}$

Die beiden von uns betrachteten Alternativen zur Formulierung des Parsingalgorithmus illustrieren gut ein bekanntes Problem. Zeitverhalten und Speicherbedarf bilden die wichtigsten Kriterien zur Beurteilung von Problemlösungen. Häufig korrelieren diese Faktoren in der Weise miteinander, daß eine Lösung, die weniger Speicher beansprucht, mehr Zeit benötigt als eine andere, speicherintensivere Lösung und vice versa.

In unserem Fall hätte die Einführung einer weiteren Variablen zum Aufbau der Satzstruktur mehr Speicherbedarf erfordert als die von uns gewählte Methode. Wird dagegen die Strukturbeschreibung in der Variablen ABLEITUNG aufgebaut, sind komplexere Operationen erforderlich, die sich je nach Realisierung als relativ zeitintensiv erweisen können[5].

Die Prozedur PARSE_{TD} (s.u.) unterscheidet sich von der Prozedur $\text{RECOGNIZE}_{\text{TD}}$ vor allem in folgenden Punkten:

1. Neben WORT und STRUKTUR (in $\text{RECOGNIZE}_{\text{TD}}$: ABLEITUNG) gibt es eine weitere Variable POSITION, deren Wert eine Zahl j ist, die auf das j-te Symbol der in STRUKTUR gebildeten Strukturbeschreibung weist (Anfangswert: 1).

[5]Ein anderer wichtiger Parameter zur Beurteilung konkurrierender Lösungen bildet ihre Transparenz: Auch unter diesem Aspekt dürfte die erste Lösung vorzuziehen sein, da sie als eine relativ einfache konservartive Erweiterung aufgefaßt werden kann.

2. Wenn die Prozedur erfolgreich terminiert, wird nicht TRUE, sondern der Wert von STRUKTUR (die Strukturbeschreibung des Satzes) als Wert zurückzugeben.

3. Die Prozeduren EXPANDIERE und REDUZIERE wurden ersetzt durch EXPANDIERE' und REDUZIERE'.

PROZEDUR EXPANDIERE'
Schema

EINGABE: Eine Strukturbeschreibung SB.
AUSGABE: Eine neue Strukturbeschreibung.
SEITENEFFEKT: Die Änderung der Variablen POSITION.
ARBEITSSTRUKTUREN:
NEUE-STRUKTUR - Die aktualisierte Strukturbeschreibung des Satzes w.
METHODE:
Wähle eine Regel $r_i \in R$, mit $Left(r_i) = SB_{POSITION}$
NEUE-STRUKTUR $\Leftarrow$ Ersetze $SB_{POSITION}$ durch: $[SB_{POSITION}\ [Right(r_i)]]$
POSITION $\Leftarrow$ POSITION + 1
RETURN(NEUE-STRUKTUR)

Die Prozedur EXPANDIERE' ersetzt ein Symbol aus ABLEITUNG durch eine Struktur, die aus dem Symbol und der rechten Seite einer Regel besteht, durch die das Symbol ersetzt werden kann.

PROZEDUR REDUZIERE'

EINGABE: Eine Strukturbeschreibung SB.
AUSGABE: Eine neue Strukturbeschreibung.
SEITENEFFEKT: Die Änderung der Variablen STRUKTUR und POSITION.
METHODE:
Wiederhole:
Wenn $\langle SB_{POSITION} \in V_T \rangle \wedge \langle w_{WORT} \in SB_{POSITION} \rangle$
Dann <Ersetze $SB_{POSITION}$ durch $[SB_{POSITION}\ w_{WORT}]$>
<POSITION $\Leftarrow$ POSITION + 2>
<WORT $\Leftarrow$ WORT + 1>
Sonst <RETURN(SB)>

Die Verschiebung des Zeigers POSITION um zwei Symbole ist erforderlich, da, wenn eine Reduktion möglich ist, die führende lexikalische Kategorie durch eine aus zwei Symbolen bestehende Struktur ($[SB_{POSITION}\ w_{WORT}]$) ersetzt wird.

ALGORITHMUS PARSE$_{TD}$
top-down / links-rechts
deterministisch

DATEN: Ein Lexikon L und eine kontextfreie Syntax $G = <V_N, V_T, S, R>$.
EINGABE: Ein Satz $w = w_1 \dots w_n$, mit $n \geq 0$.
AUSGABE: Eine Strukturbeschreibung für w / *False*.
ARBEITSSTRUKTUREN:

WORT - Eine Zahl, die auf das nächste zu verarbeitende Wort des Satzes weist.
Anfangswert : 1.

STRUKTUR - Eine Strukturbeschreibung für w.
Anfangswert: S.

POSITION - Ein Zeiger auf ein Symbol in STRUKTUR.
Anfangswert: 1.

METHODE:

Wiederhole:
Wenn <POSITION = |STRUKTUR| + 1>[6] ∧ <WORT = n+1>
Dann <RETURN(STRUKTUR)>
Sonst
Wenn <POSITION = |STRUKTUR| + 1> ∨
<STRUKTUR$_{POSITION}$ ∈ V_T >
Dann <RETURN(*False*)>.
Sonst <STRUKTUR ⇐ *Reduziere'*(*Expandiere'*(STRUKTUR))>

3.2 Kontrollstrukturen

Bislang haben wir vernachlässigt, daß das Parsen eines Satzes in der Regel ein nichtdeterministischer Prozeß ist, bei dem es Situationen gibt, in denen mehrere alternative Regeln angewendet werden können. Jede Regel repräsentiert eine Möglichkeit, die begonnene Ableitung fortzusetzen. Die in einer Syntax möglichen Ableitungen lassen sich durch einen Baum bzw. Graphen repräsentieren.

[6]Die Länge von STRUKTUR wird in diesem Zusammenhang bestimmt durch die Zahl der terminalen bzw. nicht-terminalen Symbole, die STRUKTUR enthält.

Beispiel (3-3)
Für die Syntax

S → NP VP	VP → v
NP → pron	NP → det N1
N1 → AP n	N1 → n
AP → adj	

hat der Graph die Form[7]:

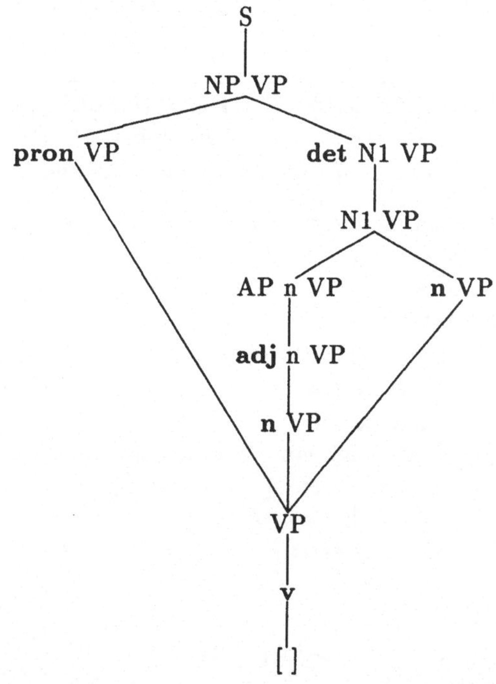

Analysealgorithmen verwenden Kontrollstrukturen, die es ihnen ermöglichen, die verschiedenen Ableitungsmöglichkeiten (nacheinander/ gleichzeitig) zu verfolgen, bis eine/alle Ableitung(en) für den Satz gefunden wurde(n) bzw. die Suche erfolglos terminiert (vgl. Kapitel 2.2.3). Wir werden uns im folgenden mit zwei solchen Kontrollstrukturen, der sequentiellen Depth-first-Suche mit Backtracking und der quasi-parallelen Breadth-first-Suche beschäftigen.

[7]Wir beschränken uns auf Linksableitungen.

3.2.1 Depth-first-Parsing mit Backtracking

Wenn es in einem Ableitungsschritt mehrere Regeln gibt, die zur Expansion des nächsten nicht-terminalen Symbols verwendet werden können, dann repräsentiert jede dieser Regeln eine andere mögliche Ableitung für den Satz. Allerdings muß sich keine dieser ***möglichen Ableitungen*** erfolgreich zu Ende führen lassen.

Der Algorithmus RECOGNIZE$_{TD/DF}$ basiert auf der Idee, immer nur eine Ableitung des Satzes zu verfolgen und andere mögliche Ableitungen erst zu untersuchen, **nachdem** die aktuelle Ableitung terminiert ist. Informationen über andere mögliche Ableitungen werden in einem Stack gespeichert: Wenn in einem Ableitungsschritt mehrere Regeln angewendet werden können, wird ein *Eintrag* erzeugt und auf den Stack geschoben, in dem die aktuelle Ableitung und alle Regeln außer der zunächst verwendeten vermerkt werden.

ALGORITHMUS RECOGNIZE$_{TD/DF}$
top-down / links-rechts
depth-first-Suche mit Backtracking

DATEN: Ein Lexikon L und eine kontextfreie Syntax G = <V_N, V_T, S, R>.
EINGABE: Ein Satz w = $w_1 \ldots w_n$ ($n \geq 0$).
AUSGABE: *True*/*False*.
ARBEITSSTRUKTUREN:

WORT	-	Eine Zahl, die auf das nächste zu verarbeitende Wort des Satzes weist. Anfangswert: 1.
ABLEITUNG	-	Eine Folge von syntaktischen und lexikalischen Kategorien. Anfangswert: [*Startsymbol*$_G$].
STACK	-	Eine Folge von *Einträgen*. Anfangswert: [ ].

METHODE:
Wiederhole:
Wenn <WORT = n+1> ∧ <ABLEITUNG = [ ]>
Dann <RETURN(*True*)>

Wenn <ABLEITUNG = [ ]> ∨ <*First*(ABLEITUNG) ∈ V_T>
Dann
    Wenn <STACK = [ ]>
    Dann <RETURN(*False*)>
    Sonst <STACK ⇐ <u>*Backtrack*$_{TD}$</u>(STACK)>
Sonst <ABLEITUNG ⇐ <u>*Reduziere*</u>(<u>*Expandiere*$_{DF}$</u>(ABLEITUNG, WORT))>

Ein *Eintrag* hat die Form: <*wort ableitung expansionen*>[8], wobei *wort* ein Zeiger auf das nächste zu verarbeitende Wort des Satzes ist und *expansionen* die rechten Seiten der Regeln aus G enthält, durch die die aktuelle Ableitung, deren Stand durch die Linkssatzform *ableitung* repräsentiert wird, fortgesetzt werden kann.

Solange der Stack nicht leer ist, werden, jedesmal wenn die aktuelle Ableitung nicht fortgesetzt werden kann, dem obersten Eintrag des Stacks die Informationen entnommen, die erforderlich sind, um eine andere Ableitung für den Satz verfolgen zu können, und der Stack wird entsprechend aktualisiert. Beim Backtracking wird der letzte Ableitungsschritt zurückgenommen und die Ableitung mit einer anderen als der zuvor gewählten Regel fortgesetzt. Dazu werden zunächst die Variablen WORT und ABLEITUNG mit den im obersten Eintrag von STACK enthaltenen Werten aktualisiert und anschließend das erste Element aus EXPANSIONEN entfernt. Wenn EXPANSIONEN keine weiteren Elemente mehr enthält, wird dieser Eintrag aus STACK entfernt.

Die Änderung der Prozedur EXPANDIERE ist erforderlich, um eine korrekte Stackverwaltung sicherzustellen.

PROZEDUR EXPANDIERE$_{DF}$

EINGABE: Eine Linkssatzform L_{SF} und eine Zahl j.
AUSGABE: Eine neue Linkssatzform.
SEITENEFFEKT: Die Änderung der Variablen STACK.
ARBEITSSTRUKTUREN:
EXPANSIONEN - Die Folge aller rechten Regelseiten der Regeln, durch die das erste Symbol von ABLEITUNG expandiert werden kann.
METHODE:
EXPANSIONEN $\Leftarrow$ <$\alpha \mid X \rightarrow \alpha \in R \wedge X = First(L_{SF})$>
Wenn <*Rest*(EXPANSIONEN) $\neq \emptyset$ >
Dann <STACK $\Leftarrow$ *Push*(<j L_{SF} *Rest*(EXPANSIONEN)>, STACK)>
<RETURN(*First*(EXPANSIONEN) + *Rest*(L_{SF}))>

Wenn man von dem Aufwand absieht, den die Stackverwaltung erfordert, dann besteht einer der wichtigsten Vorzüge dieses Algorithmus darin, daß sich durch minimale Änderungen einzelner Operationen verschiedene Suchstrategien realisieren lassen (s.u.).

[8] Wir verwenden die Notation „*wort*(*eintrag*)", „*ableitung*(*eintrag*)" und „*expansionen*(*eintrag*)", um auf die erste/zweite/dritte Komponente eines Eintrags Bezug zu nehmen.

PROZEDUR BACKTRACK$_{TD}$

EINGABE: Ein Stack T.
AUSGABE: Der geänderte Stack.
SEITENEFFEKT: Die Änderung der Variablen ABLEITUNG und WORT.
METHODE:
WORT ⇐ *wort*(*First*(STACK))
ABLEITUNG ⇐ Ersetze *First*(*ableitung*(*First*(STACK)))
durch *First*(*expansionen*(*First*(STACK))).

Entferne *First*(*expansionen*(*First*(STACK))) aus *expansionen*(*First*(STACK)).

Wenn <*expansionen*(*First*(STACK)) = ∅>
Dann <RETURN(*Pop*(STACK))>
Sonst <RETURN(STACK)>

Wenn man von dem Aufwand absieht, den die Stackverwaltung erfordert, dann besteht einer der wichtigsten Vorzüge dieses Algorithmus darin, daß sich durch minimale Änderungen einzelner Operationen verschiedene Suchstrategien realisieren lassen (s.u.).

Das folgende Beispiel illustriert die Arbeitsweise des Algorithmus:

Beispiel (3-4)
Syntax ={ $S \rightarrow NP\ VP,\ NP \rightarrow det\ n,\ NP \rightarrow det\ adj\ n,\ VP \rightarrow V1,$
$VP \rightarrow V1\ PP,\ V1 \rightarrow v,\ V1 \rightarrow v\ NP,\ PP \rightarrow p\ NP$}
Satz = Die Katze jagt die Maus in der Küche

WORT	ABLEITUNG	STACK	AKTION[9]
1	[S]	[ ]	EX : S → NP VP
1	[NP VP]	[ ]	EX : NP → det n
1	[det n VP]	[<1 [NP VP] [[det adj n]]>]	RE
3	[VP]	[<1 [NP VP] [[det adj n]]>]	EX : VP → V1
3	[V1]	[<3 [VP] [[V1 PP]]> <1 [NP VP] [[det adj n]]>]	EX : V1 → v
3	[v]	[<3 [V1] [[v NP]]> <3 [VP] [[V1 PP]]> <1 [NP VP] [[det adj n]]>]	RE
4	[ ]	[<3 [V1] [[v NP]]> <3 [VP] [[V1 PP]]> <1 [NP VP] [[det adj n]]>]	BT : V1 → v NP
3	[v NP]	[<3 [VP] [[V1 PP]]> <1 [NP VP] [[det adj n]]>]	RE

4	[NP]	[<3 [VP] [[V1 PP]]> <1 [NP VP] [[det adj n]]>]	EX : NP $\rightarrow$ det n
4	[det n]	[<4 [NP] [[det adj n]]> <3 [VP] [[V1 PP]]> <1 [NP VP] [[det adj n]]>]	RE
6	[ ]	[<4 [NP] [[det adj n]]> <3 [VP] [[V1 PP]]> <1 [NP VP] [[det adj n]]>]	BT : NP $\rightarrow$ det adj n
4	[det adj n]	[<3 [VP] [[V1 PP]]> <1 [NP VP] [[det adj n]]>]	RE
4	[adj n]	[<3 [VP] [[V1 PP]]> <1 [NP VP] [[det adj n]]>]	BT : VP $\rightarrow$ V1 PP
3	[V1 PP]	[<1 [NP VP] [[det adj n]]>]	EX : V1 $\rightarrow$ v
3	[v PP]	[<3 [V1 PP] [[v NP]]> <1 [NP VP] [[det adj n]]>]	RE
4	[PP]	[<3 [V1 PP] [[v NP]]> <1 [NP VP] [[det adj n]]>]	EX : PP $\rightarrow$ p NP
4	[p NP]	[<3 [V1 PP] [[v NP]]> <1 [NP VP] [[det adj n]]>]	BT : V1 $\rightarrow$ v NP
3	[v NP PP]	[<1 [NP VP] [[det adj n]]>]	RE
4	[NP PP]	[<1 [NP VP] [[det adj n]]>]	EX : NP $\rightarrow$ det n
4	[det n PP]	[<4 [NP PP] [[det adj n]]> <1 [NP VP] [[det adj n]]>]	RE
6	[PP]	[<4 [NP PP] [[det adj n]]> <1 [NP VP] [[det adj n]]>]	EX : PP $\rightarrow$ p NP
6	[p NP]	[<4 [NP PP] [[det adj n]]> <1 [NP VP] [[det adj n]]>]	RE
7	[NP]	[<4 [NP PP] [[det adj n]]> <1 [NP VP] [[det adj n]]>]	EX : NP $\rightarrow$ det n
7	[det n]	[<7 [NP] [[det adj n]]> <4 [NP PP] [[det adj n]]> <1 [NP VP] [[det adj n]]>]	RE
9	[ ]	[<7 [NP] [[det adj n]]> <4 [NP PP] [[det adj n]]> <1 [NP VP] [[det adj n]]>]	

In seiner vorliegenden Form arbeitet der Algorithmus, wie man anhand des Beispiels (3-4) sieht, nach der Depth-first-Methode. Andere Suchstrategien lassen sich realisieren, indem man die Einträge nicht in einen Stack speichert, der nach dem

[9]In dieser Spalte geben wir die Aktionen an, die zu den in der nächsten Zeile angegebenen Variablenwerten führen: EX - EXPANDIERE$_{DF}$, RE - REDUZIERE und BT - BACKTRACK$_{TD}$.

Last-in-first-out-Prinzip arbeitet, sondern eine andere Datenstruktur wählt: Verwendet man z.B. eine Queue (*First-in-first-out*-Prinzip), werden die durch neue Einträge repräsentierten Ableitungsalternativen erst dann berücksichtigt, nachdem die zu diesem Zeitpunkt bereits gefundenen Alternativen untersucht wurden; d.h., es wird eine Breadth-first-Suche realisiert. Eine weitere Möglichkeit besteht darin, die Einträge in einer Liste zu verwalten und diese Liste in jedem Ableitungsschritt nach einem bestimmten Kriterium zu sortieren (z.B. unter Nutzung heuristischer Informationen) bzw. neue Einträge immer an der 'korrekten' Position in die Liste einzufügen.

Um aus dem Erkennungsalgorithmus einen Parsingalgorithmus abzuleiten, kann eine weitere Variable STRUKTUR eingeführt werden, deren Wert die Liste der Regeln ist, die bei der aktuellen Ableitung verwendet wurden. Bei erfolgreicher Terminierung des Ableitungsprozesses wird aus dieser Regelfolge eine Strukturbeschreibung für den Satz generiert. Mit einer zweiten einfachen Änderung kann außerdem sichergestellt werden, daß nicht nur eine, sondern alle Strukturbeschreibungen eines Satzes generiert werden: Nach erfolgreicher Terminierung **einer** Ableitung wird zunächst die gefundene Strukturbeschreibung ausgegeben und anschließend - sofern der Stack nicht leer ist - Backtracking erzwungen (s. Aufgaben am Ende dieses Kapitels).

3.2.2 Breadth-first-Parsing ohne Backtracking

Die letzte Variante eines Top-down-Algorithmus, die wir betrachten werden, arbeitet ohne Backtracking: Jedesmal wenn es verschiedene Möglichkeiten gibt, eine begonnene Ableitung fortzusetzen, wird für jede dieser Möglichkeiten ein 'Prozeß' gestartet, der sie weiter verfolgt (breadth-first). Der Algorithmus terminiert erst, nachdem alle Analysemöglichkeiten für einen Satz untersucht wurden. Da die 'Prozesse' unabhängig voneinander ausgeführt werden können, bietet es sich an, auf Grundlage dieses Algorithmus einfache parallele Parser zu entwickeln und, sofern geeignete Soft- und Hardware zur Verfügung steht, auch zu implementieren.

Die rekursive Prozedur $\text{RECOGNIZE}_{\text{TD/BF}}$ wird mit zwei Argumenten aufgerufen: dem zu analysierenden Satz $w = w_1 \ldots w_n$ $(n \geq 0)$ und S, dem Startsymbol der Syntax:

ALGORITHMUS $\text{RECOGNIZE}_{\text{TD/BF}}$
top-down / links-rechts
breadth-first

DATEN:	Ein Lexikon L und eine kontextfreie Syntax $G = \langle V_N, V_T, S, R \rangle$.
EINGABE:	Eine Folge von Wörtern SATZ (Anfangswert: $[w_1, \ldots w_n]$) und eine Folge von terminalen und nicht-terminalen Symbolen ABLEITUNG (Anfangswert [S]).
AUSGABE:	*True/False.*

ARBEITSSTRUKTUREN:

EXPANSIONEN - Die Folge aller rechten Regelseiten durch die das erste Symbol von ABLEITUNG ersetzt werden kann.

METHODE:

```
Wenn  <SATZ = [ ]> ∧ <ABLEITUNG = [ ]>
Dann  <RETURN(True)>
Sonst
      Wenn  <ABLEITUNG = [ ]> ∨ <First(ABLEITUNG) ∈ V_T>
      Dann  <RETURN(False)>
      Sonst <EXPANSIONEN ⇐ <x | r_i ∈ R ∧
                                Left(r_i) = First(ABLEITUNG) ∧
                                x = Right(r_i)>>
            Für alle x ∈ EXPANSIONEN:
               <RECOGNIZE_TD/BF
                  (Reduziere_BF(SATZ, (x+Rest(ABLEITUNG))))>
```

PROZEDUR REDUZIERE$_{BF}$

EINGABE: Eine Folge von Wörtern SATZ und eine Linkssatzform ABLEITUNG.

AUSGABE: Ein geordnetes Paar (SATZ' und ABLEITUNG'), das sich durch Reduktion aus SATZ und ABLEITUNG ergibt.

METHODE:

```
Wenn  <First(ABLEITUNG) ∈ V_T> ∧
        First(SATZ) ∈ First(ABLEITUNG)>
Dann  <Reduziere_BF(Rest(SATZ), Rest(ABLEITUNG))>
Sonst <RETURN(SATZ, ABLEITUNG)>
```

Beispiel (3-5)

Der folgende Baum gibt einen Überblick über die Prozesse, die bei der Analyse des Satzes „Die Katze jagt die Maus in der Küche" bei Verwendung der Syntax aus Beispiel (3-4) erzeugt werden: Jeder Pfad in diesem Baum, der vom Wurzelknoten zu einem der mit „TRUE" etikettierten Blattknoten führt, repräsentiert eine mögliche Ableitung für den Satz.

Der Algorithmus ist ebenso wie der mit Backtracking arbeitende Algorithmus aus dem vorangegangenen Abschnitt relativ ineffizient, da Satzabschnitte von verschiedenen Prozessen mehrfach in gleicher Weise analysiert werden.

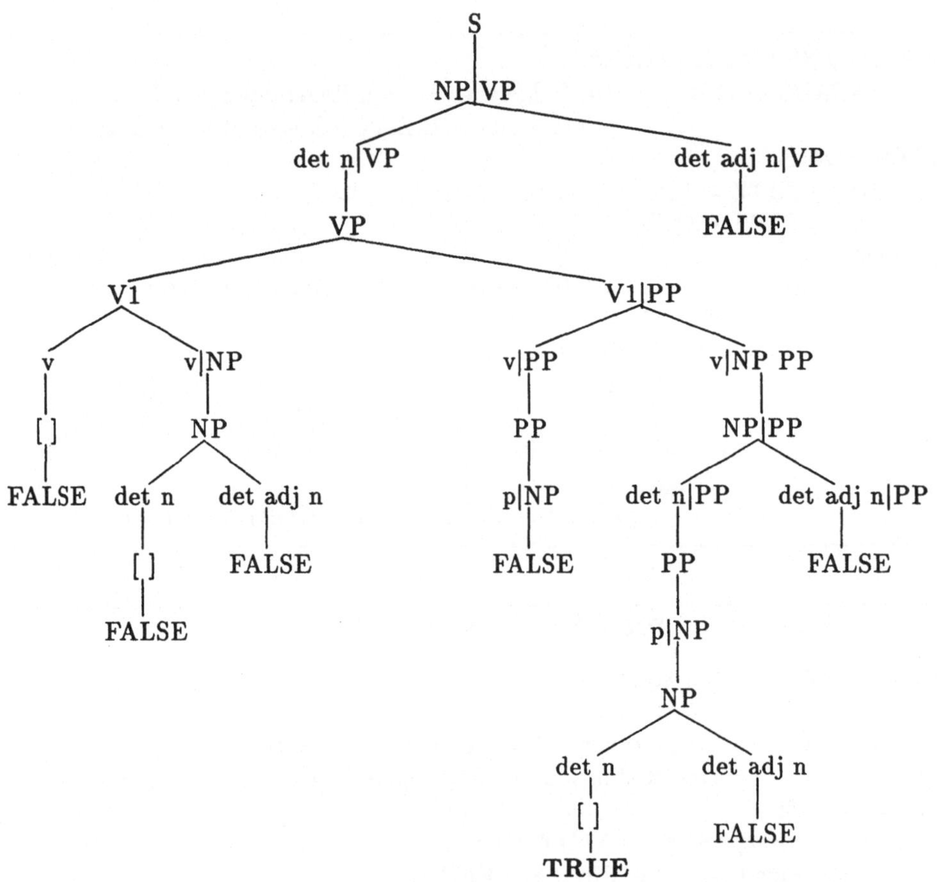

3.3 Grenzen des Top-down-Parsings

Top-down-Parser, die mit einem der in diesem Kapitel vorgestellten Algorithmen arbeiten, lassen sich schnell und ohne Probleme implementieren und sind insofern zur maschinellen Verarbeitung beliebiger kontextfreier *Sprachen* geeignet, als für jede kontextfreie Sprache eine Syntax angegeben werden kann, die für Top-down-Parsing geeignet ist. Allerdings können nicht beliebige kontextfreie *Syntaxen* mit diesen Algorithmen verarbeitet werden:

Abhängig von der Verarbeitungsrichtung des Satzes darf die Syntax nicht *linksrekursiv* (Verarbeitungsrichtung: links → rechts) bzw. *rechtsrekursiv* (Verarbeitungsrichtung: rechts → links) sein. Wird diese Restriktion nicht beachtet, ist nicht sichergestellt, daß der Parser bei der Analyse eines Satzes terminiert.

Beispiel (3-6)
Wenn wir die Syntax aus Beispiel (3-1) um die Regel *AP* → *AP adj* ergänzen und voraussetzen, daß diese Regel immer vor der Regel *AP* → *adj* angewendet wird, dann terminiert die Prozedur nicht, da mit jedem Schritt die Länge von ABLEITUNG kontinuierlich wächst:

	SATZ	ABLEITUNG
(1)	[Der alte Mann starb]	[S]
⋮	⋮	⋮
(5)	[alte Mann starb]	[AP n VP]
(6')	[alte Mann starb]	[AP adj n VP]
(6")	[alte Mann starb]	[AP adj adj n VP]
⋮	⋮	⋮

Enthält die Syntax Tilgungsregeln oder/und unäre Regeln[10], ist es häufig nicht so einfach wie in dem vorangegangenen Beispiel zu erkennen, daß die Syntax *links-/rechtsrekursiv* ist; denn in diesem Fall können es mehrere Regeln sein, deren Interaktion wie die Anwendung einer links-/rechtsrekursiven Regel wirkt:

Eine Syntax S', die man aus einer Syntax S erhält, indem man jede linksrekursive Regel der Form $X \rightarrow X\ \alpha$ in S z.B. durch Regeln der Form

(a)		(b)		(c)
$X \rightarrow B\ \alpha$	bzw.	$X \rightarrow B\ X\ \alpha$	oder	$X \rightarrow B\ \alpha$
$B \rightarrow X$		$B \rightarrow e$		$B \rightarrow Y\ X$
				$Y \rightarrow e$

ersetzt, führt beim Parsen zu denselben Problemen wie die ursprüngliche Syntax. Man kann in diesem Zusammenhang verschiedene Lösungsansätze verfolgen:

1. Grundsätzlich ist es möglich, eine beliebige links-/rechtsrekursive kontextfreie Syntax in eine schwach äquivalente kontextfreie Syntax zu überführen, die nicht links-/rechtsrekursiv ist. Allerdings ist in vielen Fällen die Annahme links-/rechtsrekursiver Regeln und Konstruktionen linguistisch motiviert, so daß eine derartige Reformulierung der Syntax nicht akzeptabel ist (unmotivierte nichtterminale Symbole und Regeln).

2. Eine Syntax ohne Tilgungsregeln erlaubt eine andere Lösung: Eine Ableitung für einen Satz muß nur dann weiterverfolgt werden, wenn die Zahl der Symbole in ABLEITUNG kleiner oder höchstens gleich der Zahl der noch zu verarbeitenden

[10] Unäre Regel, auch *Kettenregeln* genannt, sind Regeln, deren rechte Seite aus einem einzelnen nicht-terminalen Symbol besteht.

Worte ist. So kann etwa im vorangegangenen Beispiel ausgeschlossen werden, daß die Regel *AP* → *AP adj* überhaupt angewendet wird; denn schon in Zeile 6' ist die Längenbegrenzung verletzt:|SATZ| = 3 ∧ |ABLEITUNG| = 4.

Enthält die Syntax dagegen Tilgungsregeln, und kommt eine Umformung in eine Syntax ohne links-/rechtsrekursive Regeln aus oben genannten Gründen nicht in Frage, ist es allerdings kaum möglich, eine Terminierung des Parsers in allen Fällen sicherzustellen: Mit einer einfachen Längenbegrenzung von ABLEITUNG zu operieren, ist nicht möglich. Wenn die Syntax nur links- oder nur rechtsrekursiv ist, kann die Verarbeitungsrichtung so gewählt werden, daß der Parser immer terminiert. Aber in allen anderen Fällen ist mit einfachen Mitteln, wenn man von Ad-hoc-Lösungen absieht (z.B. die Einführung von Bedingungen wie: jede Regel darf nur x-mal hintereinander ausgeführt werden), kein Erfolg zu erzielen.

3.4 Implementierung

3.4.1 Lisp

Die folgenden vier Programme orientieren sich eng an den in diesem Kapitel entwickelten Algorithmen und demonstrieren, wie gering die 'semantische Lücke' zwischen klar formulierten Algorithmen und (Lisp-)Programmen sein kann. Das erste Programm 'übersetzt' das Top-down-Erkennungsschema in ein einfaches Lisp-Programm. Dieses Programm wird anschließend zu einem Recognizer mit Backtracking erweitert. Es folgen die Implementierungen des Breadth-first-Erkennungs- und Parsingalgorithmus ohne Backtracking.

Alle Programme setzen voraus, daß die zur Analyse erforderlichen Daten (Syntax und Lexikon) den globalen Variablen *syntax* und *lexikon* zugewiesen sind[11]. Mit Ausnahme des ersten Programms gestatten außerdem alle Programme nicht nur die Analyse vollständiger Sätze, sondern auch die einzelner Konstituenten. In diesem Fall ist beim Funktionsaufruf neben dem Satz (als Liste von Symbolen) als zweites Argument der Konstituententyp anzugeben (als Liste, deren einziges Element ein Symbol ist, das den Konstituententyp bezeichnet).

Beispiel (3-7)

```
> (parse_td/bf '(der mond scheint))
  (S (NP (DET DER) (N MOND)) (VP (V SCHEINT)))
  T

> (parse_td '(der mond) '(np))
  (NP (DET DER) (N MOND))
  T
```

[11] Die Beschreibung der Repräsentation von Syntax, Lexikon und einigen fundamentalen Grundfunktionen findet sich im Anhang D.1.

Top-down-Recognizer (Schema)

```
;;; RECOGNIZE-TD
;;; Diese Funktion bildet das Top-down-Erkennungsschema ab. Als Kontrollstruktur
;;; wird eine LOOP-Form verwendet.
(defun recognize-td (satz)
  (let ((wort 0) (ableitung `(,(startsymbol)))) ; Initialisieren der Variablen
    (declare (special wort))                    ; WORT und ABLEITUNG
    (loop
      (if (and (endp ableitung) (= wort (length satz)))
          (return t))                           ; Satz akzeptiert
          (if (or (endp ableitung) (lexkat-p (first ableitung)))
              (return nil)                      ; Satz nicht akzeptiert
              (setq ableitung                   ; Fortsetzen der Ableitung
                    (reduziere (expandiere ableitung) (nthcdr wort satz)))))))

;;; EXPANDIERE
;;; Die Ableitung wird durch Anwendung der ersten Regel, deren linke Seite mit dem
;;; ersten Symbol von ABLEITUNG identisch ist, fortgesetzt.
(defun expandiere (ableitung)
  (let ((regeln (expansionen (first ableitung))))
    (if regeln (append (first regeln) (rest ableitung)))))

;;; REDUZIERE
;;; Aus ABLEITUNG werden - soweit möglich - alle führenden lexikalischen Katego-
;;; rien getilgt.
(defun reduziere (ableitung satz)
  (declare (special wort))
  (cond ((element_von-p (first satz) (first ableitung))
         (setq wort (+ wort 1)) (reduziere (rest ableitung) (rest satz)))
        (t ableitung)))

;;; Hilfsfunktionen

;;; EXPANSIONEN
;;; Die Funktion generiert für eine syntaktische Kategorie die Menge aller rechten
;;; Regelseiten, durch die dieses Symbol expandiert werden kann.
(defun expansionen (symbol)
  (apply #'append
         (mapcar #'(lambda (x) (and (eq (first x) symbol) (list (rest x))))
                 (regeln))))
```

```
;;; ELEMENT_VON-P
;;; Die Funktion prüft, ob es in *LEXIKON* einen Eintrag für WORT gibt, durch
;;; den der Wortform die lexikalische Kategorie KATEGORIE zugeordnet wird.
(defun element_von-p (wort kategorie)
  (when (lexkat-p kategorie) (member kategorie (eintrag-kategorien wort))))

;;; LEXKAT-P
;;; Die Funktion prüft, ob KATEGORIE eine lexikalische Kategorie ist.
(defun lexkat-p (symbol)
  (member symbol (lexikalische-kategorien)))
```

Top-down-Recognizer mit Backtracking

```
;;; RECOGNIZE-TD/DF
;;; Top-down-Recognizer mit Backtracking und Depth-first-Suche. Die beiden Funk-
;;; tionen EXPANDIERE-REDUZIERE und BACKTRACK steuern die Fortsetzung
;;; der aktuellen Ableitung bzw. die Wahl einer Analysealternative.
(defun recognize-td/df (satz &optional (symbol `(,(startsymbol))))
  (let ((wort 0) (ableitung symbol) (stack ()))
    (declare (special wort))
    (loop
      (if (and (= wort (length satz)) (endp ableitung))
          (return t))                               ; Satz akzeptiert
          (if (or (endp ableitung) (lexkat-p (first ableitung)))
              (if (endp stack) (return nil)         ; Satz nicht akzeptiert
                  ;; Backtracking:
                  (let ((backtrack-werte (backtrack stack satz)))
                    (setq stack      (first backtrack-werte)
                          ableitung (second backtrack-werte))))
              ;; Fortsetzung der Ableitung:
              (let ((ex/re-werte (expandiere-reduziere ableitung stack satz)))
                  (setq stack      (first ex/re-werte)
                        ableitung  (second ex/re-werte)))))))

;;; EXPANDIERE-REDUZIERE
;;; Die Funktion berechnet die Menge aller Regeln, die sich zur Fortsetzung der ak-
;;; tuellen (Links-)Ableitung verwenden lassen. Die erste dieser Regeln wird ange-
;;; wendet, und die übrigen werden in einem neu erzeugten Stackeintrag gespeichert.
(defun expandiere-reduziere (ableitung stack satz)
  (declare (special wort))
  (let ((regelseiten (expansionen (first ableitung))))
    (when regelseiten                               ; mindestens eine Regel anwendbar
```

```
(if (endp (rest regelseiten))          ; genau eine Regel anwendbar
    (list stack
          (reduziere
            (append (first regelseiten) (rest ableitung))
            (nthcdr wort satz)))
    (list (cons (list wort ableitung (rest regelseiten)) stack)
          (reduziere
            (append (first regelseiten)
            (rest ableitung)) (nthcdr wort satz))))))
```

```
;;; BACKTRACK
;;; Beim Backtracking werden die Variablen WORT, ABLEITUNG und STACK auf
;;; der Grundlage des ersten Stackeintrags aktualisiert. Die Funktion BACKTRACK
;;; berechnet die neuen Werte für diese Variablen.

(defun backtrack (stack satz)
  (declare (special wort))
  (setq wort (first (first stack)))
  (list (if (endp (rest (third (first stack))))   ; keine weitere Alternative
            (rest stack)                          ; entferne obersten Eintrag
            (subst (rest (third (first stack))) (third (first stack)) stack))
        (reduziere
          (append (first (third (first stack))) (rest (second (first stack))))
          (nthcdr wort satz))))
```

Ein breadth-first arbeitender Top-down-Recognizer

Anders als die rein iterativen top-level Funktionen der letzten beiden Programme verbinden die Funktionen RECOGNIZE-TD/BF und PARSE-TD/BF iterative und rekursive Elemente.

```
;;; RECOGNIZE-TD/BF
;;; Diese Funktion basiert auf dem Breadth-first-Erkennungsalgorithmus (ohne Back-
;;; tracking) aus Kapitel 3.2.2.

(defun recognize-td/bf (satz &optional (ableitung `(,(startsymbol))))
  (cond ((and (endp satz) (endp ableitung)) t)
        ((or (endp ableitung) (lexkat-p (first ableitung))) nil)
        (t (dolist (x (expansionen (first ableitung)))
             (print (apply #'recognize-td/bf
                           (reduziere-bf satz (append x (rest ableitung)))))))))
```

```
;;; REDUZIERE-BF
;;; Die Aufgabe dieser Funktion ist es, möglichst alle führenden lexikalischen Kate-
;;; gorien aus ABLEITUNG zu entfernen. Der Unterschied zu REDUZIERE besteht
;;; darin, daß REDUZIERE-BF als Wert die Liste zurückgibt, die die Linkssatzform
;;; und den noch nicht analysierte Satzabschnitt enthält.
(defun reduziere-bf (satz ableitung)
  (if (element_von-p (first satz) (first ableitung))
      (reduziere-bf (rest satz) (rest ableitung))
      (list satz ableitung)))
```

Ein breadth-first arbeitender Top-down-Parser

```
;;; PARSE-TD/BF
;;; Zur Generierung von Strukturbeschreibungen wird ein weiterer Parameter
;;; STRUKTUR eingeführt.
(defun parse-td/bf (satz &optional (ableitung `(,(startsymbol))) struktur)
  (cond ((and (endp satz) (endp ableitung)) (transform struktur))
        ((or (endp ableitung) (lexkat-p (first ableitung))) nil)
        (t (dolist (x (expansionen (first ableitung)))
             (print (apply #'parse-td/bf
                           (reduziere-bf*
                             satz
                             (append x (rest ableitung))
                             (cons (cons (first ableitung) x) struktur)))))))))

;;; REDUZIERE-BF*
;;; Diese Funktion entfernt - soweit möglich - alle führenden lexikalischen Kategorien
;;; aus ABLEITUNG. Als Wert liefert sie eine Liste, die die Linkssatzform, den noch
;;; nicht analysierten Satzabschnitt und die bislang generierte Strukturbeschreibung
;;; enthält.
(defun reduziere-bf* (satz ableitung struktur)
  (if (element_von-p (first satz) (first ableitung))
      (reduziere-bf* (rest satz) (rest ableitung)
                     (cons (list (first ableitung) (first satz)) struktur))
      (list satz ableitung struktur)))
```

Die folgenden drei Funktionen werden für die top-down Parser benötigt. Sie speichern die Informationen über die Ableitungsgeschichte in Form einer Liste der Regeln, die bei dieser Ableitung (erfolgreich) verwendet wurden. TRANSFORM generiert aus dieser Regelliste eine Strukturbeschreibung.

```
;;; TRANSFORM
;;; Diese Funktion erzeugt aus einer Folge von Regeln eine Strukturbeschreibung.
(defun transform (struktur)
  (do* ((listen struktur
                (replace-element
                  (replace-element (first listen)
                                   (length (member (caar liste) (reverse liste)))
                                   liste)
                  (- (length listen) (length (member liste listen :test #'equal)))
                  (rest listen)))
        (liste (find-element (caar listen) (rest listen))
               (find-element (caar listen) (rest listen))))
       ((endp (rest listen)) (first listen))))

;;; FIND-ELEMENT
;;; Die Funktion findet die Liste, in der die andere Liste einzufügen ist.
(defun find-element (symbol list-of-lists)
  (dolist (x list-of-lists)
    (when (member symbol (rest x)) (return x))))

;;; REPLACE-ELEMENT
;;; Ersetze ZAHL-tes Element in LISTE durch NEU-Element.
(defun replace-element (neu zahl liste)
  (if (< (length liste) zahl)
      liste
      (let ((resultat ())
            (zaehler 1))
        (dolist (x liste)
          (if (< zaehler zahl)
              (setf zaehler (+ zaehler 1)
                    resultat (append resultat (list x)))
              (return (append resultat (list neu) (nthcdr zaehler liste))))))))
```

3.4.2 Prolog

Da ein Prolog-Interpreter eine Top-down-depth-first-Beweisstrategie mit Backtracking verwendet, ist die Realisierung eines entsprechenden Parsers in dieser Programmiersprache besonders einfach: Eine explizite Definition der prozeduralen Elemente des Algorithmus ist nicht erforderlich, es müssen lediglich die Datenstrukturen und -formate sowie Vor- und Nachbedingungen der Prozedur definiert werden. Es läßt sich hier also in der Tat ein konsequent deklarativer Programmierstil realisieren.

In den meisten neueren Prolog-Systemen ist der DCG-Formalismus im allgemeinen, bereits vordefinierten Befehlssatz enthalten. DCGs[12] (Definite Clause Grammars) sind Grammatiken, die kontextfreie Syntaxen als echte Teilmenge enthalten, so daß die Implementierung eines Top-down-Parsers für kontextfreie Syntaxen in Prolog in der Praxis selten sinnvoll ist. Aber selbst in dem Fall, daß DCGs und ihre Verarbeitung nicht bereits vordefiniert sind, ist die Programmierung einer solchen Komponente mit einfachen Mitteln realisierbar. Um ein Regelformat zu erhalten, das den üblichen Notationskonventionen für kontextfreie Syntaxen nahe kommt, ist es sinnvoll, einen Infix-Operator '—>' zu definieren. Die Ebene innerhalb der Operatorenhierarchie (das erste Argument einer Operatorendefinition) wird in verschiedenen Prolog-Implementierungen durch unterschiedliche Zahlenwerte angegeben; der hier angegebene Wert von 1100 bezieht sich auf Arity-Prolog (TM) und muß gegebenenfalls an die jeweils verwendete Prolog-Umgebung angepaßt werden.

```
:- op(1100, xfy, '—>').
```

Die Regeln der Grammatik lassen sich nun in der folgenden Form angeben:

$$K_1 \text{ —> } [K_2, K_3, \ldots, K_n].$$

Das Startsymbol wird durch ein entsprechendes Prädikat festgelegt, z.B.:

```
startsymbol(s).
```

Schließlich müssen noch die Vokabulare definiert werden. Es ist für unsere Zwecke hinreichend, nur das terminale Vokabular anzugeben. Wir verwenden hierzu das einstellige Prädikat **terminal**. Zunächst definieren wir einen einfachen Recognizer: Der Recognizer nimmt eine Kette über dem terminalen Vokabular als Eingabe und liefert als Ausgabe 'yes' oder 'no'. Für die Ausgabe wird keine Resultatsvariable benötigt, weil man die Meldung des Prolog-Interpreters für diesen Zweck verwenden kann. Das Prädikat **recognize** hat also nur ein Argument, nämlich die Eingabekette; der Kopf der Prädikatsdefinition ist also: recognize(X). Zunächst sollte geprüft werden, ob die Elemente der Eingabekette Symbole aus dem terminalen Alphabet sind:

```
terminale_kette([ ]).
terminale_kette([X|R]) :-
   terminal(X),
   terminale_kette(R).
```

Anschließend wird geprüft, ob die Eingabekette eine Expansion des Startsymbols ist. Die vollständige Definition lautet also:

```
recognize(E) :-
   terminale_kette(E),        % E ist eine terminale Kette
   startsymbol(S),            % S ist das Startsymbol
   expansion([S], E).         % E ist eine Expansion von S
```

[12] Vgl. Kapitel 12.

Das Prädikat **expansion** hat zwei Argumente, die Eingabe und Ausgabe der durch **expansion** definierten Prozedur darstellen. Die Argumente sind jeweils Listen von terminalen und/oder nicht-terminalen Symbolen, wobei das zweite Argument durch Anwendung der Regeln aus dem ersten Argument ableitbar ist. Im Initialzustand ist das erste Argument von **expansion** eine Liste, die allein das Startsymbol enthält, das zweite Argument ist die Eingabekette. Die Anwendung der Regeln auf die Elemente der ersten Liste erfolgt von links nach rechts (das erste Element der Liste wird auch zuerst expandiert). Weiterhin ist die Verarbeitungsstrategie depth-first: Bevor also andere Expansionsalternativen in Betracht gezogen werden, wird der Versuch unternommen, das Resultat der ersten vorgenommenen Expansion noch weiter zu expandieren. Dieser Verarbeitungsprozeß ist rekursiv und terminiert, wenn keine weiteren Expansionen mehr durchgeführt werden können.

```
expansion([K|R], E) :-
    (K '—>' Ts),              % Es gibt eine Regel, die K zu Ts expandiert.
    expansion(Ts, E2),        % Depth-first-Rekursion: Expandiere das
                              % Resultat der ersten Regelanwendung zu E2.
    expansion(R, R2),         % links-rechts Rekursion: Expandiere den Rest.
    append(E2, R2, E).        % Verbinde die Resultate mit append.
expansion(X, X).              % Terminierung
```

Die Erweiterung des Recognizers zu einem Parser erfordert ein zusätzliches Argument, das als Resultatsvariable für die Strukturbeschreibung dient. Parallel zur Regelanwendung wird ein Strukturbaum in Klammernotation aufgebaut.

```
parse(X) :-
    terminale_kette(X),       % Ist die Eingabekette wohlgeformt?
    startsymbol(S),
    parse([S], X, Struktur),  % Aufruf des Prädikats parse/3
    nl,write(Struktur).       % Ausgabe der Strukturbeschreibung
parse([K|R], E, [K, S2|SR]) :-
    (K '—>' Ts),
    parse(Ts, E2, S2),
    parse(R, R2, SR),
    append(E2, R2, E).
    parse(X, X, X).
```

Vergleicht man die in diesem Kapitel präsentierten Programme miteinander, so ist offensichtlich, daß Lisp-Implementierungen von Algorithmen mit einer Depth-first-Strategie mit Backtracking fast immer deutlich umfangreicher ausfallen als vergleichbare Prolog-Programme. Dieses Ergebnis kann kaum überraschen, da in diesem Fall die von Prolog als Beweisstrategie verwendete Depth-first-Suche mit Backtracking direkt genutzt werden kann, sie in Lisp dagegen explizit definiert werden muß. Anders sieht es bei Breadth-first-Algorithmen aus: Ihre Realisierung durch ein Prolog-Programm ist häufig mit einem gewissen Aufwand verbunden, da es zunächst gilt, die zu Verfügung stehende Beweisstrategie zu 'überlisten'. Wir werden uns aus diesem Grund im folgenden weitgehend darauf beschränken, Algorithmen des ersten Typs in Prolog und Algorithmen des zweiten Typs in Lisp zu implementieren.

Aufgaben

3.1 Verwenden Sie beide in 3.1 beschriebenen Verfahren zur Verwaltung von Strukturbeschreibungen, um einen Top-down-Parser mit Backtracking in Lisp zu implementieren.

3.2 Implementieren sie einen breadth-first arbeitenden Top-down-Parser in Prolog.

3.3 Schreiben Sie eine Trace-Prozedur, die in die in diesem Kapitel vorgestellten Programme eingebunden werden kann und bei der Analyse von Sätzen Informationen über den Analyseverlauf ausgibt.

3.4 Entwickeln Sie ein Programm, das prüft, ob eine Syntax

(a) Tilgungsregeln,

(b) linksrekursive Regeln,

(c) rechtsrekursive Regeln,

(d) nicht-terminierbare Symbole und

(e) nicht S-erreichbare Symbole enthält

und anschließend einen *Analysebericht* ausgibt.

3.5 Entwickeln Sie ein Programm, das Syntaxen und Lexika in der hier verwendeten Lisp-(Prolog-)Notation in die entsprechende Prolog-(Lisp-)Notation übersetzt.

3.6 Entwickeln und implementieren Sie auf Grundlage der in diesem Kapitel vorgestellten Algorithmen einen Top-down-Generator, d.h. ein Programm, das auf der Grundlage eines Lexikons und einer Syntax Sätze bzw. Strukturbeschreibungen für Sätze generiert, die zu der von der Syntax festgelegten Sprache gehören.

4 Bottom-up-Parsing

Wir werden zunächst die Grundkonzepte des Bottom-up-Parsings anhand eines Algorithmus für einen einfachen deterministischen Shift-reduce-Recognizer erläutern. Auf der Grundlage dieses Algorithmus entwickeln wir anschließend einen Shift-reduce-Parser mit Depth-first-Suche und Backtracking und einen breadth-first operierenden Shift-reduce-Parser.

4.1 Grundzüge

Bottom-up-Recognizer und Parser arbeiten bei der Analyse eines Satzes w *datengesteuert*, d.h. sie versuchen w in einem oder mehreren Schritten auf das Startsymbol der Syntax zurückzuführen. Die Regeln der Syntax werden dabei von rechts nach links angewendet: Die Symbole einer rechten Regelseite werden durch das Symbol auf der linken Regelseite ersetzt. Diese Ersetzungsrichtung wird „Reduktion" genannt. Ein Satz wird akzeptiert, wenn es gelingt, eine Folge von Reduktionsschritten zu finden, die ihn auf das Startsymbol der Syntax reduziert.

Die wichtigste Klasse der Bottom-up-Parser bilden die Shift-reduce-Parser. Ihr Name resultiert aus der Bezeichnung der beiden Operationen, die sie verwenden: *shift* und *reduce*. Diese Operationen lassen sich als Manipulationen von Stacks auffassen: Ein Stack enthält den Satz w bzw. den noch nicht analysierten Satzabschnitt, und ein anderer Stack wird dazu benutzt, das (Zwischen)Ergebnis der Analyse zu speichern. Die Verarbeitung von w erfolgt zumeist von links nach rechts. Zunächst wird das erste Wort von w vom ersten in den zweiten Stack übertragen (*shift*). Dann wird versucht, den Stackinhalt des zweiten Stacks mithilfe einer der Regeln der Syntax zu reduzieren (*reduce*). Nur wenn keine weiteren Reduktionen mehr möglich sind, wird das jeweils nächste Wort von w vom ersten in den zweiten Stack übertragen und bei der Suche nach weiteren Reduktionsmöglichkeiten berücksichtigt.

Ähnlich wie beim Top-down-Parsing gibt es auch beim Bottom-up-Parsing bestimmte Restriktionen für die Syntaxen, die mit diesen Algorithmen verarbeitet werden können. Probleme bereiten in diesem Fall nicht links- oder rechtsrekursive Regeln, sondern Tilgungsregeln und solche unären Regeln[1], die zu Zyklen führen. Wir müssen aus diesem Grund für die in diesem Kapitel formulierten Algorithmen

[1]Als *unäre* Regeln bezeichnet man Regeln, deren rechte Seite aus genau einem Symbol besteht.

fordern, daß die verwendete kontextfreie Syntax G = <V_N, V_T, S, R> zyklenfrei ist und keine Tilgungsregeln enthält.
Diese beiden Restriktionen sind notwendig, um sicherzustellen, daß die Analyse eines Satzes in jedem Fall terminiert; denn Zyklen und Tilgungsregeln führen dazu, daß die Analyse eines Satzes stagniert: Eine Tilgungsregel $X \rightarrow e$ kann beliebig oft angewendet werden, um den zweiten Stack zu reduzieren. Während die Reduktion mit anderen Regeln die Größe des Stacks monoton sinken läßt, führt dagegen jede Anwendung einer Tilgungsregel dazu, daß ein neues Symbol auf den zweiten Stack gepusht wird, ohne daß vorher Symbole entfernt werden. Zyklen können zu ähnlichen Problemen führen.

Beispiel (4-1)
Wenn es in der Syntax eine Regel $X \rightarrow e$ gibt und für den zweiten Stack STACK2 gilt: STACK2 = $[Y_1, \ldots, Y_n]$, mit $Y_i \in V$ und $n \geq 0$, dann enthält STACK2 nach m Anwendungen dieser Regel m Vorkommen von X; d.h. STACK2 hat anschließend die Form $[\underbrace{X, \ldots, X}_{m-mal}, Y_1, \ldots, Y_n]$.

4.2 Ein deterministischer Shift-reduce-Recognizer

Ein- & Ausgabe. Wie bei jedem Recognizer besteht auch beim deterministischen Shift-reduce-Recognizer die Eingabe aus einer Kette $w = w_1 \ldots w_n$ $(n \geq 1)$ von terminalen Symbolen. Die Ausgabe lautet *True* gdw. $\alpha \in L(G)$; sonst *False*.

Restriktionen. Für den Shift-reduce-Recognizer, den wir zuerst entwickeln, ist neben den oben formulierten Restriktionen noch zu fordern, daß die Regelmenge keine zwei Regeln enthält, deren rechte Regelseiten ein gemeinsames Präfix besitzen. Diese zusätzliche Restriktion erlaubt eine deterministische Verarbeitung.

Arbeitsstrukturen. Aus Gründen der Einheitlichkeit repräsentieren wir alle Strukturen, die von den Prozeduren des Shift-reduce-Recognizers manipuliert werden, als Stacks, obwohl z.B. anstelle des ersten Stacks auch ein Zähler oder Zeiger verwendet werden könnte. Es werden zwei Stacks benötigt:

- STACK1
  Der Stack enthält den noch nicht verarbeiteten rechten Teil des Satzes. Zunächst enthält STACK1 alle Wörter des Satzes w und hat die Form $[w_1, \ldots, w_n]$, für $w = w_1 \ldots w_n$.

- STACK2
  Der Stack enthält die bereits gefundenen Ableitungen für Teilstücke der Eingabekette. Die Objekte in STACK2 sind Elemente aus $V_N \cup V_T$. Zunächst ist STACK2 leer.

Prozeduren. Da beide Operationen relativ einfach sind, beschreiben wir sie durch Angabe der Eingabe-/Ausgabe-Relation und der für sie geltenden Vorbedingungen. Die Vorbedingung für die Prozedur SHIFT ist, daß STACK1 nicht leer ist. Die Elemente von STACK1 sind die Wörter des zu analysierenden Satzes w, die noch nicht verarbeitet wurden. Die Prozedur SHIFT überträgt das Topelement von STACK1 auf STACK2.

PROZEDUR SHIFT

EINGABE: STACK1 = $[w_1, w_2, \ldots, w_j]$
STACK2 = $[O_1, O_2, \ldots, O_k]$

AUSGABE: STACK1 = $[w_2, \ldots, w_j]$
STACK2 = $[w_1, O_1, O_2, \ldots, O_k]$

VORBEDINGUNGEN:
$j > 0$

Die Prozedur REDUCE versucht die ersten Symbole von STACK2 durch Anwendung einer lexikalischen oder syntaktischen Regel zu reduzieren:

PROZEDUR REDUCE

DATEN: Eine kontextfreie Syntax G = $<V_N, V_T, S, R>$ und ein Lexikon L.
EINGABE: STACK2 = $[O_1, O_2, \ldots, O_i, O_{i+1}, \ldots, O_k]$
AUSGABE: STACK2 = $[K, O_{i+1}, \ldots, O_k]$

VORBEDINGUNGEN:

(a) $k > 0$;

(b) Es gibt eine Regel $r \in R$ der Form $K \rightarrow O_i\ O_{i-1} \ldots O_1$ bzw. eine lexikalische Kategorie K und $O_1 \in K$ (in diesem Fall gilt: $i = 1$).

Beispiel (4-2)

DATEN : R = {..., S → NP VP, VP → v, ...}
L = {..., (geht v) ...}

(1) EINGABE : STACK2 = [geht, NP]
AUSGABE : STACK2 = [v, NP]

(2) EINGABE : STACK2 = [v, NP]
AUSGABE : STACK2 = [VP, NP]

(3) EINGABE : STACK2 = [VP, NP]
AUSGABE : STACK2 = [S]

Die Vorbedingung (a) fordert, daß STACK2 mindestens ein Element enthält. Diese invariante Vorbedingung ist nach der ersten Anwendung von SHIFT immer erfüllt, da es keine Prozeduren gibt, die nur Elemente von STACK2 entfernen, ohne zugleich auch neue Elemente in diesen Stack einzufügen.

Vorbedingung (b) sichert die Existenz einer anwendbaren Regel bzw. eines geeigneten Lexikoneintrags: Wenn es eine Regel r aus der Regelmenge R gibt, deren rechte Regelseite i Symbole enthält und die Inversion der ersten i Elemente von STACK2 mit der rechten Regelseite von r identisch ist, dann werden diese Elemente durch die linke Regelseite von r ersetzt. Daß die Symbole der rechten Regelseite einer anwendbaren Regel in STACK2 in genau umgekehrter Reihenfolge erscheinen, liegt daran, daß sich die Reihenfolge der Wörter der Eingabekette bereits bei der Übertragung von STACK1 auf STACK2 umkehrt. Ist das erste Symbol in STACK2 ein Wort w_i, für das es einen Lexikoneintrag gibt, der ihm eine (lexikalische) Kategorie K zuordnet, kann w_i durch K ersetzt werden.

ALGORITHMUS RECOGNIZE$_{BU}$
bottom-up / links-rechts
deterministisch

DATEN: Eine kontextfreie Syntax G = <V_N, V_T, S, R> und ein Lexikon L.
EINGABE: STACK1 - Anfangswert: $[w_1, \ldots, w_n]$, $n \geq 1$
STACK2 - Anfangswert: [ ]
AUSGABE: *True*/*False*.
METHODE:

Wenn <Alle Vorbedingungen für *Reduce* sind erfüllt>
Dann <*Recognize*$_{BU}$(STACK1, *Reduce*(STACK2))>
Sonst
    Wenn <Alle Vorbedingungen für *Shift* sind erfüllt>
    Dann <*Recognize*$_{BU}$ (*Shift*(STACK1, STACK2))>
    Sonst
        Wenn <STACK2 = [Startsymbol$_G$]>
        Dann <RETURN(*True*)>
        Sonst <RETURN(*False*)>

RECOGNIZE$_{BU}$ steuert die Interaktionen zwischen den Prozeduren SHIFT und REDUCE: Solange die Vorbedingungen der Prozedur REDUCE erfüllt sind, wird REDUCE angewendet. Wenn keine weiteren Reduktionen mehr möglich sind, wird das nächste Wort der Eingabekette in STACK2 übertragen (SHIFT) und der Verarbeitungsprozeß durch den erneuten Aufruf von RECOGNIZE$_{BU}$ fortgesetzt. Wenn die Eingabekette abgearbeitet ist und SHIFT nicht mehr angewendet werden kann, wird überprüft, ob die Eingabekette vollständig auf das Startsymbol reduziert werden konnte. In diesem Fall wird die Erfolgsmeldung *True* ausgegeben, sonst *False*.

Beispiel (4-3)

Wenn G eine kontextfreie Syntax ist, die die Regeln

1 : S → NP VP 2 : NP → det n 3 : VP → v

enthält und L ein Lexikon ist, so daß gilt:

4 : der ∈ det 5 : Hund ∈ n 6 : bellt ∈ v

dann verläuft die Analyse des Satzes „Der Hund bellt“ wie folgt:

OPERATION	STACK1	STACK2
Anfangszustand	[der, Hund, bellt]	[ ]
Shift	[Hund, bellt]	[der]
Reduce	[Hund, bellt]	[det]
Shift	[bellt]	[Hund, det]
Reduce	[bellt]	[n, det]
Reduce	[bellt]	[NP]
Shift	[ ]	[bellt, NP]
Reduce	[ ]	[v, NP]
Reduce	[ ]	[VP, NP]
Reduce	[ ]	[S]

4.3 Ein Shift-reduce-Recognizer mit Backtracking

Der einfache deterministische Shift-reduce-Recognizer soll nun so erweitert werden, daß auch globale und lokale Mehrdeutigkeiten behandelt werden können. Zu diesen Typen von Ambiguität kommt es, wenn entweder

1. die verwendete Grammatik zwei Regeln enthält, für die gilt, daß die rechte Seite der einen Regel ein Präfix der rechten Seite der anderen Regel ist, oder

2. das zugrundegelegte Lexikon Einträge enthält, die einem Wort des Satzes verschiedene lexikalische Kategorien zuordnen.

Wenn die Syntax z.B. die Regeln VP → v und VP → v NP enthält, dann kann bei der Analyse eines Satzes eine Situation eintreten, in der STACK2 durch beide Regeln reduziert werden kann, aber nur eine von ihnen die erfolgreiche Beendigung der Analyse ermöglicht. Gleiches gilt für Fälle von lexikalischer Ambiguität.

Es gibt verschiedene Möglichkeiten, dieses Problem zu lösen: Es kann versucht werden, durch Vorausschau auf weitere Symbole der Eingabekette („Look-ahead“) die korrekte Regel bzw. lexikalische Kategorie zu identifizieren; oder man verfolgt alle möglichen Alternativen quasi-parallel (Breadth-first-Suche, vgl. 9.6). Die bei Shift-reduce-Algorithmen am häufigsten verwendete Lösung besteht darin, einen Pfad im Suchraum (d.h. in diesem Falle: eine Folge von Reduktionen und Shifts) solange weiterzuverfolgen, bis er sich als definitiv falsch erweist, und die Verarbeitungsschritte dann soweit zurückzunehmen („Backtracking“), bis eine frühere Situation erreicht wird, in der eine bislang ungeprüfte Alternative zum erfolglos eingeschlagenen Pfad gefunden wird. In diesem Fall wird der alternative Pfad weiterverfolgt, bis er zum Erfolg führt oder ein erneutes Backtracking erforderlich wird.

4.3.1 Daten und Prozeduren

Syntax & Lexikon. Wie auch beim deterministischen Shift-reduce-Recognizer ist vorauszusetzen, daß die kontextfreie Grammatik G = $<V_N, V_T, S, R>$ zyklenfrei ist und keine Tilgungsregeln enthält. Außerdem wird eine (beliebige) Reihenfolge für die Regeln in R und Lexikoneinträge in L angenommen, so daß es eine Funktion f von der Menge der Syntaxregeln und Lexikoneinträge in die Menge der natürlichen Zahlen gibt. Jeder Regel und jedem Lexikoneintrag wird durch diese Funktion f genau eine Zahl aus der Wertemenge zugeordnet, und für jede Zahl gibt es genau eine Regel bzw. einen Eintrag. Diese Zahl wird als „Regelindex" bzw. „Eintragsindex" bezeichnet. Wir gehen im folgenden davon aus, daß die Regeln und das Lexikon in dieser partiellen Ordnung vorliegen und alle Prozeduren die Regeln bzw. Lexikoneinträge in dieser Reihenfolge auf ihre Anwendbarkeit überprüfen.

Arbeitsstrukturen. Neben STACK1 und STACK2 ist ein weiterer Stack erforderlich, in dem die für das Backtracking notwendigen Informationen gespeichert werden:

- STACK3: Der Stack repräsentiert die bisherige Verarbeitungsgeschichte in einem Verarbeitungszustand Z. Er enthält Regel- und Eintragindizes (Zahlen zwischen 1 und CARD(R ∪ L)) bzw. die Zahl 0 als Markierung für die *Shift*-Operation.

Prozeduren. Die Prozeduren SHIFT und REDUCE werden so modifiziert, daß sie die für das Backtracking erforderlichen Informationen in den STACK3 eintragen:

PROZEDUR SHIFT$_{DF}$	
EINGABE:	STACK1 = $[w_1, w_2, \ldots, w_j]$
	STACK2 = $[O_1, \ldots, O_k]$
	STACK3 = $[I_1, \ldots, I_m]$
AUSGABE:	STACK1 = $[w_2, \ldots, w_j]$
	STACK2 = $[w_1, O_1, \ldots, O_k]$
	STACK3 = $[0, I_1, \ldots, I_m]$
VORBEDINGUNGEN:	$j > 0$

Die Vorbedingung für die Prozedur SHIFT$_{DF}$ ist, daß es in STACK1 mindestens ein Element gibt. Die Elemente von STACK1 sind die Wörter des Satzes, die noch nicht verarbeitet worden sind. Die Prozedur SHIFT$_{DF}$ überträgt das Topelement von STACK1 auf STACK2. Diese Operation wird vermerkt, indem 0 als neues Topelement auf STACK3 gepusht wird.

PROZEDUR REDUCE$_{DF}$

DATEN: Eine kontextfreie Syntax $G = <V_N, V_T, S, R>$ und ein Lexikon L.
EINGABE: $STACK2 = [O_1, O_2, \ldots, O_i, O_{i+1}, \ldots, O_k]$
$STACK3 = [I_1, I_2, \ldots, I_j]$
AUSGABE: $STACK2 = [K, O_{i+1}, \ldots, O_k]$
$STACK3 = [m, I_1, I_2, \ldots, I_j]$

VORBEDINGUNGEN:

(a) $k > 0$.

(b) $j > 0$.

(c) Es gibt ein r, mit f(r) = m. Wenn $r \in R$, dann hat r die Form $K \rightarrow O_i\ O_{i-1} \ldots O_1$; sonst gilt: i = 1 und r ist ein Lexikoneintrag, der O_1 die lexikalische Kategorie K zuordnet.

(d) Es gibt kein weiteres r', das diese Bedingung erfüllt und einen Index f(r') = m' hat, so daß m' < m.

Für REDUCE$_{DF}$ gilt: Wenn es eine Regel r aus der Regelmenge R gibt, deren rechte Regelseite eine Inversion der ersten i Elemente von STACK2 ist, dann werden diese Elemente durch die linke Regelseite von r ersetzt, sofern diese Regel nicht bereits in derselben Situation angewendet wurde. Wenn das erste Objekt in STACK2 ein Symbol der Eingabekette ist und es für dieses Symbol einen Eintrag l in L gibt, der noch nicht verwendet wurde, wird es durch die im Eintrag enthaltene lexikalische Kategorie ersetzt. Diese Bedingung ist erfüllt, wenn das Topelement I_1 von STACK3 einen niedrigeren Wert hat als der Regelindex f(r)/Eintragsindex f(l). Die durchgeführte Reduktion wird in STACK3 vermerkt, indem dieser Index als neues Topelement in STACK3 eingefügt wird[2].

Beispiel (4-4)
Nehmen wir an, es soll der Satz „Der Hund jagt die Katze“ analysiert werden. Zu Beginn der Analyse ist der Recognizer in folgendem Zustand:

STACK1 = [der, Hund, jagt, die, Katze]
STACK2 = [ ]
STACK3 = [0]

[2]Wir werden in der Beschreibung der folgenden Prozeduren nicht weiter zwischen syntaktischen Regeln und lexikalischen Einträgen differenzieren (vgl. Kapitel 2.3); d.h. ein Lexikoneintrag, der einem Symbol w die Kategorie K zuordnet, wird als eine Regel der Form $K \rightarrow w$ interpretiert.

Dann wird das erste Symbol von STACK1 in STACK2 übertragen:

STACK1 = [Hund, jagt, die, Katze]
STACK2 = [der]
STACK3 = [0]

Nehmen wir an, es gibt einen Lexikoneintrag in L, der „der" die Kategorie „det" zuordnet, und der Index dieses Eintrags ist 5. Dann sind alle Vorbedingungen der Prozedur $\text{REDUCE}_{\text{DF}}$ erfüllt, und wir erhalten:

STACK1 = [Hund, jagt, die, Katze]
STACK2 = [det]
STACK3 = [5, 0].

4.3.2 Backtracking

Backtracking ist erforderlich, wenn in einer Situation weder eine Reduktion noch ein Shift möglich ist und auch kein Endzustand (s.u.) erreicht ist. Die Schritte, die zu dieser Situation geführt haben, müssen deshalb sukzessive zurückgenommen werden, bis eine frühere Situation erreicht wird, in der es eine Alternative zum tatsächlich eingeschlagenen Weg gibt. Die erste Aktion beim Backtracking ist deshalb die Rücknahme des letzten Verarbeitungsschrittes. Wenn der letzte Arbeitsschritt eine Reduktion war, gibt es nach der Rücknahme dieser Reduktion folgende Möglichkeiten:

1. Es gibt eine andere, noch nicht geprüfte Reduktionsmöglichkeit als die bislang vorgenommenen; d.h. es gibt eine Regel, deren Index größer ist als der Index, der zur Zeit Topelement von STACK3 ist.

2. Es gibt keine solche Reduktionsalternative mehr, es kann aber stattdessen ein neues Element geshiftet werden; d.h. STACK1 enthält mindestens ein Element.

3. Es gibt weder Reduktionsalternativen, noch die Möglichkeit ein neues Wort zu shiften.

Eine Shift-Aktion wird nur in einer Situation vorgenommen, in der keine Reduktion möglich ist. Wenn also die letzte Aktion eine Shift-Aktion war, gibt es keine verschiedenen Alternativen: Der Shift-Schritt muß zurückgenommen werden und mindestens ein weiterer Schritt.
Diese vier verschiedenen Möglichkeiten lassen sich durch die folgenden Prozeduren erfassen:

PROZEDUR Backtracking-1

EINGABE: STACK2 = $[K_0, K_{i+1}, \ldots, K_n]$
STACK3 = $[I_0, I_1, I_2, \ldots, I_m]$

AUSGABE: STACK2 = $[K_0', K_{j+1}, \ldots, K_n]$
STACK3 = $[I_0', I_1, I_2, \ldots, I_m]$

VORBEDINGUNGEN:

(a) I_0 ist der Index einer Regel $r = K_0 \rightarrow K_i\ K_{i-1} \ldots K_1$ $(1 \leq i \leq n)$

(b) Es gibt eine Regel $r' = K_0' \rightarrow K_j\ K_{j-1} \ldots K_1$ $(1 \leq j \leq n)$, so daß $f(r') = I_0'$ und $I_0' > I_0$.

Der letzte Schritt war eine Reduktion; denn das Topelement I_0 von STACK3 ist der Index einer Regel r. Es gibt eine andere Reduktionsmöglichkeit (eine Regel r'): Die letzte Reduktion wird zurückgenommen und stattdessen die Reduktion durch r' vorgenommen. Da die rechten Seiten der beiden Regeln nicht gleich lang sein müssen, kann die Reduktion mit r' die Größe von STACK2 verändern.

PROZEDUR Backtracking-2

EINGABE: STACK1 = $[w_1, w_2, \ldots, w_x]$
STACK2 = $[K_0, K_{i+1}, \ldots, K_n]$
STACK3 = $[I_0, I_1, \ldots, I_m]$

AUSGABE: STACK1 = $[w_2, \ldots, w_x]$
STACK2 = $[w_1, K_1, K_2, \ldots, K_i, K_{i+1}, \ldots, K_n]$
STACK3 = $[0, I_1, \ldots, I_m]$

VORBEDINGUNGEN:

(a) I_0 ist der Index einer Regel $r = K_0 \rightarrow K_i\ K_{i-1} \ldots K_1$, mit $1 \leq i \leq n$

(b) $x \geq 1$.

Der letzte Schritt war ebenfalls eine Reduktion. Es gibt jedoch keine alternative Reduktionsmöglichkeit. Es kann aber stattdessen ein neues Element geshiftet werden. Die letzte Reduktion wird zurückgenommen, und das nächste Element der Eingabekette wird geshiftet.

PROZEDUR Backtracking-3	
EINGABE:	STACK1 = [ ]
	STACK2 = [K_0, K_{i+1}, ..., K_n]
	STACK3 = [I_0, I_1, ..., I_m]
AUSGABE:	STACK1 = [ ]
	STACK2 = [K_1,K_2, ..., K_i, K_{i+1}, ..., K_n]
	STACK3 = [I_1, ..., I_m]
VORBEDINGUNG:	
	I_0 ist der Index einer Regel r = $K_0 \rightarrow K_i\ K_{i-1} \ldots K_1$, mit $1 \leq i \leq n$.

Der letzte Schritt war eine Reduktion. Es gibt aber keine weitere, bislang ungeprüfte Reduktion und es kann auch keine Shift-Operation durchgeführt werden, da STACK1 leer ist. Die letzte Reduktion wird zurückgenommen.

PROZEDUR Backtracking-4	
EINGABE:	STACK1 = [w_1, w_2, ..., w_x]
	STACK2 = [w_0, K_0, K_{i+1}, ..., K_n]
	STACK3 = [0, I_1, ..., I_m]
AUSGABE:	STACK1 = [w_0, w_1, w_2, ..., w_x]
	STACK2 = [K_0, K_{i+1}, ..., K_n]
	STACK3 = [I_1, ..., I_m]

Der letzte Schritt war eine Shift-Operation, denn das Topelement von STACK3 ist „0“. Die Shift-Operation wird zurückgenommen.

Die Prozeduren Backtracking-1 und Backtracking-2 eröffnen einen neuen Pfad im Suchraum (durch eine neue Reduktion oder ein Shifting anstelle einer Reduktion), der anschließend weiterverfolgt wird. Die Prozeduren Backtracking-3 und Backtracking-4 sind lediglich Rücksetzoperationen, die einen früheren Verarbeitungszustand wiederherstellen (nach einer Reduktion bzw. nach einer Shift-Operation). Nach Backtracking-3 und Backtracking-4 muß deshalb mindestens ein weiteres Backtracking stattfinden. Die ersten drei Backtracking-Prozeduren haben die gemeinsame Vorbedingung, daß der letzte Verarbeitungsschritt eine Reduktion war. Die Backtrack-Prozeduren faßt die Prozedur $BACKTRACK_{BU}$ zusammen:

PROZEDUR $BACKTRACK_{BU}$	
DATEN:	Eine kontextfreie Syntax G = <V_N, V_T, S, R> und ein Lexikon L.
EINGABE:	Die drei Stacks STACK1, STACK2, STACK3.
AUSGABE:	Die durch Anwendung der Prozeduren Backtracking-1/-2/-3/-4 modifizierten Stacks.

METHODE:
Wenn <Die zuletzt ausgeführte Aktion war eine *Reduce*-Aktion>
Dann
  Wenn <Es gibt eine andere Reduktionsmöglichkeit>
  Dann <RETURN(STACK1, *Backtracking-1*(STACK2, STACK3))>
  Sonst
    Wenn <Es kann ein weiteres Symbol geshiftet werden>
    Dann <RETURN(*Backtracking2*(STACK1, STACK2, STACK3))>
    Sonst <*Backtrack*$_{BU}$(*Backtracking-3*(STACK1, STACK2, STACK3))>
Sonst
  Wenn <Die letzte Aktion war eine *Shift*Aktion>
  Dann <*Backtrack*$_{BU}$(*Backtracking-4*(STACK1, STACK2, STACK3))>.
  Sonst <RETURN([ ],[ ],[ ])>

Diese Prozedur erlaubt eine knappe und übersichtliche Beschreibung des Algorithmus RECOGNIZE$_{BU/DF}$:

ALGORITHMUS RECOGNIZE$_{BU/DF}$
bottom-up / links-rechts
depth-first / Backtracking

DATEN: Eine kontextfreie Syntax G = <V_N, V_T, S, R> und ein Lexikon L.
EINGABE: Ein Satz $w = w_1 \ldots w_n$, mit $n \geq 1$.
AUSGABE: *True/False.*
ARBEITSSTRUKTUREN:
  STACK1 - Anfangswert: $[w_1, \ldots, w_n]$.
  STACK2 - Anfangswert: [ ].
  STACK3 - Anfangswert: [ ].

METHODE:
Wenn <STACK1 = [ ]> und <STACK2 = [S]>
Dann <RETURN(*True*)>
Wenn <REDUCE$_{DF}$ anwendbar ist>
Dann <*Recognize*$_{BU/DF}$(STACK1, *REDUCE*$_{DF}$(STACK2, STACK3))>
Sonst
  Wenn <SHIFT$_{DF}$ anwendbar ist>
  Dann <*Recognize*$_{BU/DF}$ (*SHIFT*$_{DF}$(STACK1, STACK2, STACK3))>
  Sonst
    Wenn <STACK2 ≠ [ ]>
    Dann <*Recognize*$_{BU/DF}$ (*Backtrack*$_{BU}$(STACK1, STACK2, STACK3))>
    Sonst <RETURN(*False*)>

4.4 Vom Recognizer zum Parser

Es gibt zwei einfache Möglichkeiten, den Recognizer zu einem Parser zu erweitern. Die erste Möglichkeit besteht darin, nach einer erfolgreichen Ableitung die Struktur der Eingabekette anhand der Regelindizes in STACK3 in einem eigenen Arbeitsgang nachträglich zu rekonstruieren. Die zweite Möglichkeit besteht darin, die Struktur bereits parallel zur Ableitung aufzubauen. STACK2, der bisher lediglich atomare Symbole aus $V_N \cup V_T$ (bzw. dem Lexikon) enthält, müßte dann (Teil-)Bäume als Elemente haben und würde dann nicht mehr nur eine Ableitungszeile repräsentieren, sondern eine Liste von Strukturbeschreibungen für Teilstücke der Eingabekette. Die Prozedur $\text{REDUCE}_{\text{DF}}$ würde dann nicht nur einen Stackabschnitt durch ein Symbol ersetzen, sondern mehrere Teilbäume an einen Knoten adjungieren. Dieses Verfahren liegt der Prolog-Implementierung nach [Stabler 1983] zugrunde, die wir im folgenden diskutieren werden.

4.5 Ein Shift-reduce-Parser in Prolog

Es ist typisch für viele Prolog-Programme, insbesondere jedoch für Parser-Implementierungen, daß prozedurale Elemente wie z.B. höhere Kontrollstrukturen, die durch den Aufruf von Subroutinen den Programmablauf steuern, nicht explizit durch entsprechende Anweisungen im Programmkode definiert werden. Ein Prolog-Programm ist immer auf das Ableitungsverhalten des Interpreters zu beziehen und ergibt nur vor diesem Hintergrund eine Spezifikation für den Algorithmus.

Für die Implementierung eines Shift-reduce-Parsers ist dabei entscheidend, daß ein Prolog-Interpreter intern mit einer Depth-first-Suchstrategie mit Backtracking arbeitet und deshalb bereits über die entsprechenden Kontrollstrukturen und eine Buchführung für die Verarbeitungsgeschichte verfügt. Die explizite Definition einer Backtracking-Komponente mit einer Datenstruktur für die Buchführung (wie STACK3) ist deshalb in Prolog nicht erforderlich.

Für die Implementierung in Prolog müssen also vor allem die folgenden Fragen geklärt werden:

- Wie werden die Arbeitstrukturen STACK1 und STACK2 in Prolog repräsentiert?
- Wie sieht ein geeignetes Regelformat aus?
- Wie werden die Vor- und Terminierungsbedingungen definiert?

4.5.1 Die Repräsentation der Stacks und Regeln

Beide Stacks lassen sich einfach als Prolog-Listen repräsentieren:

- STACK1: Dieser Stack wird als Liste von Prolog-Atomen repräsentiert. Da der Parser möglicherweise auch eine Eingabekette akzeptiert, die aus nicht-terminalen Symbolen besteht oder die neben terminalen Symbolen auch nicht-terminale Symbole enthält, wäre es für eine korrekte Implementierung des Algorithmus erforderlich, zunächst zu prüfen, ob die Eingabekette ausschließlich aus nicht-terminalen Symbolen besteht. Da aber die Möglichkeit, in der Eingabekette auch nicht-terminale Symbole zu verwenden, das Testen von Grammatiken erleichtern kann, wollen wir auf einen solchen Test verzichten[3].

- STACK2: Dieser Stack läßt sich als Liste repräsentieren, die zunächst leer ist und bei einem erfolgreichen Analyseverlauf eine Strukturbeschreibung in der üblichen Klammernotation, mit dem Startsymbol der Grammatik als Kopfelement, enthält.

Die Repräsentation der Regeln sollte so gewählt werden, daß die Realisierung der Shift-Operation und besonders der Reduce-Operation einen minimalen Aufwand erfordert; d.h., sie sollte es ermöglichen, die rechten Regelseiten direkt mit den bereits aufgebauten Teilstrukturen in STACK2 zu unifizieren. Dieses Ziel erreichen wir, indem

- die rechte Regelseite invertiert wird und

- bereits in der Regelrepräsentation Variablen bereitgestellt werden, die mit den Strukturen unifizieren, die von den entsprechenden Kategorien in STACK2 dominiert werden.

Aus diesen Gründen wird eine kontextfreie Regel $m \rightarrow t_1\ t_2 \ldots t_n$ repräsentiert als:

$$\text{regel}([[t_n \mid TN], \ldots, [t_2 \mid T2], [t_1 \mid T1] \mid RESTSTACK],$$
$$[[m, [t_1 \mid T1], [t_2 \mid T2], \ldots, [t_n \mid TN]] \mid RESTSTACK]).$$

Die klein geschriebenen Ausdrücke sind Metavariablen für Prolog-Atome, die die Kategorien der Regel repräsentieren; die groß geschriebenen Ausdrücke sind Metavariablen für Prolog-Variablen, die mit den Strukturen unifizieren, die von den Kategorien in STACK2 dominiert werden.

Lexikoneinträge (bzw. terminale Regeln) der Form *Kat* → *Wort* werden im folgenden Format spezifiziert:

regel([Wort|R], [[Kat, Wort]|R]).

[3]Es muß aber betont werden, daß der Parser dadurch auch Ketten akzeptiert, die nicht der von der Grammatik definierten Sprache angehören. Für eine entsprechende Korrektur des Programms kann das in Abschnitt 3.4.2 definierte Prolog-Prädikat *terminale_kette*/1 verwendet werden.

Beispiel (4-5)
Die kontextfreie Regel S → NP VP wird überführt in die Prolog-Klausel

```
regel([[vp | VP], [np | NP] | RESTSTACK],
      [[s, [np | NP], [vp | VP]] | RESTSTACK]).
```

Die terminale Regel *nomen* → *haus* wird überführt in die Prolog-Klausel:

```
regel([haus|R], [[nomen, haus]|R]).
```

4.5.2 Programmstruktur

Initialisierung. Nach dem Einlesen der Eingabekette ist der erste Schritt immer eine Shift-Operation, die das erste Wort von STACK1 in STACK2 überträgt.

```
% parse/1
% Hauptprädikat
parse([W1 | Ws]) :-
    parse(Ws, [W1], Struktur),
    write(Struktur).
```

Das Prädikat parse/1 wird mit einer Eingabekette [W1|Ws] aufgerufen und ruft das Prädikat parse/3 auf. Das erste Argument von parse/3 repräsentiert STACK1, das zweite Argument STACK2 und das dritte Argument ist eine Resultatsvariable, die die Strukturbeschreibung bei einem erfolgreichen Parse an das Mutterprädikat zurückgibt, wo es dann mit write/1 ausgegeben wird.

Der Shift/Reduce-Zyklus. Das Prinzip der Depth-first-Suche ist bei diesem Parser dadurch realisiert, daß grundsätzlich zunächst alle in einem Verarbeitungszustand möglichen Reduktionen vorgenommen werden, bevor ein neues Wort der Eingabekette geshiftet wird. Nach jeder Reduktion durch eine Regel wird zunächst überprüft, ob es eine weitere Regel gibt, die das Resultat der ersten Reduktion noch weiter reduziert. Hierfür bietet sich ein rekursives Prädikat der folgenden Form an:

```
reduce(Stack2_alt, Stack2_nach_allen_Reduktionen) :-
    regel(Stack2_alt, Stack2_nach_Reduktion),
    reduce(Stack2_nach_Reduktion, Stack2_nach_allen_Reduktionen).
```

Diese Struktur kann als Prädikatsdefinition so angegeben werden:

```
% reduce/2
reduce([X | Y], [X2 | Y2]) :-
    regel([X | Y], [X1 | Y1]),
    reduce([X1 | Y1], [X2 | Y2]).
```

Damit das Prädikat, nachdem alle möglichen Reduktionen ausgeführt wurden, nicht mit *fail* terminiert, benötigen wir noch eine „catch-all"-Klausel:

```
reduce(X, X).
```

Wir haben jetzt ein „Reduziere-solange-es-geht-Prädikat“ und ein Hauptprädikat definiert, das die geforderte Eingabe-/Ausgabespezifikation erfüllt und die Stacks korrekt initialisiert. Es fehlt noch ein Prädikat, das reduce/2 aufruft, anschließend eine Shift-Operation durchführt (sofern STACK1 noch nicht leer ist) und schließlich die Strukturbeschreibung an parse/1 zurückgibt, wenn die Ableitung erfolgreich ist, bzw. anderenfalls den Verarbeitungsprozeß durch rekursiven Selbstaufruf mit dem erzielten Zwischenresultat fortsetzt. Dieses Prädikat definieren wir wie folgt:

```
parse([W1 | Ws], Stack2, Struktur) :-          % STACK1 ist nicht leer
    reduce(Stack2, Stack2_neu),                % zunächst wird reduziert
    parse(Ws, [W1 | Stack2_neu], Struktur).    % dann wird W1 geshiftet und
                                               % parse rekursiv aufgerufen

parse([ ], Stack2, Struktur) :-                % STACK1 ist leer
    reduce(Stack2, Struktur).                  % durch die zweite Reduce-Klausel
                                               % wird STACK2 auf die Resultats-
                                               % variable kopiert
```

4.5.3 Das Programm im Überblick

```
parse([W1 | Ws]) :-
      parse(Ws, [W1], Struktur),
      write(Struktur).

parse([W1 | Ws], Stack2, Struktur) :-
      reduce(Stack2, Stack2_neu),
      parse(Ws, [W1 | Stack2_neu], Struktur).  % W1 wird geshiftet
parse([ ], Stack2, Struktur) :-
      reduce(Stack2, Struktur).
reduce([X | Y], [X2 | Y2]) :-
      regel([X | Y], [X1 | Y1]),
      reduce([X1 | Y1], [X2 | Y2]).
reduce(X, X).                                  % Terminierung
```

4.6 Ein breadth-first arbeitender Shift-reduce-Recognizer

Es ist relativ einfach, auf Grundlage des Algorithmus $\text{RECOGNIZE}_{BU/DF}$ einen Erkennungsalgorithmus zu formulieren, der ohne Backtracking arbeitet: Statt jedesmal, wenn es verschiedene Möglichkeiten gibt, die Analyse fortzusetzen, nur die erste direkt zu verfolgen und die für ein Backtracking erforderlichen Informationen in STACK3 zu speichern, werden jetzt alle Analysemöglichkeiten sofort weiterverfolgt (quasi-parallel). Dazu sind folgende Änderungen des Algorithmus notwendig:

1. **BACKTRACK$_{BU}$ und der dritte Stack werden überflüssig, da es ohne Backtracking nicht mehr notwendig ist, die Indizes alternativer Regeln zu verwalten. Auch die Indizierung der Regeln und Lexikoneinträge ist nicht mehr erforderlich.**
2. **RECOGNIZE$_{BU/DF}$ wird so modifiziert, daß in jedem Arbeitszyklus alle möglichen Reduce-Aktionen und eventuell eine Shift-Aktion ausgeführt werden.**
3. **REDUCE nimmt als zweites Argument die Regel, mit der STACK2 reduziert wird.**

PROZEDUR REDUCE$_{BF}$

DATEN: Die Menge R der Regeln der Grammatik G und ein Lexikon L.
EINGABE: STACK2 = [O_1, O_2, ..., O_i, O_{i+1}, ..., O_k] und eine Regel r ∈ R.
AUSGABE: STACK2 = [K, O_{i+1}, ..., O_k]
VORBEDINGUNGEN:
(a) $k > 0$;
(b) $r = K \rightarrow O_i\ O_{i-1} \ldots O_1$, mit $i \geq 1$.

RECOGNIZE$_{BU/BF}$ verwendet die ursprüngliche Version der Shift-Prozedur:

ALGORITHMUS RECOGNIZE$_{BU/BF}$
bottom-up / links-rechts
breadth-first

DATEN: Eine kontextfreie Syntax G = <V_N, V_T, S, R> und ein Lexikon L.
EINGABE: STACK1 - Anfangswert: [w_1, ..., w_n], mit $n \geq 1$.
(die zu analysierende Eingabekette)
STACK2 - Anfangswert: [ ].
AUSGABE: *True/False* .
METHODE:

```
Wenn  <STACK1 = [ ]> und <STACK2 = [S]>
Dann  <RETURN(True)>

Wenn  <REDUCE_BF und SHIFT sind nicht anwendbar>
Dann  <RETURN(False)>
Sonst
      Für alle Regeln r ∈ R:
          Wenn  <STACK2 durch r reduzierbar ist>
          Dann  <Recognize_BU/BF(STACK1, Reduce_BF(STACK2, r)>
      Wenn  <STACK1 ≠ [ ]> und <First(STACK2) ≠ w_i, 1 ≤ i ≤ n>
      Dann  <Recognize_BU/BF(Shift(STACK1, STACK2))>
```

Beispiel (4-6)
Wenn $G = \langle V_N, V_T, S, R \rangle$ eine kontextfreie Syntax ist, die die Regeln

S → NP VP   NP → det N1   N1 → n
N1 → adj N1   VP → v   VP → v NP

enthält, und L ein Lexikon, mit den Einträgen:

(die (det)), (ein (det)), (alte (adj)), (frau (n)), (lied (n)), (singt (v)), ...;

dann werden bei der Analyse des Satzes „Die alte Frau singt ein Lied“ folgende Konfigurationen durchlaufen[4]:

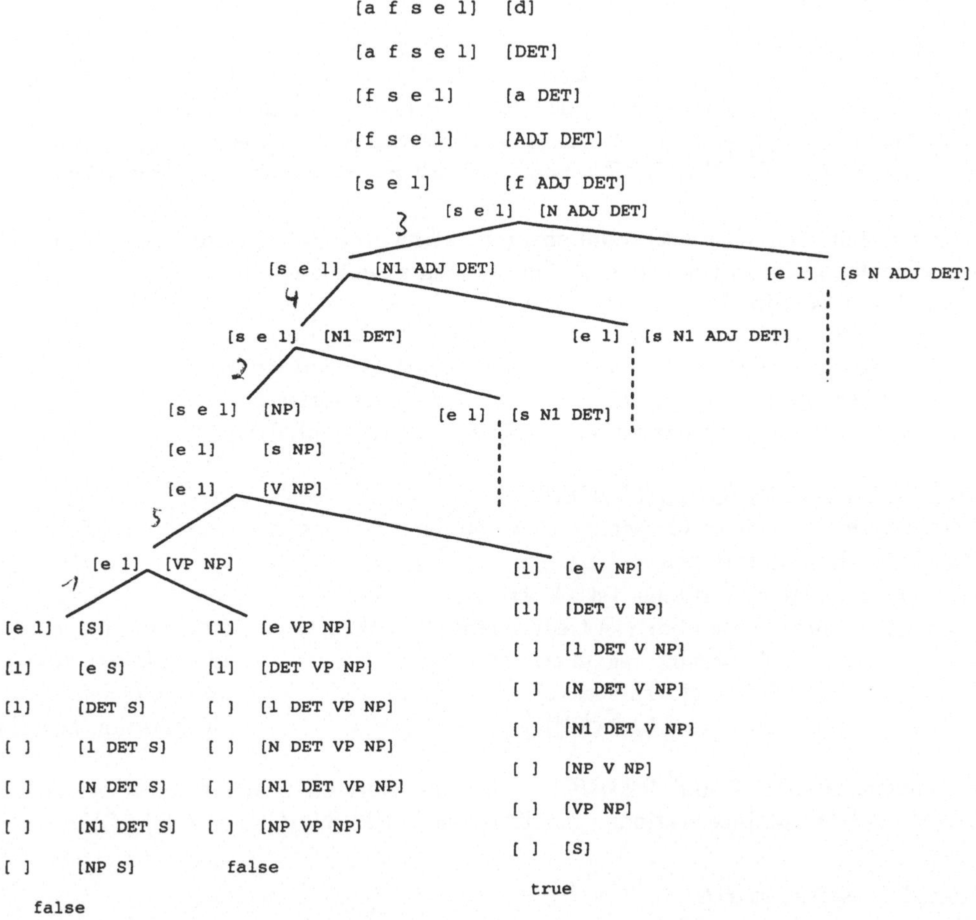

[4]Die Symbole der Eingabekette werden durch ihre Anfangsbuchstaben vertreten. Nicht alle Analysemöglichkeiten werden vollständig angegeben.

4.7 Ein Shift-reduce-Recognizer in Lisp

Wie bei der Prolog-Implementierung des Shift-reduce-Parsers mit Backtracking werden auch in diesem Fall die beiden Stacks durch Listen repräsentiert. Die Hauptfunktion RECOGNIZE_BU/BF wird mit einer Liste, die den zu analysierenden Ausdruck enthält, aufgerufen. Optional können noch der Wert für den zweiten Stack und der Typ der zu analysierenden Konstituente (*startsymbol*) spezifiziert werden; anderenfalls wird STACK2 mit NIL initialisiert, und es wird versucht, den Ausdruck als vollständigen Satz zu analysieren. Es wird vorausgesetzt, daß die zur Analyse erforderlichen Daten (Syntax & Lexikon) den beiden globalen Variablen *syntax* und *lexikon* zugewiesen sind.

```
;;; RECOGNIZE_BU/BF
;;; Ein einfacher Bottom-up-Recognizer ohne Backtracking: Zuerst wird die Menge
;;; aller von der gegebenen Konfiguration aus erreichbaren Konfigurationen⁵ berech-
;;; net (KONFIGURATIONEN). Wenn keine der beiden Abbruchbedingungen erfüllt
;;; ist, wird RECOGNIZE_BU/BF rekursiv mit allen erreichbaren Konfigurationen
;;; aufgerufen.
(defun recognize_bu/bf (stack1 &optional (stack2 nil) (symbol '(,(startsymbol))))
  (let ((konfigurationen (berechne-konfigurationen stack1 stack2)))
    (cond ((and (endp stack1) (equal stack2 symbol))
           (print t))                        ; Satz akzeptiert
          ((endp konfigurationen) (print nil)) ; Satz nicht akzeptiert
          (t (dolist (x konfigurationen 'stop)  ; Analyse fortsetzen
               (apply #'recognize_bu/bf (append x (list symbol))))))))

;;; BERECHNE-KONFIGURATIONEN
;;; Die Funktion berechnet die Menge aller von der aktuellen Konfiguration aus er-
;;; reichbaren Konfigurationen.
(defun berechne-konfigurationen (stack1 stack2)
  (append (mapcar #'(lambda (x) (reduce stack1 stack2 x))   ; reduziere mit jeder
                  (matching-regeln stack2))                 ; anwendbaren Regel
          (when (shift-p stack1 stack2)                     ; wenn möglich:
            (list (shift stack1 stack2)))))                 ; Shift-Aktion ausführen
```

Die Funktionen SHIFT und REDUCE liefern als Wert die Liste mit den beiden durch Shift- bzw. Reduce-Aktionen modifizierten Stacks STACK1 und STACK2:

```
;;; SHIFT
(defun shift (stack1 stack2)
  (list (rest stack1) (cons (first stack1) stack2)))
```

[5] Als „Konfiguration" bezeichnen wir in diesem Kontext ein geordnetes Paar <Stack1, Stack2>, das den aktuellen Verarbeitungsstand repräsentiert.

```
;;; REDUCE
(defun reduce (stack1 stack2 regel)
  (list stack1
        (cons (first regel) (nthcdr (length (rest regel)) stack2))))


;;; SHIFT-P
;;; Das Prädikat prüft, ob SHIFT angewendet werden kann oder nicht: Die Tren-
;;; nung von Syntax und Lexikon läßt die Anwendung von Shift nur dann sinnvoll
;;; erscheinen, wenn das erste Symbol von STACK2 kein Symbol der Eingabekette
;;; ist; d.h. nach jedem Shift wird zunächst reduziert.

(defun shift-p (stack1 stack2)
  (and stack1
       (or (endp stack2) (lexkat-p (first stack2)) (synkat-p (first stack2)))))


;;; MATCHING-REGELN
;;; Die Funktion berechnet die Menge der für Reduce-Aktionen verwendbaren Regeln:
;;; Wenn das erste Symbol in STACK2 eine syntaktische oder lexikalische Kategorie
;;; ist, findet sie alle Regeln der Syntax, die anwendbar sind. Ist das erste Symbol ein
;;; Symbol der Eingabekette, werden auf Grundlage des Lexikoneintrags für dieses
;;; Symbol geeignete lexikalische Regeln formuliert.

(defun matching-regeln (stack2)
  (if (or (lexkat-p (first stack2)) (synkat-p (first stack2)))       ; suche Regeln
      (remove-if #'(lambda (x) (not (match x stack2))) (regeln))
      (let ((eintrag (lexikon-eintrag (first stack2))))              ; suche Kategorien
        (mapcar #'(lambda (x) (append x (list (first eintrag))))
                (rest eintrag)))))


;;; MATCH
;;; Das Prädikat testet, ob REGEL verwendet werden kann, um STACK zu reduzie-
;;; ren; d.h. ob die invertierte rechte Seite von REGEL mit den ersten Symbolen von
;;; STACK übereinstimmt.

(defun match (regel stack)
  (let ((vergleiche (length (rest regel))))
    (dotimes (x vergleiche t)
      (unless (eq (nth x (rest regel)) (nth (- vergleiche x 1) stack))
        (return nil)))))
```

Aufgaben

4.1 Erweitern Sie den Erkennungsalgorithmus $\text{RECOGNIZE}_{BU/BF}$ zu einem Parsingalgorithmus und implementieren Sie ihn in Lisp/Prolog.

4.2 Definieren Sie ein Prädikat, das überprüft, ob eine Syntax zyklenfrei ist und keine Tilgungsregeln enthält.

4.3 Entwickeln und implementieren Sie ein Verfahren, das eine begrenzte Verarbeitung von Tilgungsregeln mit den in diesem Kapitel vorgestellten Algorithmen erlaubt.

4.4 Schreiben Sie ein Prologprogramm, das eine kontextfreie Grammatik mit Regeln der Form $m \longrightarrow [t_1, t_2, \ldots, t_n]$. in die für Shift-reduce-Parsing in Prolog geeignete Form

regel([[t_n|TN], ..., [t_2|T2], [t_1|T1]|RESTSTACK],
[[m, [t_1|T1], ..., [t_n|TN]]|RESTSTACK]).

überführt und Lexikoneinträege der Form *lex(wort,cat).* in das Format

regel([word|W],[[cat,wort]|W]).

4.5 Schreiben Sie ein Programm, das eine Syntax G (mit $e \notin L(G)$), die Tilgungsregeln enthält, in eine schwach äquivalente Syntax ohne Tilgungsregeln übersetzt.

4.6 Entwickeln Sie einen Bottom-up-Parser, der Sätze von rechts nach links verarbeitet.

5 Left-corner-Parsing

In diesem Kapitel beschreiben wir die Left-corner-Parsingstrategie. Nach Einführung der Begriffe „linke Ecke“ (einer Regel) und „Left-corner-Parse“ entwickeln wir einen nicht-deterministischen Left-corner-Erkennungsalgorithmus, den wir dann schrittweise zu einem Parsingalgorithmus (mit Look-ahead) erweitern. Das Kapitel endet mit der Beschreibung des in Prolog implementierten BUP-Systems von Matsumoto.

5.1 Grundzüge

Left-corner-Parsingalgorithmen verbinden Aspekte des Bottom-up-Parsing mit denen des Top-down-Parsing: Für reines Bottom-up-Parsing ist es charakteristisch, daß eine Regel $k_0 \rightarrow k_1 \ldots k_n$ nur dann angewendet werden kann, wenn für jede Kategorie k_i ($1 \leq i \leq n$) bereits eine vollständige Teilstruktur gefunden wurde. Für Left-corner-Parsing dagegen ist es nur erforderlich, daß bereits eine von k_1 dominierte Struktur erkannt wurde[1] - die Regel wird dann verwendet, um sowohl Annahmen über die k_1 dominierende Kategorie als auch über die nachfolgenden Konstituenten zu formulieren. Insofern läßt sich sagen, daß die linke Ecke einer Regel bottom-up erkannt, der Rest der Regel aber *top-down* verarbeitet wird.

Wenn G = $<V_N, V_T, S, R>$ eine kontextfreie Syntax ist, dann ist ein Left-corner-Parse eines Satzes $w \in L(G)$ eine Folge von Regelindizes $\gamma = i_1, \ldots, i_n$, die einer Ableitung von w in G korrespondieren und für die gilt:

1. β sei der durch γ implizit festgelegte Strukturbaum.

2. Für die Knoten in β gilt folgende Ordnungsvorschrift:

   (a) Wenn ein Knoten n die Knoten $n_1, \ldots, n_m$ direkt dominiert, dann liegen alle Knoten des Teilbaums mit der Wurzel n_1 vor n;

   (b) n liegt vor allen anderen von ihm dominierten Knoten und

   (c) alle von n_i dominierten Knoten liegen vor den durch n_{i+1} dominierten Knoten ($1 < i < r$).

3. Die durch γ beschriebene Reihenfolge der Regelanwendung verletzt diese Ordnungsvorschrift nicht.

---

[1] k_1 wird als *linke Ecke* („left corner“) der Regel bezeichnet.

Beispiel (5-1)

Wenn $G = <V_N, V_T, S, R>$ **eine kontextfreie Syntax ist, die die folgenden Regeln enthält:**

1: $S \rightarrow AS$	2: $S \rightarrow BB$,	3: $A \rightarrow bAA$
4: $A \rightarrow a$	5: $B \rightarrow b$	6: $B \rightarrow e$

dann erhalten wir für den Satz „bbaaab“ die Struktur:

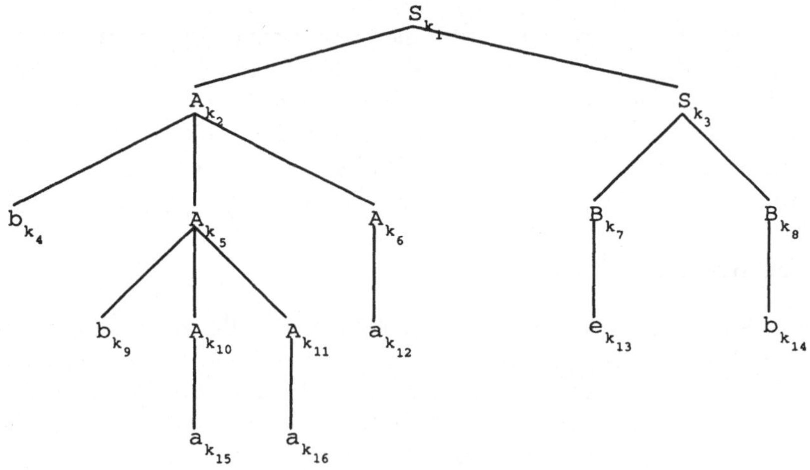

Reihenfolge der Knoten:

k_4 k_2 k_9 k_5 k_{15} k_{10} k_{16} k_{11} k_{12} k_6 k_1 k_{13} k_7 k_3 k_{14} k_8

Linksparse	: 1 3 3 4 4 4 2 6 5	(Top-down-Parsing)
reverser Rechtsparse[2]	: 4 4 3 4 3 6 5 2 1	(Bottom-up-Parsing)
Left-corner-Parse	: 3 3 4 4 4 1 6 2 5	

Wir orientieren uns im folgenden an dem in [Ross 1982] beschriebenen Algorithmus, der auf dem NBT-Algorithmus (**N***onselective* **B***ottom to* **T***op*) von [Griffiths/Petrick 1965] basiert. Anders als Ross spezifizieren wir die erforderlichen Operationen nicht durch Turing-Maschinenanweisungen, sondern durch drei Prozeduren $\text{REDUCE}_{\text{LC}}$, MOVE_{LC} und $\text{REMOVE}_{\text{LC}}$, die auf Stacks operieren.

5.2 Ein Left-corner-Erkennungsalgorithmus

Wie beim Shift-reduce-Parsing können auch hier die benötigten Arbeitsstrukturen als Stacks repräsentiert werden. Für den Recognizer werden drei Stacks (STACK1, STACK2 und STACK3) benötigt:

[2]Eine Linksableitung (Rechtsableitung) für einen Satz ist eine Ableitung, bei der immer das am weitesten links (rechts) vorkommende nicht-terminale Symbool ersetzt wird. Ein Linksparse (Rechtsparse) ist eine Folge von Regelindizes, die einer Linksableitung (Rechtsableitung) korrespondiert.

STACK1 enthält den noch nicht verarbeiteten Teil des zu analysierenden Satzes, STACK2 die noch top-down zu erkennenden Kategorien ($k_2 \ldots k_n$) und STACK3 die gesuchten Konstituenten ($k_0 \ldots$)[3].

PROZEDUR REDUCE$_{LC}$

DATEN: Eine kontextfreie Syntax G = <V_N, V_T, S, R> und Lexikon L.
EINGABE: STACK1, mit *First*(STACK1) = k_1
STACK2
STACK3
AUSGABE: *Pop*(STACK1)
Push($k_2 \ldots k_n$ t, STACK2)
Push(k_0, STACK3)

VORBEDINGUNGEN:

1. Es gibt eine Regel $k_0 \rightarrow k_1 \ldots k_n \in R$ oder $k_1 \in k_0$, für eine beliebige lexikalische Kategorie k_0.
2. *First*(STACK2) $\in (V_N \cup V_T)$.

Durch Anwendung der Regel $k_0 \rightarrow k_1 \ldots k_n$ wird das erste Symbol aus STACK1, das mit der linken Ecke der Regel identisch ist, getilgt. Die übrigen Symbole der rechten Regelseite werden zusammen mit dem Symbol 't', das weder in V_N noch in V_T enthalten ist, auf den STACK2 geschoben; k_0 auf den STACK3. Das Symbol 't' markiert gewissermaßen das *Ende* der Regel und trennt die noch zu erkennenden Symbole dieser Regel von denen anderer Regeln.

PROZEDUR MOVE$_{LC}$

EINGABE: STACK1
STACK2
STACK3
AUSGABE: *Push*(*First*(STACK3), STACK1)
Pop(STACK2)
Pop(STACK3)

VORBEDINGUNGEN:

1. *First*(STACK2) = t.
2. *First*(STACK3) = A, mit $A \in (V_N \cup V_T)$.

[3]Zur Formulierung der drei Prozeduren verwenden wir die Operationen *Push(Objekt, Stack)* und *Pop(Stack)*: **Push** schiebt *Objekt* auf den Stack *Stack*; **Pop** entfernt das erste Objekt aus *Stack* (vgl. Appendix *Datenstrukturen*)

Da 't' das erste Symbol in STACK2 ist, wurde die rechte Seite einer Regel, deren linke Seite das Symbol A bildet, komplett abgearbeitet; d.h. es wurde eine Konstituente vom Typ A erkannt. A wird auf den STACK1 geschoben und aus STACK3 gelöscht, und das erste Symbol aus STACK2 wird ebenfalls entfernt.

PROZEDUR REMOVE$_{LC}$

EINGABE: STACK1
STACK2
STACK3
AUSGABE: *Pop*(STACK1)
Pop(STACK2)
STACK3
VORBEDINGUNG:
First(STACK1) = *First*(STACK2)

Das erste Symbol in STACK1 ist mit dem ersten Symbol in STACK2 identisch, und die Symbole werden aus STACK1 und STACK2 entfernt. Die Prozedur REMOVE$_{LC}$ ist genau dann anwendbar, wenn *First*(STACK2) eine Kategorie k_i ist, die die linke Ecke einer Regel bildet, und k_i (top-down) erkannt wurde.

Die drei Prozeduren erlauben eine einfache Formulierung einer nicht-deterministischen Erkennungsprozedur RECOGNIZE$_{LC}$, deren Arbeitsweise Beispiel (5-2) illustriert.

ALGORITHMUS RECOGNIZE$_{LC}$
nicht-deterministisch
left-corner

DATEN: Eine kontextfreie Syntax $G = <V_N, V_T, S, R>$, ein Lexikon L und ein Satz $w = w_1 \ldots w_n$, mit $n \geq 1$.
EINGABE: STACK1 = $[w_1 \ldots w_n]$
STACK2 = [S]
STACK3 = [ ]
AUSGABE: *True/False.*

METHODE:
Wiederhole:
Wenn <STACK1 = STACK2 = STACK3 = [ ]>
Dann <RETURN(*True*)>
Sonst
Wenn <Es gibt eine Prozedur P ∈ {REDUCE$_{LC}$, MOVE$_{LC}$, REMOVE$_{LC}$}, deren Vorbedingungen erfüllt sind>
Dann <*RECOGNIZE*$_{LC}$(*P*(STACK1, STACK2, STACK3))>
Sonst <RETURN(*False*)>

Beispiel (5-2)
Wenn G = <V_N, V_T, S, R> eine kontextfreie Syntax ist, die die Regeln

S → NP VP NP → det n VP → v NP

enthält, und L ein Lexikon mit den Einträgen (der (det)) (meister (n)) ...etc., dann erhalten wir für den Satz „Der Meister sucht einen Fehler" folgenden Trace:

STACK1	STACK2	STACK3	Prozedur
[*der Meister sucht ...*]	[S]	[ ]	REDUCE_{LC}
[*Meister sucht ...*]	[t S]	[det]	MOVE_{LC}
[det *Meister sucht ...*]	[S]	[ ]	REDUCE_{LC}
[*Meister sucht ...*]	[n t S]	[NP]	REDUCE_{LC}
[*sucht einen Fehler*]	[t n t S]	[n NP]	MOVE_{LC}
[n *sucht einen Fehler*]	[n t S]	[NP]	REMOVE_{LC}
[*sucht einen Fehler*]	[t S]	[NP]	MOVE_{LC}
[NP *sucht einen Fehler*]	[S]	[ ]	REDUCE_{LC}
[*sucht einen Fehler*]	[VP t S]	[S]	REDUCE_{LC}
[*einen Fehler*]	[t VP t S]	[v S]	MOVE_{LC}
[v *einen Fehler*]	[VP t S]	[S]	REDUCE_{LC}
[*einen Fehler*]	[NP t VP t S]	[VP S]	REDUCE_{LC}
[*Fehler*]	[t NP t VP t S]	[det VP S]	MOVE_{LC}
[det *Fehler*]	[NP t VP t S]	[VP S]	REDUCE_{LC}
[*Fehler*]	[n t NP t VP t S]	[NP VP S]	REDUCE_{LC}
[ ]	[t n t NP t VP t S]	[n NP VP S]	MOVE_{LC}
[n]	[n t NP t VP t S]	[NP VP S]	REMOVE_{LC}
[ ]	[t NP t VP t S]	[NP VP S]	MOVE_{LC}
[NP]	[NP t VP t S]	[VP S]	REMOVE_{LC}
[ ]	[t VP t S]	[VP S]	MOVE_{LC}
[VP]	[VP t S]	[S]	REMOVE_{LC}
[ ]	[t S]	[S]	MOVE_{LC}
[S]	[S]	[ ]	REMOVE_{LC}
[ ]	[ ]	[ ]	*True*

Die Prozedur RECOGNIZE_{LC} ist aus zwei Gründen nicht-deterministisch:

1. Es kann mehrere Regeln geben, deren linke Ecke mit dem ersten Symbol des STACK1 übereinstimmt, d.h., es kann verschiedene Möglichkeiten geben, REDUCE_{LC} anzuwenden.

2. Es kann Konfigurationen geben, in denen sowohl die Vorbedingungen für REDUCE_{LC} als auch die für REMOVE_{LC} erfüllt sind. Dieser Fall tritt immer dann ein, wenn eine Struktur gebildet wurde, die entweder verwendet wer-

den kann, um die gerade bearbeitete, noch unvollständige Struktur zu ergänzen ($REMOVE_{LC}$), die aber auch den Anfang einer neuen Teilstruktur bilden kann ($REDUCE_{LC}$); vgl. Abbildung (5-1).

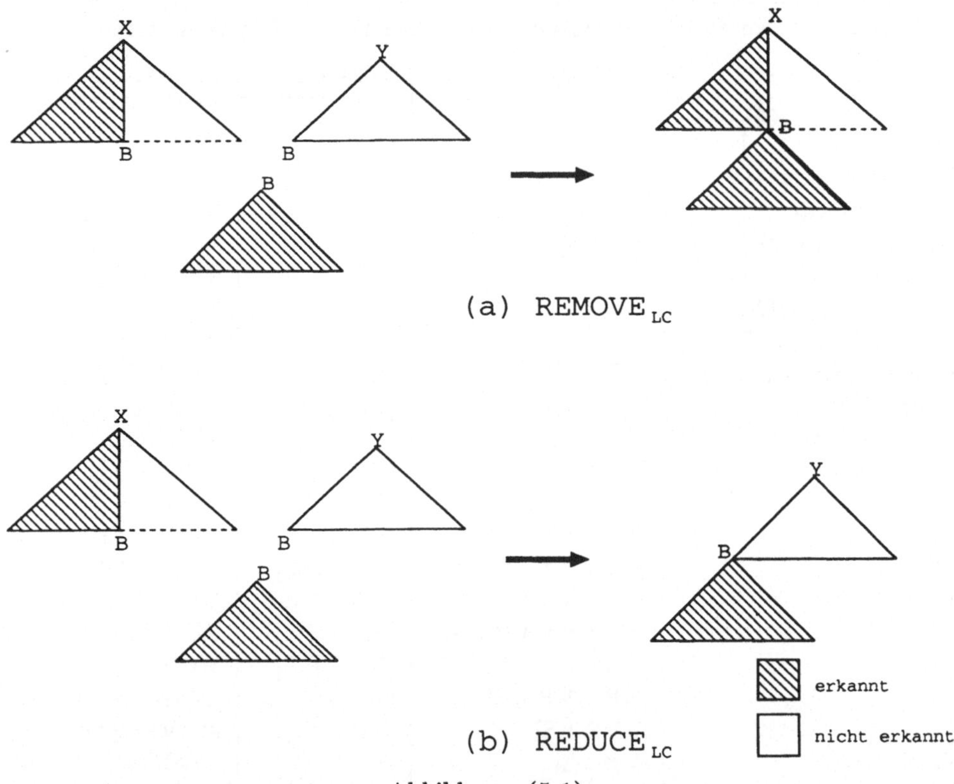

Abbildung (5-1)

Zwei einfache und uns schon vertraute Möglichkeiten, diesem Problem zu begegnen, bildet die Verwendung der Depth-first-Suche mit Backtracking bzw. der quasiparallelen Breadth-first-Suche. Da das BUP-System, das wir in 5.6 beschreiben werden, die zweite dieser beiden Möglichkeiten nutzt, beschränken wir uns hier auf die Formulierung eines breadth-first arbeitenden Erkennungsalgorithmus: Der Algorithmus $RECOGNIZE_{LC/BF}$ berechnet alle Konfigurationen[4], die aus der aktuellen Konfiguration erreichbar sind. Jede dieser neuen Konfigurationen repräsentiert eine Analysemöglichkeit für den Satz, die anschließend weiterverfolgt wird.

[4]Unter einer *Konfiguration* $k = (s_1, s_2, s_3)$ verstehen wir in diesem Zusammenhang ein Tripel, das aus unseren drei Stacks STACK1, STACK2 und STACK3 gebildet wird.

ALGORITHMUS RECOGNIZE$_{LC/BF}$

DATEN: Eine kontextfreie Syntax G = $<V_N, V_T, S, R>$, ein Lexikon L und ein Satz w = $w_1 \ldots w_n$, mit $n \geq 1$.

EINGABE: STACK1 = $[w_1, \ldots, w_n]$
STACK2 = [S]
STACK3 = [ ]

AUSGABE: *True*/*False*.

ARBEITSSTRUKTUREN:
KONFIGURATIONEN - Eine Menge von Konfigurationen.
Anfangswert: $\emptyset$.

METHODE:
Wenn <STACK1 = STACK2 = STACK3 = [ ]>
Dann <RETURN(*True*)>
Sonst
KONFIGURATIONEN $\Leftarrow$ {die Menge aller Konfigurationen, die sich durch REMOVE$_{LC}$, REDUCE$_{LC}$ oder MOVE$_{LC}$ aus der aktuellen Konfiguration ableiten lassen}
Wenn <KONFIGURATIONEN = $\emptyset$>
Dann <RETURN(*False*)>
Sonst <Für alle $<s1_i, s2_i, s3_i> \in$ KONFIGURATIONEN:
<*RECOGNIZE*$_{LC/BF}$($s1_i$, $s2_i$, $s3_i$)>>

5.3 Ein Left-corner-Parsingalgorithmus

Um den Erkennungsalgorithmus RECOGNIZE$_{LC/BF}$ in einen Parsingalgorithmus PARSE$_{LC}$ zu überführen, führen wir einen weiteren Stack ein (STACK4), der zum Aufbau der Strukturbeschreibung verwendet wird. Dieser Stack ist zunächst leer. Wenn der Satz zu der durch die Syntax festgelegten Sprache gehört, wird nicht TRUE, sondern die in STACK4 aufgebaute Strukturbeschreibung ausgegeben. Die drei Prozeduren müssen modifiziert werden, um den korrekten Aufbau der Strukturbeschreibung sicherzustellen.

Die Modifikation der Prozedur MOVE$_{LC}$ beschränkt sich darauf, für den vierten Stack einen weiteren Parameter einzufügen. Strukturbildende Operationen sind anders als bei den anderen beiden Prozeduren nicht erforderlich.

PROZEDUR REDUCE$_{LC/BF}$

DATEN: Eine kontextfreie Syntax G = <V_N, V_T, S, R> und ein Lexikon L.
EINGABE: STACK1, mit *First*(STACK1) = k_1
STACK2
STACK3
STACK4
AUSGABE: *Pop*(STACK1)
Push($k_2 \ldots k_n$ t, STACK2)
Push(k_0, STACK3)
STRUKTUR1(k0, k1, STACK4)

VORBEDINGUNGEN:

1. Es gibt eine Regel $k_0 \rightarrow k_1 \ldots k_n \in R$ oder $k_1 \in k_0$, für eine beliebige lexikalische Kategorie k_0
2. *First*(STACK2) $\in (V_N \cup V_T)$.

Die für REDUCE$_{LC/BF}$ notwendigen strukturbildenden Operationen faßt die Prozedur STRUKTUR1 zusammen:

PROZEDUR STRUKTUR1

EINGABE: Ein Stack STACK und zwei Symbole k_0, $k_1 \in (V_N \cup V_T)$.
AUSGABE: Der modifizierte Stack STACK'.

METHODE:
Wenn <STACK = [ ] ∨ *First*(STACK) = (k' α), mit k' $\neq k_1$ >
Dann <RETURN(*Push*((k_0 k_1), STACK)>
Sonst <RETURN(*Push*((k_0 *First*(STACK)), *Pop*(STACK)))>

Es ist zu unterscheiden, ob bereits eine von k_1 dominierte Strukturbeschreibung existiert oder nicht: Ist das nicht der Fall, wird mit dem Aufbau einer neuen Strukturbeschreibung begonnen; anderenfalls wird diese Strukturbeschreibung in die aufzubauende Strukturbeschreibung integriert.

Bei der dritten Prozedur sind die Fälle zu unterscheiden, in denen es noch nicht erkannte Kategorien in STACK3 gibt bzw. nicht gibt: Wenn STACK3 leer ist, sind auch in diesem Fall keine strukturbildenden Aktionen notwendig; anderenfalls werden die zuletzt gebildeten beiden partiellen Strukturbeschreibungen miteinander verknüpft.

PROZEDUR REMOVE$_{LC/BF}$

EINGABE: STACK1
STACK2
STACK3
STACK4
AUSGABE: *Pop*(STACK1)
Pop(STACK2)
STACK3
STRUKTUR2(STACK3, STACK4)
VORBEDINGUNG:
First(STACK1) = *First*(STACK2)

Die Strukturbeschreibung wird durch die Prozedur STRUKTUR2 aufgebaut.

PROZEDUR STRUKTUR2

EINGABE: Die beiden Stacks STACK3, STACK4.
AUSGABE: Der modifizierte Stack STACK4'.
METHODE:
Wenn <STACK3 = [ ]>
Dann <RETURN(STACK4)>
Sonst <RETURN(*Push*((*Second*(STACK4) + *First*(STACK4)),
Pop(*Pop*(STACK4))))>

Beispiel (5-3)
Wenn $G = <V_N, V_T, S, R>$ eine kontextfreie Syntax ist, die die Regeln

$$S \rightarrow NP\ VP \qquad NP \rightarrow n \qquad VP \rightarrow v\ NP\ PP$$
$$VP \rightarrow v \qquad PP \rightarrow p\ NP$$

enthält, und L ein Lexikon mit geeigneten Einträgen ist, dann ergibt sich für den Satz „Eva sah Adam am Morgen“ folgender Trace[5]:

STACK1	STACK2	STACK3	STACK4
[1 2 3 4 5]	[S]	[ ]	[ ]
[2 3 4 5]	[t S]	[N]	[(n 1)]
[n 2 3 4 5]	[S]	[ ]	[(n 1)]
[2 3 4 5]	[t S]	[NP]	[(NP (n 1))]
[NP 2 3 4 5]	[S]	[ ]	[(NP (n 1))]
[2 3 4 5]	[VP t S]	[S]	[(S (NP (n 1)))]
[3 4 5]	[t VP t S]	[v S]	[(v 2) (S (NP (n 1)))]
[v 3 4 5]	[VP t S]	[S]	[(v 2) (S (NP (n 1)))]
[3 4 5]	[NP PP t VP t S]	[VP S]	[(VP (v 2)) (S (NP ...))]
[4 5]	[t NP PP t VP t S]	[n VP S]	[(n 3) (VP (v 2)) (S (NP ...))]
[n 4 5]	[NP PP t VP t S]	[VP S]	[(n 3) (VP (v 2)) (S (NP ...))]
[4 5]	[t NP PP t VP t S]	[NP VP S]	[(NP (n 3)) (VP (v 2)) (S ...)]
[NP 4 5]	[NP PP t VP t S]	[VP S]	[(NP (n 3)) (VP (v 2)) (S ...)]
[4 5]	[VP t NP PP t VP t S]	[S VP S]	[(S (NP (n 3))) (VP (v 2)) ...]
[5]	[t VP t NP PP t VP t S]	[p S VP S]	[(p 4) (S (NP (n 3))) (VP ...)]
[p 5]	[VP t NP PP t VP t S]	[S VP S]	[(p 4) (S (NP (n 3))) (VP ...)]
[5]	[NP t VP t NP PP t ...]	[PP S VP S]	[(PP (p 4)) (S (NP (n 3))) ...]
[ ]	[t NP t VP t NP PP t ...]	[n PP S VP S]	[(n 5) (PP (p 4)) (S (NP ...))]
[n]	[NP t VP t NP PP t ...]	[PP S VP S]	[(n 5) (PP (p 4)) (S (NP ...))]
[ ]	[t NP t VP t NP PP t ...]	[NP PP S VP S]	[(NP (n 5)) (PP (p 4)) (S ...)]
[NP]	[NP t VP t NP PP t ...]	[PP S VP S]	[(NP (n 5)) (PP (p 4)) (S ...)]
[ ]	[VP t NP t VP t ...]	[S PP S VP S]	[(S (NP (n 5))) (PP (p 4)) ...]
[ ]	[t VP t NP PP t VP t S]	[PP S VP S]	[(PP (p 4) (NP (n 5))) (S ...)]
[PP]	[VP t NP PP t VP t S]	[S VP S]	[(PP (p 4) (NP (n 5))) (S ...)]
[4 5]	[PP t VP t S]	[VP S]	[(VP (v 2) (NP (n 3))) (S ...)]
[5]	[t PP t VP t S]	[p VP S]	[(p 4) (VP (v 2) (NP (n 3))) ...]
[p 5]	[PP t VP t S]	[VP S]	[(p 4) (VP (v 2) (NP (n 3))) ...]
[5]	[NP t PP t VP t S]	[PP VP S]	[(PP (p 4)) (VP (v 2) (NP ...))]
[ ]	[t NP t PP t VP t S]	[n PP VP S]	[(n 5) (PP (p 4)) (VP (v 2) ...)]
[n]	[NP t PP t VP t S]	[PP VP S]	[(n 5) (PP (p 4)) (VP (v 2) ...)]
[ ]	[t NP t PP t VP t S]	[NP PP VP S]	[(NP (n 5)) (PP (p 4)) (VP ...)]
[NP]	[NP t PP t VP t S]	[PP VP S]	[(NP (n 5)) (PP (p 4)) (VP ...)]
[ ]	[VP t NP t PP t VP t S]	[S PP VP S]	[(S (NP (n 5))) (PP (p 4)) ...]
[ ]	[t PP t VP t S]	[PP VP S]	[(PP (p 4) (NP (n 5))) (VP ...)]
[PP]	[PP t VP t S]	[VP S]	[(PP (p 4) (NP (n 5))) (VP ...)]
[ ]	[t VP t S]	[VP S]	[(VP (v 2) (NP (n 3)) ...) ...]
[VP]	[VP t S]	[S]	[(VP (v 2) (NP (n 3)) ...) ...]
[ ]	[t S]	[S]	[(S (NP (n 1)) (VP (v 2) (NP (n 3)) (PP (p 4) ...)))]
[S]	[S]	[ ]	[(S (NP (n 1)) (VP (v 2) (NP (n 3)) (PP (p 4) ...)))]
[ ]	[ ]	[ ]	[(S (NP (n 1)) (VP (v 2) (NP (n 3)) (PP (p 4) ...)))]
⋮	⋮	⋮	⋮

(S (NP (n 1)) (VP (v 2) (NP (n 3)) (PP (p 4) (NP (n 5)))))

[5]Im folgenden Trace repräsentieren wir die Worte des Satzes durch Zahlen.

5.4 Left-corner-Parsing mit Look-ahead

Da der von uns beschriebene Left-corner-Parsingalgorithmus partiell top-down arbeitet, läßt sich wie bei den Algorithmen aus Kapitel 3 ein deutlicher Effizienzgewinn erzielen, indem die Zahl der für eine Fortsetzung der Ableitung in Frage kommenden Regeln durch einen Look-ahead reduziert wird:

Für jedes nicht-terminale Symbol der Syntax wird die Menge aller Symbole berechnet, die als linke Ecken in von ihm aus *erreichbaren* Konstituenten vorkommen. Diese Relation zwischen einer linken Ecke und einer sie mittelbar dominierenden Kategorie wird als „*LINK*-Relation" bezeichnet. Die Relation ist reflexiv und transitiv.

Definition (5-1) *Die LINK-Relation*

Wenn $G = \langle V_N, V_T, S, R\rangle$ eine beliebige kontextfreie Syntax ist, dann ist *LINK(G)* definiert als die Menge aller geordneten Paare $\langle X, Y\rangle$, mit $X \in V_N$ und $Y \in V$, die eine der folgenden drei Bedingungen erfüllen:

1. $X = Y$; (Reflexivität)
2. es gibt eine Regel $X \rightarrow Y\alpha \in R$ oder
3. $\langle X, X'\rangle \in LINK(G)$ und $\langle X', Y\rangle \in LINK(G)$, für ein beliebiges $X' \in V_N$. (Transitivität)

Beispiel (5-4)

Wenn $G = \langle \{S, X_1, X_2, X_3, X_4\}, \{e, f, g, h\}, S, R\rangle$, mit $R = \{S \rightarrow X_2\ X_3\ X_4,\ X_2 \rightarrow e\ f,\ X_3, \rightarrow X_1,\ X_1 \rightarrow g,\ X_4 \rightarrow h\}$, dann sind im folgenden Baum e, X_2 und S selbst linke Ecken von S, g ist eine linke Ecke von X_1 ...etc.:

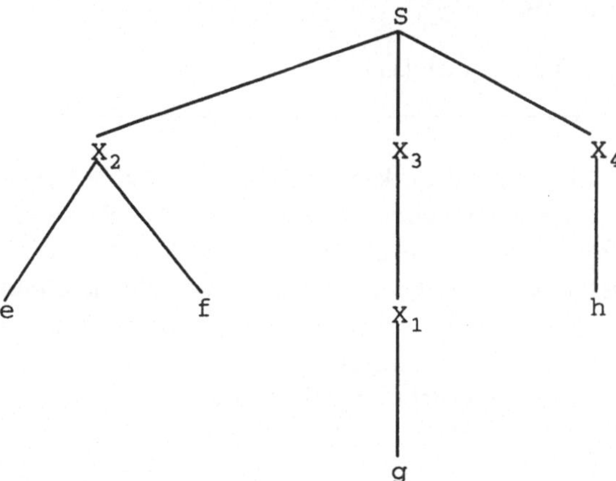

Für die Grammatik G gilt:

Link(G) = $\{\langle S, S\rangle, \langle X_1, X_1\rangle, \langle X_2, X_2\rangle, \langle X_3, X_3\rangle, \langle X_4, X_4\rangle, \langle S, X_2\rangle, \langle S, e\rangle, \langle X_2, e\rangle, \langle X_1, g\rangle, \langle X_3, X_1\rangle, \langle X_3, g\rangle, \langle X_4, h\rangle\}$

Für die Ablehnung von nicht zu L(G) gehörenden Ketten wie z.B. „fghe" oder „hefg" ist nun überhaupt kein Parsing-Aufwand mehr erforderlich; denn ein Blick in die Liste der *Link*-Paare zeigt, daß es keine S-Ableitung für Ketten geben kann, die mit den Symbolen „f", „g" und „h" beginnen.

Die einzige für den Erkennungs- bzw. Parsingalgorithmus notwendige Modifikation betrifft die Prozedur REDUCE_{LC}, die um eine weitere Bedingung zu ergänzen ist: Wenn X das oberste Symbol aus STACK2 ist, dann ist zu fordern, daß nur solche Regeln verwendet werden, deren linke Seite k_0 von X aus erreichbar ist ($<X, k_0> \in$ *Link*(G)). Die modifizierte Prozedur hat die Form:

PROZEDUR $\text{REDUCE}_{LC/LA}$

DATEN: Eine kontextfreie Syntax $G = <V_N, V_T, S, R>$ und ein Lexikon L.
EINGABE: STACK1, mit *First*(STACK1) = k_1
STACK2
STACK3
AUSGABE: *Pop*(STACK1)
Push($k_2 \ldots k_n$ t, STACK2)
Push(k_0, STACK3)
VORBEDINGUNGEN:

1. Es gibt eine Regel $k_0 \rightarrow k_1 \ldots k_n \in R$ oder $k_1 \in k_0$, für eine beliebige lexikalische Kategorie k_0.
2. *First*(STACK2) $\in (V_N \cup V_T)$.
3. $<$*First*(STACK2), $k_0> \in$ *Link*(G).

Die Berechnung der LINK-Relation kann und sollte für eine Syntax ausgeführt werden, bevor sie zum Parsen verwendet wird, so daß der Parser direkt für ein Paar von Symbolen prüfen kann, ob sie die Erreichbarkeitsrelation erfüllen oder nicht. Die Alternative, erst beim Parsen die jeweils notwendigen Mengen zu berechnen, führt dazu, daß der beim Parsen erzielte Effizienzgewinn durch die für den Erreichbarkeitstest erforderlichen Berechnungen zumindest aufgehoben wird. In der Regel dürfte sich die Performanz deutlich verschlechtern.

5.5 Left-corner-Parsing in Lisp

Die in diesem Kapitel vorgestellten Algorithmen lassen sich mit geringem Aufwand in Lisp implementieren. Wie auch schon in den vorangegangenen Kapiteln stehen bei der Implementierung nicht Effizienzüberlegungen im Vordergrund, sondern es wird versucht, die Algorithmen möglichst direkt in lauffähige Programmme zu übersetzen.Es wird vorausgesetzt, daß auf die zur Analyse erforderlichen Daten (Syntax und Lexikon) über die globalen Variablen *syntax* und *lexikon* zugegriffen werden kann. Beide Programme erlauben auch die Analyse einzelner Konstituenten. In diesem Fall ist als zweites Argument die Liste mit der Zielkonstituente anzugeben.

Beispiel (5-5)

```
> (parse_lc '(der mann starb))
  (S (NP (DET DER) (N MANN)) (VP (V STARB)))
> (parse_lc '(der mann) '(np))
  (NP (DET DER) (N MANN))
```

5.5.1 Der Recognizer

Die drei Stacks werden durch Listen repräsentiert.

```
;;; RECOGNIZE-LC
;;; Die Funktion erwartet folgende Argumente:
;;;  STACK1  -  der zu analysierende Satz und
;;;  STACK2  -  das Startsymbol der Syntax
;;;  STACK3  -  leer
;;; Bis STACK1, STACK2 und STACK3 leer sind oder REDUCE-LC, MOVE-LC
;;; und REMOVE-LC als Wert NIL liefern, werden immer wieder zunächst alle drei
;;; Prozeduren angewandt und RECOGNIZE-LC rekursiv mit den von ihnen produ-
;;; zierten Werten aufgerufen. (Suchstrategie: Breadth-first-Suche)
(defun recognize-lc (stack1 &optional (stack2 `(,(startsymbol))) stack3)
  (if (and (endp stack1) (endp stack2) (endp stack3)) (print t)
      (dolist (x (append (reduce-lc stack1 stack2 stack3)
                         (move-lc stack1 stack2 stack3)
                         (remove-lc stack1 stack2 stack3)))
        (apply #'recognize-lc x))))
```

Die folgenden drei Funktionen realisieren die drei in 4.1 beschriebenen Prozeduren. Als Argumente nehmen sie alle die drei Listen, die die Stacks repräsentieren. Sind die für sie spezifizierten Vorbedingungen erfüllt, modifizieren sie diese Listen und liefern als Wert eine Liste, die eine Liste mit den neuen Listen enthält, sonst NIL. Anders als MOVE-LC und REMOVE-LC kann REDUCE-LC mehrere Resultatlisten als

Ergebnis liefern; d.h., der Wert der Funktionen läßt sich durch folgenden regulären Ausdruck beschreiben: ((Stack1' Stack2' Stack3')*).

```
;;; REDUCE-LC
(defun reduce-lc (stack1 stack2 stack3)
  (unless (eq (first stack2) t)
    (let ((resultat nil))
      (dolist (x (left-corner-regeln (first stack1)) resultat)
        (setf resultat
              (cons (list (rest stack1)
                          (append (nthcdr 2 x) (cons t stack2))
                          (cons (first x) stack3))
                    resultat))))))
;;; MOVE-LC
(defun move-lc (stack1 stack2 stack3)
  (when (and (eq (first stack2) t) (not (endp stack3)))
    (list (list (cons (first stack3) stack1) (rest stack2) (rest stack3)))))

;;; REMOVE-LC
(defun remove-lc (stack1 stack2 stack3)
  (when (eq (first stack1) (first stack2))
    (list (list (rest stack1) (rest stack2) stack3))))
;;; LEFT-CORNER-REGELN
;;; Wenn SYMBOL eine syntaktische oder lexikalische Kategorie bezeichnet, dann
;;; berechnet diese Funktion die Menge aller Regeln, deren linke Ecke SYMBOL ist;
;;; ist SYMBOL ein terminales Symbol, dann wird die Menge aller ihm zugeordneten
;;; lexikalischen Kategorien berechnet.
(defun left-corner-regeln (symbol)
  (or (rest (lexikon-eintrag[6]symbol))
      (apply #'append
             (mapcar #'(lambda (x) (when (eq symbol (second x)) (list x)))
                     (regeln)))))
```

5.5.2 Der Parser

Da die folgenden Funktionen weitgehend mit den vorangegangenen übereinstimmen, beschränken wir uns darauf, die wichtigsten Differenzen zu kommentieren. Alle Funktionen nehmen vier Argumente: der Parameter STACK4 wird in jedem Fall an eine Liste gebunden, die den vierten, zum Aufbau der Strukturbeschreibung benötigten Stack repräsentiert.

[6]Die Definition der Funktion LEXIKON-EINTRAG findet sich im Anhang E.1.1.

```
;;; PARSE-LC
(defun parse-lc (stack1 &optional (stack2 `(,(startsymbol))) stack3 stack4)
  (if (and (endp stack1) (endp stack2) (endp stack3))
      (print (first stack4))
      (dolist (x (append (reduce-lc/bf stack1 stack2 stack3 stack4)
                         (move-lc/bf stack1 stack2 stack3 stack4)
                         (remove-lc/bf stack1 stack2 stack3 stack4)))
        (apply #'parse-lc x))))
```

Die Definition von REDUCE-LC/BF fällt etwas komplexer aus, da zu unterscheiden ist, ob es in STACK4 bereits eine Strukturbeschreibung gibt, die mit dem ersten Symbol aus STACK1 beginnt oder nicht:

```
;;; REDUCE-LC/BF
(defun reduce-lc/bf (stack1 stack2 stack3 stack4)
  (unless (eq (first stack2) t)
    (let ((resultat nil))
     (dolist (x (left-corner-rules (first stack1)) resultat)
       (setf resultat
             (cons (list (rest stack1)
                         (append (nthcdr 2 x) (cons t stack2))
                         (cons (first x) stack3)
                         (if (eq (first stack1) (first (first stack4)))
                             (cons (list (first x) (first stack4)) (rest stack4))
                             (cons (list (first x) (first stack1)) stack4)))
                   resultat))))))
```

```
;;; MOVE-LC/BF
(defun move-lc/bf (stack1 stack2 stack3 stack4)
  (when (and (eq (first stack2) t) (not (endp stack3)))
    (list (list (cons (first stack3) stack1) (rest stack2) (rest stack3) stack4))))
```

Bei REMOVE-LC/BF ist zu unterscheiden, ob STACK3 leer ist oder nicht:

```
;;; REMOVE-LC/BF
(defun remove-lc/bf (stack1 stack2 stack3 stack4)
  (when (eq (first stack1) (first stack2))
    (list (list (rest stack1) (rest stack2) stack3
                (if stack3
                    (cons (append (second stack4) (list (first stack4)))
                          (nthcdr 2 stack4))
                    stack4)))))
```

5.6 Das BUP-System

Wir beenden dieses Kapitel mit der Beschreibung einer Prolog-Implementierung eines Left-corner-Parsers nach [Matsumoto et al. 1983]. In dieser Implementierung werden Lexikon und Syntaxregeln getrennt repräsentiert. Der Zugriff auf das Lexikon erfolgt durch ein Selektorprädikat „dict/3“. Die Eingabekette wird als Differenzlistenpaar repräsentiert. Das Programm verwendet das Backtracking des Prolog-Interpreters. Die Left-corner-Strategie schlägt sich bereits in der Regelnotation nieder: Im Gegensatz zu einer (top-down) DCG ist nicht die Mutterkategorie einer Regel der Kopf des entsprechenden Prolog-Prädikats, sondern die „linke Ecke“, d.h. die erste Tochterkategorie.

5.6.1 Das Kernprogramm als Recognizer

Für linguistische Anwendungen werden häufig nur kontextfreie Regeln der Typen $X_0 \rightarrow X_1\ X_2 \ldots X_n$ und $X_0 \rightarrow w$ verwendet (mit $w \in V_T$ und $X_i \in V_N$). Diese Regeltypen lassen sich im DCG-Formalismus als Klauseln der folgenden Form repräsentieren:

$$
\begin{array}{l}
x_0(Y, Z) \text{ :-} \\
\quad x_1(Y, Y1), \\
\quad x_2(Y1, Y2), \\
\quad \ldots \\
\quad x_n(Y_{n-1}, Z). \\
x_0([w|Y], Y).
\end{array}
$$

Y, Y1, ...etc. sind Differenzlistenvariablen, die einen Abschnitt des Satzes repräsentieren. DCG-Regeln dürfen nicht links-rekursiv sein, d.h. die Kategorien x_0 und x_1 dürfen nicht identisch sein, weil der als Parser benutzte Prolog-Interpreter top-down, links-rechts und depth-first ableitet und Linksrekursion aus diesem Grunde nicht terminiert. Linksrekursive Regeln sind allerdings in vielen Fällen aus linguistischen Gründen erwünscht (z.B.: NP → NP PP, S → S S, S → S VP usw.). Der folgende Left-corner-Parser kann solche linksrekursiven Regeln verarbeiten. Matsumoto et al. verwenden folgendes Regelformat:

$$
\begin{array}{l}
x_1(G, Y1, Y) \text{ :-} \\
\quad \text{goal}(x_2, Y1, Y2), \\
\quad \ldots \\
\quad \text{goal}(x_n, Yn\text{-}1, Yn), \\
\quad x_0(G, Yn, Y). \\
\text{dict}(x_0, [w|Y], Y).
\end{array}
$$

Für die Terminierung ist als zusätzliche Klausel $x_0(c_0, Y, Y)$ für jedes x_0 erforderlich. Das Prädikat 'goal' ist wie folgt definiert:

```
goal(G, X, Z) :-
    dict(C, X, Y),
    P =.. [C, G, Y, Z],
    call(P).
```

Die in diesen Klauseln verwendeten Variablen X, Y und Z sind Differenzlisten-Variablen. C und G sind Kategorien-Variablen. Das Prädikat 'goal' wird mit einem goal G und einem durch das Differenzpaar X,Z repräsentierten Satz w = [w_1, w_2, ..., w_n] aufgerufen. 'goal(G, X, Y)' ist erfolgreich, wenn w_1 einem Lexikoneintrag zufolge der Kategorie c angehört und es eine Regel mit dem Kopf x(G, Y, Z) (Y, Z repräsentiert dabei [w_2, ..., w_n]) gibt, so daß 'c(G, Y, Z)' bewiesen wird.

Beispiel (5-6)

Gegeben sei folgende Grammatik:

```
(1)    det(G, X, Z) :-
           goal(n, X, Y),
           np(G, Y, Z).

(2) a) np(np, X, X).
    b) det(det, X, X).
    c) n(n, X, X).

(3) a) dict(det, [der|X], X).
    b) dict(n, [klotz|X], X).

(4)    goal(G, X, Z) :-
           dict(C, X, Y),
           P =.. [C, G, Y, Z],
           call(P).
```

Der Beweisbaum für *goal(np,[der,klotz],[ ])* hat die folgende Form:

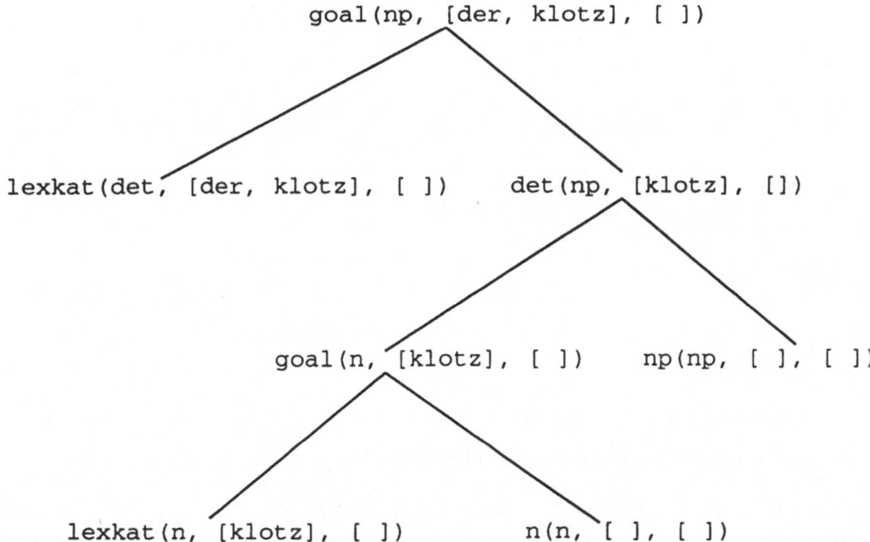

Die erste Klausel der Definition des Prädikats GOAL unifiziert mit dem Fakt *dict(det,[der|X],X)*. Die Variable C erhält dadurch den Wert *det*. Die beiden letzten Klauseln der GOAL-Definition führen zu dem Aufruf *det(np,[klotz],[ ])*.

det(np,[klotz],[ ]) ist nach Regel (1) der Fall, wenn *goal(n,[klotz],Y)* und *np(np,Y,[ ])* erfolgreich sind. *np(np,Y,[ ])* ist nach (2)a nur dann der Fall, wenn Y = [ ]. Dann muß *goal(n,[klotz],Y)* also als *goal(n,[klotz],[ ])* beweisbar sein. *goal(n,[klotz],[ ])* führt zu den Aufrufen *dict(n,[klotz|X],[ ])* (unifiziert mit (3)b, wenn X = [ ]) und *n(n,[ ],[ ])* (unifiziert mit (2)c). Damit ist das Ziel *goal(np,[der,klotz],[ ])* bewiesen.

5.6.2 Optimierung: Die LINK-Relation

Die Verfolgung falscher Suchpfade (und damit der Backtracking-Aufwand) kann reduziert werden, indem für die jeweils benutzte Grammatik zuvor *LINK*(G) berechnet wird (vgl. 4.4). Um die Anwendung ungeeigneter Regeln zu verhindern, muß ein entsprechender Test in die Regeln integriert werden, der ihre Anwendung blockiert, wenn ihre Mutterkategorie nicht in der LINK-Relation zu der Mutterkategorie des zu konstruierenden (Teil-)Baums steht. Für die erste Regel der Grammatik aus Beispiel (5-6) sieht die Modifikation dann so aus:

```
det(G, X, Z) :-
    link(np, G),
    goal(n, X, Y),
    np(G, Y, Z).
```

Die Kategorien-Paare, für die die LINK-Relation gilt, werden als Fakten in der Wissensbasis abgelegt.

Aufgaben

5.1 Definieren Sie eine Lisp-Funktion bzw. ein Prolog-Prädikat zur Berechnung der LINK-Relation.

5.2 Implementieren Sie in Lisp einen Left-corner-Parser, der den Suchraum durch Verwendung der LINK-Relation einschränkt.

5.3 Entwickeln Sie ein Prolog-Programm, das eine kontextfreie Syntax, die ausschließlich Regeln der Typen $X_0 \rightarrow X_1\ X_2 \ldots X_n$ und $X_0 \rightarrow w$ (mit $w \in V_T$ und $X_i \in V_N$) enthält, in einen lauffähigen Left-corner-Parser mit Erreichbarkeitstafel (LINK-Relation) kompiliert.

Teil III

Chart-Parsing

Die im ersten Teil des Buches behandelten einfachen Parsingalgorithmen sind, anders als die meisten vor allem im Compilerbau verwendeten Algorithmen (z.B. die LL- oder LR-Parsingalgorithmen), insofern für computerlinguistische Aufgabenstellungen geeignet, als sie prinzipiell die Analyse beliebiger kontextfreier Sprachen ermöglichen. Allerdings weisen sie zwei erhebliche Nachteile auf:

1. Sie formulieren relativ starke Restriktionen bzgl. der Klasse der Syntaxen, die sie zu verarbeiten in der Lage sind: keine links-/ rechtsrekursiven Regeln bei Top-down-Parsing; keine Tilgungsregeln bei Bottom-up- und Left-corner-Parsing.

2. Sie sind *ineffizient*, da unabhängig von der gewählten Kontrollstrategie (depth-first mit Backtracking / quasi-parallele Breadth-first-Suche) nicht verhindert werden kann, daß in vielen Fällen ein Satzabschnitt mehrfach auf dieselbe Art und Weise analysiert wird.

Beispiel (III-1)

Syntax : $G_{R1} = \{$ S → NP VP, NP → pro, NP → det n, NP → NP PP, VP → v NP, VP → v NP PP, PP → p NP $\}$

$G_{R2} = G_{R1} \cup \{$ VP → v NP VP_{INF}, VP_{INF} → NP v $\}$

$G_{R3} = G_{R1} \cup \{$ S → NP VP AP, AP → adv adv $\}$

Lexikon : { <er (pro) ...>, <mädchen (n) ...>, <sah (v) ...>, <das (det) (relpro) ...>, <heute (adv)>, <auf (p) ...>, ...}

Sätze : (1) Er sah das Mädchen mit dem Skateboard.

(2) Er sah das Mädchen mit dem Skateboard die Straße hinunterjagen.

(3) Er sah das Mädchen mit dem Skateboard heute morgen.

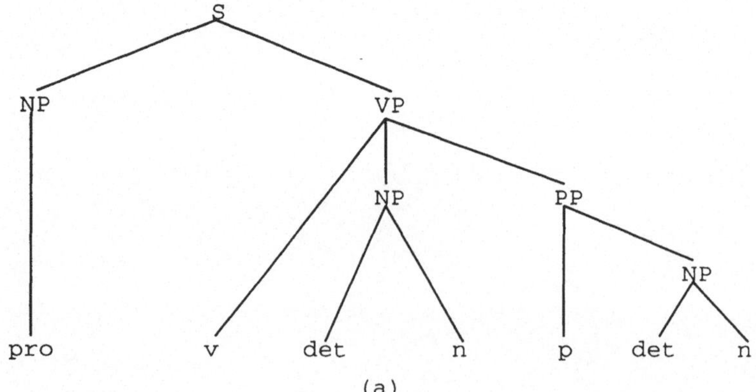

(a)

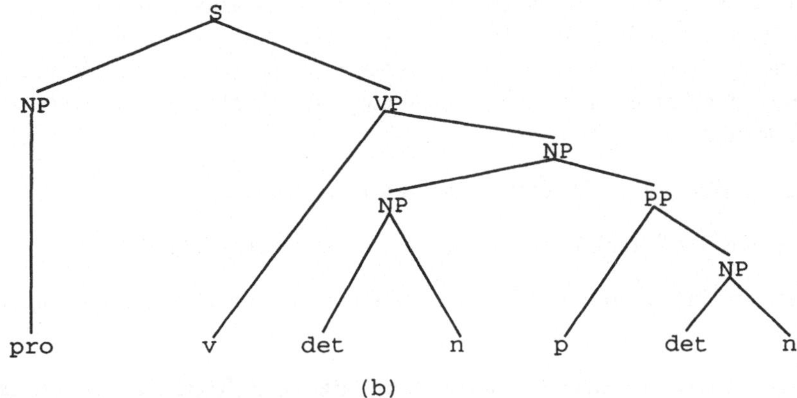

(b)

Für Satz (1) gibt es relativ zur Syntax G_{R1} zwei Lesarten (s.o.): Einmal wird die PP als Komplement des Verbs, im anderen Fall als Attribut der Objekt-NP interpretiert. Die interne Struktur der als direktes Objekt fungierenden NP und der PP ist in beiden Fällen identisch. Trotzdem wird die Analyse dieser Satzabschnitte bei Verwendung der bislang betrachteten Algorithmen zweimal durchgeführt[1]. Noch deutlicher wird die Ineffizienz dieser Algorithmen, wenn man Satz (2) und Satz (3) und die Syntaxen G_{R2} und G_{R3} betrachtet: Die Analyse dieser Sätze kann wie zuvor zur Generierung der Strukturen II-1(a) bzw. II-1(b) führen. Sie terminiert in diesem Fall aber nicht, da bei beiden Sätzen das Satzende nicht erreicht ist. Bei der Analyse von Satz (2) erlaubt erst die neue VP-Regel eine vollständige Verarbeitung des Satzes und bei der Analyse von Satz (3) führt erst die zweite S-Regel zum Erfolg; d.h. die Analyse der Nominalphrasen und der Präpositionalphrase wird (im schlimmsten Fall) viermal ausgeführt.

Die Entwicklung und Realisierung effizienter Parsingalgorithmen setzt voraus, daß Verfahren gefunden werden, die es erlauben, Mehrfachanalysen dieser Art zu vermeiden. Ein Ansatz, der sich zur Lösung dieses Problems anbietet, besteht darin, die bei der voranschreitenden Analyse gewonnenen Teilergebnisse zu speichern, so daß auf sie zugegriffen werden kann, wenn für den Satz eine andere Analysemöglichkeit als die zunächst verfolgte geprüft wird. Zur Speicherung der Analyseergebnisse wird häufig eine *Chart* verwendet: Eine Chart ist ein *abstrakter Datentyp*, der charakterisiert ist durch die ihn konstituierenden Objekte und die auf diesen Objekten definierten Operationen. Da bei einem abstrakten Datentyp nur die wesentlichen Eigenschaften des zu charakterisierenden Datentyps genannt werden, gibt es in der Regel verschiedene Möglichkeiten, ihn zu realisieren. In den meisten Fällen wird eine Chart als *Vektor*, *Matrix* oder *azyklischer Graph* repräsentiert.

[1]Daß die Verwendung eines einfachen Top-down-Parsers für die Syntax aus dem vorangegangenen Beispiel wegen der linksrekursiven Regel NP $\rightarrow$ NP PP zu Problemen führen kann, soll hier vernachlässigt werden.

Die in der Chart gespeicherten Objekte werden als „Kanten" bezeichnet. Es werden zwei Typen von Kanten unterschieden: *aktive* und *passive* Kanten. Eine aktive Kante repräsentiert eine partiell erkannte Konstituente des Satzes; eine passive Kante eine vollständig erkannte Konstituente. Eine Kante muß mindestens die folgenden Informationen enthalten:

1. den kategorialen Typ der repräsentierten Konstituente,

2. die Angabe des Satzabschnitts, über den sie sich erstreckt, und

3. bei aktiven Kanten die Spezifikation des schon erkannten und des noch zu erkennenden Teils der Konstituente.

Um zu spezifizieren, welchen Abschnitt eines Satzes eine Konstituente abdeckt, werden die Positionen zwischen den Worten des Satzes numeriert, so daß der durch die Konstituente abgedeckte Satzabschnitt dann innerhalb der Kante durch Verweis auf die entsprechenden Indizes identifiziert werden kann. Ein Satz $w = w_1 \ldots w_n$ wird repräsentiert durch einen Ausdruck der Form:

$$0\ w_1\ 1\ w_2\ 2 \ldots \text{n-1}\ w_n\ n$$

Die auf einer Chart definierten Operationen fügen neue Kanten in die Chart ein. Es gibt zwei Typen von Operationen:

1. Operationen, die *passive* Kanten auf Grundlage des verfügbaren lexikalischen Wissens in die Chart eintragen und

2. Operationen, die abhängig von schon in der Chart enthaltenen Kanten und dem verfügbaren syntaktischen Wissen weitere *aktive/passive* Kanten erzeugen.

Unabhängig von den zur Repräsentation der Chart und Kanten gewählten Datenstrukturen verwenden wir folgende Notationskonventionen:

Wenn k eine beliebige Kante ist, dann bezeichnet:

(i). '*Start*(k)' die Anfangsposition der Kante;

(ii). '*Ende*(k)' die Endposition der Kante;

(iii). '*Kopf*(k)' den Typ der durch k repräsentierten Konstituente[2];

(iv). '*geschlossener Abschnitt*(k)' den erkannten Teil und

(v). '*offener Abschnitt*(k)' den noch nicht erkannten Teil der durch k repräsentierten Konstituente.

Wenn k eine beliebige in einer Chart C gespeicherte Kante ist, mit *Start*(k) = i und *Ende*(k) = j, dann schreiben wir auch: 'k ∈ *Chart*(i, j)'.

[2]Wenn *Kopf*(k) = X, dann wird k auch einfach als eine *X-Kante* bezeichnet.

Beispiel (III-2)
Wenn wir ausgehend von der Syntax G_{R1} für den Satz (1) eine Chart berechnen, in die wir ausschließlich passive Kanten eintragen, erhalten wir folgende Ergebnisse:

(a) Azyklischer Graph

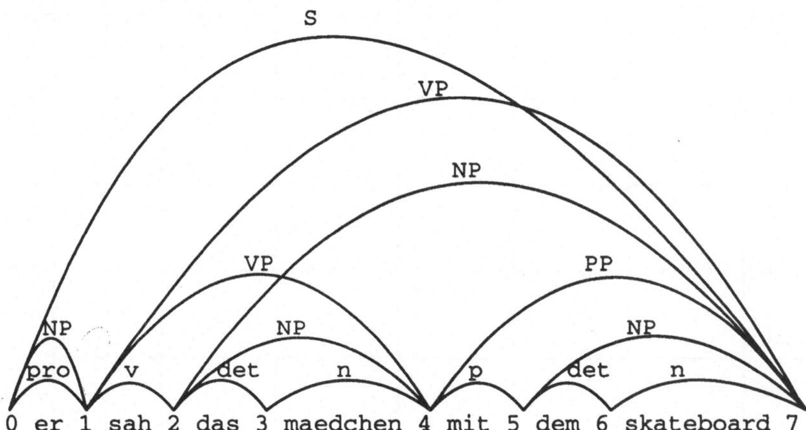

Die Repräsentation der *Chart* als azyklischer Graph ist sehr anschaulich, da sie direkten Aufschluß darüber liefert, aus welchen Konstituenten komplexe Konstituenten aufgebaut sind.

(b) Vektor

V_1	[pro, 0] [NP → pro]
V_2	[v, 1]
V_3	[det, 2]
V_4	[n, 3] [NP → det n, 2] [VP → v NP, 1]
V_5	[p, 4]

V_6	[det, 5]
V_7	[n, 6] [NP → det n, 5] [PP → p NP, 4] [NP → NP PP, 2] [VP → v NP PP, 2] [VP → v NP, 1] **[S → NP VP, 0]**

Für einen Satz der Länge n besteht der Vektor aus n Feldern. Wenn im Feld V_j des Vektors ein Eintrag der Form $<\alpha, i>$ enthalten ist, mit α als einer lexikalischen Kategorie oder syntaktischen Regel und $0 \leq i < n$, dann erstreckt sich die durch den Eintrag spezifizierte Konstituente vom i+1-ten bis zum j-ten Wort des Satzes. Der Satz ist akzeptiert, wenn es in V_n einen Eintrag der Form $<S \rightarrow \beta , 0>$ gibt.

(c) Matrix

	0	1	2	3	4	5	6	7
0		pro NP → pro						S → NP VP
1			v		VP → v NP			VP → v NP PP VP → v NP
2				det	NP → det n			NP → NP PP
3					n			
4						p		PP → p NP
5							det	NP → det n
6								n
7								

Ein Eintrag in Feld $M_{i,j}$ bezeichnet eine vom i+1-ten bis zum j-ten Wort des Satzes reichende Konstituente. Der Satz ist akzeptiert, wenn es in $M_{0,n}$ einen Eintrag der Form S $\rightarrow \beta$ gibt.

Natürlich sind für *Chart* und *Kanten* auch andere Repräsentationsformen möglich:

Beispiel (III-3)

Betrachtet man das vorangegangene Beispiel, dann könnte die *Chart* z.B. als eine **Menge** repräsentiert werden, die folgende passive Kanten enthält:

1 : [S, 3:NP 4:VP, *e*]
2 : [S, 3:NP 5:VP, *e*]
3 : [NP, pro, er]
4 : [VP, v 6:NP 7:PP, sah]
5 : [VP, v 8:NP, sah]
6 : [NP, det n, das mädchen]
7 : [PP, p 9:NP, mit]
8 : [NP, 6:NP 7:PP, *e*]
9 : [NP, det n, dem skateboard]

Jeder Eintrag ist indiziert und besteht aus der Angabe des Konstituententyps und der dominierten Kategorien. Nicht-lexikalischen Kategorien ist ein Index vorangestellt, der auf einen anderen Eintrag in der Chart verweist; für lexikalische Kategorien werden die ihnen zugeordneten Worte verzeichnet.

6 Bottom-up-Chart-Parser

Wir werden in diesem Kapitel zwei Chart-Parsingalgorithmen entwickeln[1]. Beide Algorithmen arbeiten ausschließlich bottom-up und setzen voraus, daß die zu verarbeitende Syntax keine Tilgungsregeln und Zyklen enthält. Der erste dieser beiden Algorithmen stellt keine weiteren Anforderungen an die Syntax. Der zweite dagegen läßt sich nur auf Syntaxen in Chomsky-Normalform anwenden, d.h., die Syntax darf nur Regeln der Form $X \rightarrow Y\ Z$ und $X \rightarrow b$, mit $X, Y, Z \in V_N$ und $b \in V_T$, enthalten. Diese Restriktion ermöglicht eine sehr effiziente Berechnung der Chart.

6.1 Ein genereller Bottom-up-Chart-Parser

Der erste Algorithmus basiert auf folgender einfacher Idee: Zunächst werden für alle Wörter des Satzes auf Grundlage des Lexikons *lexikalische* Kanten gebildet, d.h. Kanten, die Konstituenten repräsentieren, deren Wurzel mit einer lexikalischen Kategorie etikettiert ist (z.B.: [1 N 1])[2]. Anschließend werden dann - gesteuert durch die Regeln der Syntax - solange bereits gefundene Kanten zu neuen (syntaktischen) Kanten kombiniert, bis sich schließlich keine weiteren Kanten mehr bilden lassen.

PROZEDUR LEXIKALISCHE-KANTEN

DATEN: Ein Lexikon L.
EINGABE: Eine Wort w und ein Index i ($n \geq 1$).
AUSGABE: Eine Menge von lexikalischen Kanten K.
ARBEITSSTRUKTUREN:
L-KANTEN - Eine Menge von lexikalischen Kanten.
Anfangswert = $\emptyset$.

METHODE:
Für jede lexikalische Kategorie K_L, mit $w \in K_L$:
<L-KANTEN $\Leftarrow$ L-KANTEN $\cup$ {[i-1, K_L, i]}>
<RETURN(L-KANTEN)>

---

[1] Der zweite Algorithmus basiert auf dem von Cocke, Kasami und Younger unabhängig voneinander entwickelten Algorithmus (vgl. [Hays 1967], [Kasami 1965] und [Younger 1967]); der erste kann als Generalisierung dieses Algorithmus aufgefaßt werden (vgl. [Winograd 1983, S. 105-8]).

[2] Alle anderen Kanten bezeichnen wir als *syntaktische* Kanten.

Die Prozedur Lexikalische-Kanten bildet für jede Lesart eines Wortes eine lexikalische Kante, die zur Initialisierung der Chart verwendet werden. Um neue (syntaktische) Kanten zu bilden, führt NEUE-KANTEN für jede bereits gefundene Kante k = [i, Y, j] folgende Aktionen aus:

1. **Es werden alle Regeln aus R ausgewählt, deren linke Ecke mit dem *Kopf*(k) identisch ist.**

2. **Für jede Regel r:X → Y_0 Y_1 ...Y_n (n ≥ 0), die Bedingung (1) erfüllt, wird überprüft, ob es Kanten [i_1, Y_1, j_1] ...[i_n, Y_n, j_n] in der Chart gibt, die mit k kombiniert werden können. Ist das der Fall, wird die Kante [i_0, X, j_n] in die Chart eingetragen.**

PROZEDUR NEUE-KANTEN

DATEN: Eine kontextfreie Syntax G = <V_N, V_T, S, R>, die keine Tilgungsregeln enthält.
EINGABE: Eine Menge von Kanten K.
AUSGABE: Eine Menge von neugebildeten Kanten K'.
ARBEITSSTRUKTUREN:
S-KANTEN - Eine Menge von syntaktischen Kanten.
Anfangswert = ∅.
METHODE:

```
Für jedes k = [i0, Y0, j0] ∈ K:
  Für jede Regel r = X → Y0 Y1 ...Yn (n ≥ 0) ∈ R:
    Wenn  < Es gibt eine Folge von Kanten k1, ..., kn,
            mit km = [im, Ym, jm] und 1 ≤ m ≤ n,
            so daß gilt:    im = jm-1 > ∧
          < [i0, X, jn] ist nicht in K enthalten >
    Dann  <S-KANTEN ⇐ S-KANTEN ∪ {[i0, X, jn]} >
  <RETURN(S-KANTEN)>
```

CHART-RECOGNIZE kombiniert beide Prozeduren zur Berechnung aller Konstituenten des Satzes:

ALGORITHMUS CHART-RECOGNIZE
bottom-up / links-rechts
breadth-first

DATEN: Ein Lexikon L und eine kontextfreie Syntax G = <V_N, V_T, S, R>, die zyklenfrei ist und keine Tilgungsregeln enthält.
EINGABE: Ein Satz w = w_1 ...w_n (n ≥ 1).
AUSGABE: *True*/*False*.

ARBEITSSTRUKTUREN:
Chart - Eine Menge von *Kanten*. Eine Kante k besteht aus:
Anfang = eine Zahl,
Ende = eine Zahl und
Kopf = ein Kategoriensymbol
Anfangswert: ∅.

METHODE:
Für jedes Wort w_i:
Chart ⇐ Chart ∪ *Lexikalische-Kanten*(w_i, i).

Wiederhole:
Wenn <[0, S, n] ∈ CHART>
Dann <RETURN(*True*)>
Sonst
Wenn <*Neue-Kanten*(CHART) = ∅>
Dann <RETURN(*False*)>
Sonst <Chart ⇐ Chart ∪ *Neue-Kanten*(CHART)>

Beispiel (6-1)

Ausgehend von dem Lexikon und der Syntax G_{R1} aus Beispiel (III-1), erhalten wir für den Satz „Er sah das Mädchen mit dem Skateboard“ folgendes Ergebnis:

Die Prozedur LEXIKALISCHE-KANTEN generiert die Kanten:
{ [0, pro, 1], [1, v, 2], [2, det, 3], [2, relpro, 3], [3, n, 4], [4, p, 5],
[5, det, 6], [5, relpro, 6], [6, n, 7] }

Anschließend werden durch NEUE-KANTEN folgende weitere Kanten erzeugt:

(1)	[0, NP, 1]	aus: NP → pro	&	[0, pro, 1]
	[2, NP, 4]	aus: NP → det n	&	[2, det, 3], [3, n, 4]
	[5, NP, 7]	aus: NP → det n	&	[5, det, 6], [6, n, 7]
(2)	[1, VP, 4]	aus: VP → v NP	&	[1, v, 2], [2, NP, 4]
	[4, PP, 7]	aus: PP → p NP	&	[4, p, 5], [5, NP, 7]
(3)	[1, VP, 7]	aus: VP → v NP PP	&	[1, v, 2], [2, NP, 4], [4, PP, 7]
	[2, NP, 7]	aus: NP → NP PP	&	[2, NP, 4], [4, PP, 7]
(4)	**[0, S, 7]**	aus: S → NP VP	&	[0, NP, 1], [1, VP, 7]

Ein zweiter Eintrag '[1, VP, 7]' aus: VP → v NP & [1, v, 2], [2, NP, 7] wird nicht gebildet, da es schon einen solchen Eintrag gibt und es für einen Recognizer unwesentlich ist, daß es verschiedene Möglichkeiten gibt, eine durch einen Eintrag bezeichnete Konstituente zu bilden.

Die konzeptuelle Einfachheit des Verfahrens steht in einem gewissen Kontrast zu seiner Effizienz: Die Berechnung der Chart ist ein relativ komplexer Prozeß, da die zur Bildung der syntaktischen Kanten benötigte Zahl der Vergleiche sehr hoch ist.

6.2 Der Cocke-Kasami-Younger-Algorithmus

Der Cocke-Kasami-Younger-Algorithmus kann als Spezialfall des im letzten Abschnitt beschriebenen Algorithmus betrachtet werden. Die Beschränkung auf Syntaxen in Chomsky-Normalform ermöglicht es, das Verfahren zur Berechnung der Chart erheblich zu vereinfachen. Bei allen kontextfreien Syntaxen, die keine Tilgungsregeln enthalten, wächst bei einer Ableitung die Länge des abgeleiteten Ausdrucks monoton. Darüber hinaus läßt sich für eine Syntax G in Chomsky-Normalform und einen Satz $w = w_1 \ldots w_n \in L(G)$ die Länge der Ableitungen von w in G bestimmen: In jedem Fall werden n lexikalische Regeln $(X \rightarrow b)$ und n-1 syntaktische Regeln $(X \rightarrow Y\ Z)$ angewendet; d.h. es gibt n-1 Möglichkeiten, den Satz in zwei Teile zu zerlegen.

Beispiel (6-2)

Satz : $a_1 a_2 a_3 a_4$

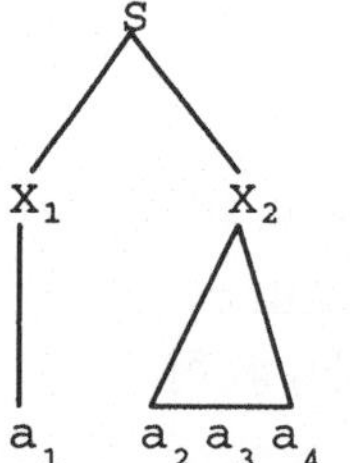

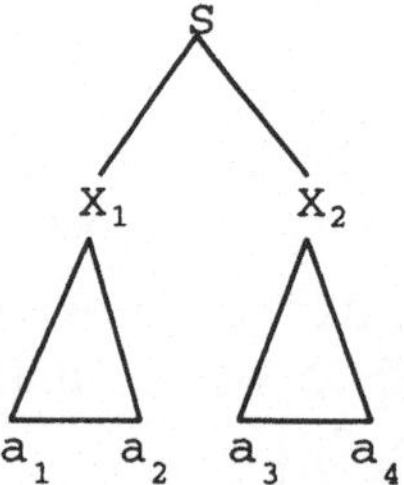

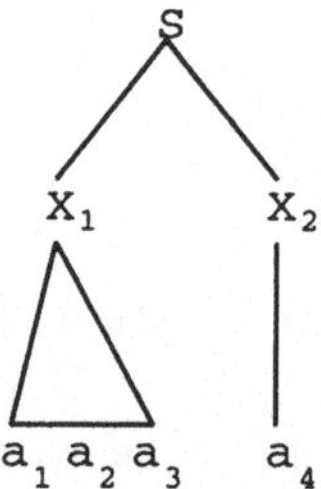

Der Cocke-Kasami-Younger-Algorithmus beschreibt ein effizientes Verfahren, um auf der Grundlage dieses Wissens für einen Satz alle Konstituenten zu berechnen.

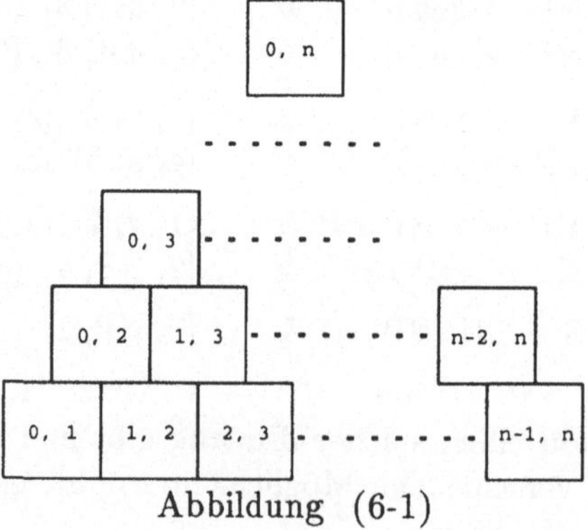

Abbildung (6-1)

Wir wählen zur Repräsentation der *Chart* in diesem Fall eine Matrix, die wir, da für einen Satz der Länge n nur die Felder (0, 1), (1, 2), ..., (n-1, n), (0, 2), ..., (n-2, n), ..., (0, n) benötigt werden, als eine *Pyramide* darstellen. Ein Eintrag in einem Feld(i, j) repräsentiert eine Konstituente, die vom i+1-ten Wort bis zum j-ten Wort reicht.

Wir werden zwei Varianten des Algorithmus beschreiben. Zunächst spezifizieren wir einen Algorithmus zur Berechnung einer Analysematrix, in der die Felder nur lexikalische/syntaktische Kategoriensymbole enthalten: Jede dieser Kategorien repräsentiert eine Konstituente, und die Indizes des Felds, in dem sie eingetragen wird, markieren den Satzabschnitt, über den sich diese Konstituente erstreckt. Bei der zweiten Variante des Algorithmus wird zusätzlich in allen Feldern(i,j), mit $j - i > 1$, für jedes Symbol ein Verweis auf die beiden Subkonstituenten gespeichert, die den Eintrag des Symbols in diesem Feld legitimieren. Für beide Varianten geben wir ein Verfahren zur Berechnung eines Leftparses bzw. einer Strukturbeschreibung an.

6.2.1 Berechnung einer einfachen Analysematrix

Beispiel (6-3)

Syntax : { S → NP VP, NP → det n, NP → det N1, N1 → adj n,
VP → v NP,VP → v PP, PP → p NP }[3]

Satz : Der faule Hund sucht einen Schlafplatz.

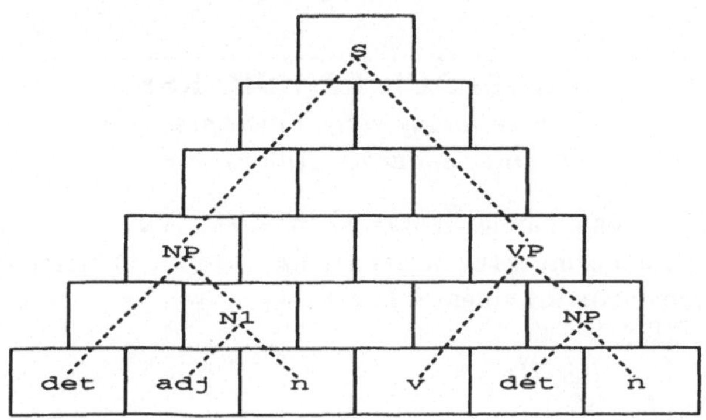

[3]Alle in den Regeln vorkommenden Symbole gelten hier als nicht-terminale Symbole; die lexikalischen Regeln werden nicht explizit angegeben.

ALGORITHMUS RECOGNIZE$_{CKY-1}$
einfache Analysematrix
Eintrag: Symbole

DATEN: Ein Lexikon L und eine kontextfreie Syntax G = $\langle V_N, V_T, S, R\rangle$ in Chomsky-Normalform.
EINGABE: Ein Satz $w = w_1 \ldots w_n$ $(n \geq 1)$.
AUSGABE: *True/False*.
ARBEITSSTRUKTUREN:
CHART[4]- Eine Analysematrix für S mit n Spalten und Zeilen.
Anfangswert: alle Felder sind leer.
METHODE:
Initialisierung der Analysematrix:
Für i = 0 bis n-1: $\langle CHART_{i,i+1} \Leftarrow \{ X \mid X \in V_T \text{ und } w_{i+1} \in X \}\rangle$
Berechnung der übrigen Felder:
Für k = 2 bis n:
  Für i = 0 bis n-k:
    $\langle j \Leftarrow i + k\rangle$
    $\langle CHART_{i,j} \Leftarrow \{A \mid A \rightarrow X\,Y \in R \wedge \exists(m)\,(X \in CHART_{i,m} \wedge Y \in CHART_{m,j}), \text{ mit } i < m < j \}\rangle$
Wenn $\langle S \in CHART_{0,n}\rangle$
Dann <RETURN(*True*)>
Sonst <RETURN(*False*)>

Die Prozedur RECOGNIZE$_{CKY-1}$ berechnet die Felder von links nach rechts bottom-up.

PROZEDUR LINKSPARSE
Berechnung eines Linksparse
aus einer einfachen Analysematrix

DATEN: Eine kontextfreie Syntax G = $\langle V_N, V_T, S, R\rangle$ in Chomsky-Normalform, deren Regeln indiziert sind, und eine einfache Analysematrix für einen Satz $w = w_1 \ldots w_n$.
EINGABE: i $(0 \leq i < n)$
j $(1 \leq j \leq n)$
A $(A \in V_N)$
AUSGABE: Ein *Linksparse* für w.

[4] '$CHART_{i,j}$' bezeichnet das j-te Feld in der i-ten Zeile.

METHODE:

Wenn <i = j-1>
Dann <RETURN(w_j)>
Sonst <k sei die kleinste Zahl, für die es:
(i). ein X ∈ $CHART_{i,k}$,
(ii). ein Y in $CHART_{k,j}$ und
(iii). eine Regel A → X Y ∈ R gibt.>
<RETURN(*Index*(A → X Y))>
<*Linksparse*(i, k, X)>
<*Linksparse*(k, j, Y)>

Wenn w ∈ L(G), dann extrahiert die Prozedur LINKSPARSE aus einer mit dem vorherigen Algorithmus generierten Analysematrix eine Linksableitung für w. Voraussetzung ist, daß die Regeln der Syntax indiziert sind. $RECOGNIZE_{CKY-1}$ kann zu einem Parsingalgorithmus erweitert werden, indem die Prozedur LINKSPARSE mit *Linksparse*(0, n, S) aufgerufen wird, wenn S ∈ $CHART_{0,n}$.

Beispiel (6-4)

Analysematrix : Beispiel (6-3)
Satz : Der faule Hund sucht einen Schlafplatz

```
Linksparse(0, 6, S)
  1
  Linksparse(0, 3, NP)
    3
    Linksparse(0, 1, det)
      der
      Linksparse(1, 3, N1)
        4
        Linksparse(1, 2, adj)
          faule
        Linksparse(2, 3, n)
          Hund
  Linksparse(3, 6, VP)
    5
    Linksparse(3, 4, v)
      sucht
      Linksparse(4, 6, NP)
        2
        Linksparse(4, 5 det)
          einen
        Linksparse(5, 6, n)
          Schlafplatz
= 1 3 der 4 faule Hund 5 sucht 2 einen Schlafplatz
```

6.2.2 Berechnung einer komplexen Analysematrix

Die andere Variante unseres Algorithmus ($RECOGNIZE_{CKY-2}$) zur Berechnung der Chart erhalten wir, indem wir die Felder(i, j), mit j-i > 1 nach folgendem Verfahren berechnen:

Berechnung der übrigen Felder:

Für k = 2 bis n:
Für i = 0 bis n-k:
$j \Leftarrow i+k$
$CHART_{i,j} = \{<A\ (X, i, m)\ (Y, m, j)> \mid A \rightarrow X\ Y \in R \wedge$
$\exists(m)\ (X \in CHART_{i,m} \wedge Y \in CHART_{m,j}),\ mit\ i < m < j\ \}$

Der Satz wird akzeptiert, wenn $[S, \alpha, \beta] \in CHART_{0,n}$. Eine nach diesem Verfahren berechnete Analysematrix bezeichnen wir als *komplexe* Analysematrix.

Beispiel (6-5)

Syntax : siehe Beispiel (6-3)

Satz : Der faule Hund sucht einen Schlafplatz.

$CHART_{0,1}$ = {det}
$CHART_{1,2}$ = {adj}
$CHART_{2,3}$ = {n}
$CHART_{3,4}$ = {v}
$CHART_{4,5}$ = {det}
$CHART_{5,6}$ = {n}
$CHART_{1,3}$ = {[N1, (adj, 1, 2), (n, 2, 3)]}
$CHART_{4,6}$ = {[NP, (det, 4, 5), (n, 5, 6)]}
$CHART_{0,3}$ = {[NP, (det, 0, 1), (N1, 1, 3)]}
$CHART_{3,6}$ = {[VP, (v, 3, 4), (NP, 4, 6)]}
$CHART_{0,6}$ = {[S, (NP, 0, 3), (VP, 3, 6)]}

PROZEDUR STRUKTUR
Berechnung einer Strukturbeschreibung
aus einer komplexen Analysematrix

DATEN: Eine komplexe Analysematrix für einen Satz $w = w_1 \ldots w_n$.
EINGABE: Ein Symbol $A \in V$ und zwei Indizes i, j ($1 \leq i, j \leq n$).
AUSGABE: Eine Strukturbeschreibung für w.

METHODE:
Wenn <i = j-1>
Dann <RETURN([A w_j])>
Sonst <Wähle ein [A, (X, i, m) (Y, m, j)] $\in CHART_{i,j}$>
<RETURN([A <u>*Struktur*</u>(X, i, m) <u>*Struktur*</u>(Y, m, j)>

Für eine Syntax G = <V_N, V_T, S, R>, einen Satz $w = w_1 \ldots w_n$, mit $w \in L(G)$ und eine mit RECOGNIZE_{CKY-2} berechnete Analysematrix generiert die Prozedur STRUKTUR eine Strukturbeschreibung für w. Die Prozedur STRUKTUR muß aufgerufen werden mit: *Struktur*(Startsymbol_G, 0, n). Die Prozedur STRUKTUR liefert wie auch die Prozedur LINKSPARSE nur *eine* Strukturbeschreibung für jeden Satz. Beide Prozeduren lassen sich aber prinzipiell so generalisieren, daß sie alle Strukturbeschreibungen eines Satzes generieren.

Beispiel (6-6)
Analysematrix: siehe Beispiel (6-5)

```
Struktur(S, 0, 6) ⟹
[ S
  Struktur(NP, 0, 3)
    [ NP
      Struktur(det, 0, 1)
        [det der]
      Struktur(N1, 1, 3)]
        [ N1
          Struktur(adj, 1, 2)
            [adj faule]
          Struktur(n, 2, 3)]
            [n Hund]
        ]
    ]
  Struktur(VP, 3, 6)
    [ VP
      Struktur(v, 3, 4)
        [v sucht]
      Struktur(NP, 4, 6)
        [ NP
          Struktur(det, 4, 5)
            [det einen]
          Struktur(n, 5, 6)
            [n Schlafplatz]
        ]
    ]
]
= [S [NP [det der] [N1 [adj faule] [n Hund]]]
      [VP [v sucht] [NP [det einen] [n Schlafplatz]]]]
```

6.2.3 Zeit- und Speicherbedarf des Cocke-Kasami-Younger-Algorithmus

Theorem (1) - Zeitbedarf

Wenn G =<V_N, V_T, S, R> eine beliebige Syntax in Chomsky-Normalform ist, dann ist der Zeitaufwand zur Berechnung der Analysematrix (und damit um zu entscheiden, ob $w \in L(G)$) proportional zu n^3, mit $n = |w|$. Der Zeitbedarf des Algorithmus ist also $O(n^3)$.

Theorem (2) - Speicherbedarf

Wenn G =<V_N, V_T, S, R> eine beliebige Syntax in Chomsky-Normalform ist, dann ist der Speicherbedarf des Cocke-Kasami-Younger-Algorithmus $O(n^2)$[5].

6.3 Implementierung der Algorithmen

Auf der Grundlage des ersten der beiden in diesem Kapitel vorgestellten Algorithmen entwickeln wir einen Recognizer in Prolog (5.3.1). Die beiden Algorithmen $\text{RECOGNIZE}_{\text{CKY}-1}$ und $\text{RECOGNIZE}_{\text{CKY}-2}$ implementieren wir ebenso wie die Funktionen LEFTPARSE und STRUKTUR in Lisp.

6.3.1 Prolog-Implementierung des generellen Bottom-up-Chart-Parsers

Der Recognizer ist relativ ineffizient, da jedesmal, wenn eine neue Kante k generiert wird, die Chart sequentiell nach Kanten durchsucht wird, mit der k wiederum kombiniert werden kann, so daß keine wesentlichen Effizienzvorteile gegenüber einem Backtracking-Algorithmus erzielt werden. Die Formulierung des Algorithmus als Prolog-Programm ist sehr eng an der Formulierung des Algorithmus orientiert, so daß die konzeptuelle Einfachheit des Algorithmus erhalten bleibt.

Repräsentation des Lexikons und der Grammatik

Das Lexikon wird durch eine Menge von Fakten der Form *lex(wortform, lexikalische-Kategorie)* repräsentiert; syntaktische Regeln werden durch Fakten der Form *regel(linke-seite, rechte-seite)* abgebildet. *Wortform*, *lexikalische-Kategorie* und *linke-seite* sind Prolog-Atome und *rechte-seite* ist eine Liste von Prolog-Atomen.

Hauptprädikate

```
% recognize/2
% Der zu analysierende Satz wird durch eine Liste von Prolog-Atomen repräsentiert.
recognize(K, ja) :-
    chart_weg,              % Entferne alte Chart aus der Wissensbasis.
    lex_kante(K, 1),        % Erzeuge lexikalische Kanten.
```

[5] Der Beweis für beide Theoreme findet sich z.B. bei [Aho/Ullman 1972, S.317-20] bzw. [Mayer 1982, S.107-11].

```
    neue_kanten,                 % Vervollständige die Chart.
    kante(0, S, N),              % Chart enthält eine S-Kante.
    startsymbol(S),              % Eingabekette vollständig abgearbeitet:
    length(K, N), !.             % Kein Backtracking ist erforderlich.
recognize(K, nein).              % Satz nicht akzeptiert.

% lex_kante/2
% Für jedes Wort des Satzes werden alle lexikalischen Kanten generiert.
lex_kante([ ], _).               % Der Satz wurde vollständig abgearbeitet.
lex_kante([W1 | Ws], I) :-
    eintraege(W1, I),
    J is I + 1,                  % Der Zeiger weist auf das nächste Wort.
    lex_kante(Ws, J).            % Rekursion mit dem Restsatz.

% eintraege/2
% Für ein Wort W mit Index I werden passende Lexikoneinträge gesucht und pro
% Eintrag eine (lexikalische) Kante in die Chart eingetragen.
eintraege(W, I) :-
    lex(W, Kat),                 % Suche Lexikoneintrag.
    I1 is I - 1,
    assertz(kante(I1, Kat, I)),  % Trage die Kante in die Chart ein.
    fail.                        % Suche weitere Einträge für W.
eintraege(_, _).                 % Terminierung.

% neue_kanten/0
% Vervollständigung der Chart durch (syntaktische) Kanten.
neue_kanten :-
    kante(I, Y, J),              % Es gibt eine Kante mit dem Kopf Y.
    regel(X, [Y | Ts]),          % Es gibt eine Regel, mit Y als linker Ecke.
    finde_kanten(Ts, J, _, I, X). % Suche Kanten für die übrigen Kategorien.
neue_kanten.

% finde_kanten/5
% Finde für eine Liste von Kategorien (Rechte Seite einer Regel minus erstem Sym-
% bol) eine Menge von Kanten, die miteinander verbunden werden können. Ist eine
% solche Kantenfolge gefunden, wird eine neue Kante [I, X, J] in die Chart eingetra-
% gen und der Suchprozeß nach weiteren Kanten durch den rekursiven Aufruf von
%   neue_kanten/0 fortgesetzt.
finde_kanten([K | Ks], J, N, I, X) :-
    kante(J, K, J1),             % Kante für die erste Kategorie gefunden.
    finde_kanten(Ks, J1, N, I, X). % Suche Kanten für die restlichen Kategorien.
```

```
finde_kanten([ ], J, J, I, X) :-       % Alle Kategorien verarbeitet.
    not(kante(I, X, J)),               % Die Kante ist neu und
    asserta(kante(I, X, J)),           % wird in die Chart eingetragen.
    neue_kanten.                       % Rekursion.
```

Hilfsprädikate

```
% chart/0
% Darstellung der Chart.
chart :-
    kante(A, B, C),
    write([A, B, C]),
    get0(_), nl, fail.
chart.

% chart_weg/0
% Löschen der alten Chart.
chart_weg :-
    retractall(kante(_, _, _)).
retractall(X) :-
    retract(X), fail.
retractall(X).
```

6.3.2 Der Cocke-Kasami-Younger-Algorithmus

Es folgt eine Reihe von Lisp-Programmen zur Berechnung einfacher bzw. komplexer Analysematrizen und zur Generierung verschiedener Typen von Strukturbeschreibungen aus Analysematrizen.

Es wird vorausgesetzt, daß die zur Analyse erforderlichen Daten (Syntax und Lexikon) den globalen Variablen *syntax* und *lexikon* zugewiesen sind.

Die Programme erlauben auch die Analyse einzelner Konstituenten. In diesem Fall ist als zweites Argument die Liste mit der Zielkonstituente anzugeben.

Berechnung einer einfachen Analysematrix

Innerhalb des folgenden Programms wird die Chart durch eine Liste von *Feldern* dargestellt, wobei ein Feld selbst wieder durch eine Liste der Form

$$((i\ j)\ \text{Kategorie}_1 \ldots \text{Kategorie}_n)\ (n \geq 0)$$

repräsentiert wird; d.h. es beginnt mit einer Indexliste, auf die eine Anzahl von Einträgen (lexikalische/syntaktische Kategorien) folgt. So repräsentiert „((1 3) NP N1 S)“ z.B. das Feld der Chart mit den Koordinaten 1 und 3. Es enthält drei Einträge: NP, N1 und S.

```
;;; RECOGNIZE-CKY
;;; Diese Funktion berechnet die Chart (MAKE-CHART) und überprüft, ob das
;;; Startsymbol der Syntax in Feld(0, n) enthalten ist.
(defun recognize-cky (satz &optional (symbol (startsymbol)))
  (let ((chart (make-chart satz)))
    (pprint chart)                          ; Ausgabe der berechneten Chart.
    (when (member symbol (first chart)) t)))

;;; MAKE-CHART
;;; Diese Funktion generiert für eine Syntax SYNTAX in Chomsky-Normalform die
;;; Chart. Sie wird von unten nach oben und von links nach rechts berechnet.
(defun make-chart (satz)
  (let ((chart (lexical-items satz))        ; Berechne die lexikalischen
        (n (length satz)))
    (when (> n 1)
      (compute-other-items n chart))))      ; und die syntaktischen Kanten.

;;; LEXICAL-ITEMS
;;; Generiert die 'unterste Zeile' der Chart; d.h die Felder(i, i+1), mit i = 0, 1,
;;; ..., |SATZ|-1. Für jede Wortform des Satzes werden alle passenden lexikalischen
;;; Kategorien in das ihr zugeordnete Feld eingetragen.
(defun lexical-items (satz)
  (let ((items nil) (index 0))
    (dolist (x satz items)
      (setf items (append items
                          (list `((,index ,(+ index 1)) ,@(eintrag-kategorien[6] x))))
            index (+ index 1)))))

;;; COMPUTE-OTHER-ITEMS
;;; Diese Funktion generiert die übrigen Felder der Chart, d.h. die Felder(i, j), mit
;;; j - i > 1. Die Einträge bestehen aus syntaktischen Kategorien der Syntax.
(defun compute-other-items (n chart)
  (do ((new-items chart)
       (k 2 (+ k 1)))
      ((> k n) new-items)
      (do* ((i 0 (+ i 1))
            (j (+ i k) (+ j 1))
            (symbols (search-chart i j new-items) (search-chart i j new-items)))
           ((> i (- n k)))
           (when symbols (setf new-items (cons `((,i ,j) ,@symbols) new-items))))))
```

[6] Diese Funktion liefert die Liste aller (lexikalischen) Kategorien, die WORT durch das aktuelle Lexikon zugeordnet werden. Ihre Definition findet sich im Anhang D.1.

```
;;; SEARCH-CHART
;;; Berechnet die Einträge für das Feld(i, j) der Chart. Es müssen für k (i < k < j) alle
;;; (schon berechneten) Paare von Feldern Feld(i, k), Feld(k, j) durchsucht werden.
(defun search-chart (i j chart)
  (let ((resultat nil))
    (dotimes (k (- j i 1) resultat)
      (setf resultat
            (append resultat
                    (match (assoc (list i (+ k i 1)) chart :test #'equal)
                           (assoc (list (+ k i 1) j) chart :test #'equal)
                           (regeln)))))))

;;; MATCH
;;; Berechnet für zwei Listen von Kategorien die Liste der linken Seiten der Re-
;;; geln, deren rechte Seite aus einer Kategorie aus FELD-1 und einer Kategorie aus
;;; FELD-2 besteht.
(defun match (feld-1 feld-2 regel-set)
 (let ((resultat nil) (regeln nil))
  (dolist (x (rest feld-1) resultat)
   (dolist (y (rest feld-2))
    (when (setf regeln(remove-if #'(lambda (z) (not (equal (rest z) (list x y)))) regel-set)
     (setf resultat (append resultat (mapcar #'first regeln))))))))
```

Berechnung einer komplexen Analysematrix

Um statt einer einfachen Analysematrix eine komplexe Analysematrix zu generieren, ist es nur erforderlich, die Funktion MATCH zu modifizieren, die die Einträge für alle Felder(i, j), mit j - i > 1, berechnet. Alle Felder(i, j), mit j-i > 1 haben die Form: $((i\ j)\ (\text{kategorie}_1\ i_1\ j_1) \ldots (\text{kategorie}_n\ i_n\ j_n))$

Ein Eintrag in diesen Feldern besteht aus einer syntaktischen Kategorie und den Indizes des Feldes, in dem es einen Eintrag für diese Kategorie gibt.

```
;;; MATCH
;;; Berechnet für zwei Listen von Einträgen die Liste der linken Seiten der Regeln,
;;; deren rechte Seite aus einer Kategorie besteht, für die es einen Eintrag in FELD-1
;;; gibt, gefolgt von einer Kategorie, für die es einen Eintrag in FELD-2 gibt.
(defun match (feld-1 feld-2 regeln)
  (let ((resultat nil) (regeln1 nil))
    (dolist (x (get-categories feld-1) resultat)
      (dolist (y (get-categories feld-2))
        (setf regeln1
              (remove-if #'(lambda (z) (not (equal (rest z) (list x y)))) regeln))
```

```
(when regeln1
  (setf resultat (append resultat
                         (mapcar #'(lambda (z)
                                     ;; Generierung eines Eintrags:
                                     (list (first z)
                                           (cons x (first feld-1))
                                           (cons y (first feld-2))))
                                 regeln)))))))

;;; GET-CATEGORIES
;;; Diese Funktion liefert als Wert die Liste aller Kategorien, für die es einen Eintrag
;;; in FELD gibt.
(defun get-categories (feld)
  (if (symbolp (first feld)) feld (make_set (mapcar #'first feld))))

;;; MAKE-SET
;;; Alle Vorkommen eines Symbols in einer Liste außer dem letzten werden entfernt.
(defun make_set (set &key (test #'eq))
  (cond ((endp set) nil)
        ((member (first set) (rest set) :test test) (make_set (rest set)))
        (t (cons (first set) (make_set (rest set))))))
```

Generierung von Strukturbeschreibungen

Um aus den Recognizern Parser zu erhalten, ist es ausreichend, die im letzten Abschnitt angegebenen Programme durch eine Funktion zu ergänzen, die aus der Chart einen Leftparse bzw. eine Strukturbeschreibung generiert.

```
;;; PARSE-CKY
;;; Hauptfunktion.
(defun parse-cky (satz &optional (symbol (startsymbol)))
  (let ((chart (make-chart satz)))
    (pprint chart) (terpri)
    (if (assoc symbol (first chart))
        ;; an dieser Stelle ist ein Aufruf der Funktion einzufügen, die aus der Chart einen
        ;; Leftparse bzw. eine Strukturbeschreibung erzeugt:
        ;; { (STRUKTUR ...) | (LEFT-PARSE ...) }
        (format t "Der Satz ist nicht wohlgeformt.~%"))))

;;; INDEX
;;; Diese Funktion berechnet den Index von REGEL.
(defun index (regel regel-set)
  (+ (- (length regel-set) (length (member regel regel-set :test #'equal))) 1))
```

```
;;; LEFT-PARSE
;;; Diese Funktion generiert aus der einfachen Analysematrix CHART einen Leftparse
;;; für SATZ. Aufruf: (left-parse (length satz) 1 symbol satz chart).
(defun left-parse (i j kat satz chart)
  (if (= i (- j 1)) (print (nth (- j 1) satz))
      (let ((seiten (expansionen kat)))
        (dolist (x seiten)
          (do ((k (+ i 1) (+ k 1))) ((eq k j))
            (when (and (member (first x) (assoc `(,i ,k) chart :test #'equal))
                       (member (second x) (assoc `(,k ,j) chart :test #'equal)))
              (print (index (cons kat x) (regeln)))
              (left-parse i k (first x) satz chart)
              (left-parse k j (second x) satz chart)))))))

;;; STRUKTUR
;;; Diese Funktion generiert aus der komplexen Analysematrix CHART eine Struk-
;;; turbeschreibung für SATZ. Aufruf: (struktur symbol 1 (length satz) satz chart).
(defun struktur (kat i j satz chart)
  (if (= i (- j 1)) (list kat (nth (- j 1) satz))
      (let ((eintrag (assoc kat (assoc (list i j) chart :test #'equal))))
        (list kat (struktur (first (second eintrag)) (second (second eintrag))
                            (third (second eintrag)) satz chart)
                  (struktur (first (third eintrag)) (second (third eintrag))
                            (third (third eintrag)) satz chart)))))
```

Aufgaben

6.1 Erweitern Sie den Prolog-Recognizer zu einem Parser.

6.2 Die in Kapitel 6.2 beschriebenen Verfahren zur Generierung einer Analysematrix berechnen eine Matrix, indem zunächst die Diagonale j–i = 1 berechnet wird, dann die Diagonale j–i = 2, usw. Eine andere Möglichkeit besteht darin, die Matrix spaltenweise von links nach rechts zu berechnen. Implementieren Sie diese Variante der Berechnungsverfahren.

6.3 Modifizieren Sie die Prozeduren LINKSPARSE und STRUKTUR so, daß sie für ambige Sätze alle Linksableitungen / Strukturbeschreibungen generieren.

6.4 Ergänzen Sie den Cocke-Kasami-Younger-Algorithmus mit einer Heuristik, die eine beschränkte Verarbeitung von Tilgungsregeln ermöglicht.

6.5 Entwickeln Sie auf Grundlage der in Kapitel 5 vorgestellten Algorithmen einen Chart-Parsingalgorithmus, der die Left-corner-Strategie verwendet.

7 Der Earley-Algorithmus

Wir beginnen dieses Kapitel mit einer kurzen Beschreibung der wichtigsten Unterschiede zwischen dem im letzten Kapitel behandelten Cocke-Kasami-Younger-Algorithmus und dem Earley-Algorithmus[1]. Anschließend führen wir die drei vom Earley-Algorithmus zur Berechnung der Chart verwendeten Prozeduren ein. Mithilfe dieser Prozeduren formulieren wir zunächst einen Erkennungsalgorithmus für kontextfreie Syntaxen ohne Tilgungs- und Kettenregeln. Dieser Algorithmus bildet die Grundlage für die Entwicklung verschiedener Varianten von Erkennungs- und Parsingalgorithmen für beliebige kontextfreie Syntaxen.

7.1 Unterschiede zwischen dem Cocke-Kasami-Younger- und dem Earley-Algorithmus

Unterschiede zwischen beiden Algorithmen gibt es sowohl hinsichtlich der verarbeitbaren Syntaxen, als auch der in der Chart gespeicherten Informationen und der Art der Berechnung der Chart:

1. Der Earley-Algorithmus erlaubt anders als der Cocke-Kasami-Younger-Algorithmus die Verarbeitung beliebiger kontextfreier Syntaxen: Die Syntax muß nicht in Chomsky-Normalform vorliegen. Sie darf neben links- und rechtsrekursiven Regeln auch Tilgungsregeln und sogar Zyklen enthalten.
2. Es werden nicht nur passive, sondern auch aktive Kanten in die Chart eingetragen.
3. Der Cocke-Kasami-Younger-Algorithmus ist ein reiner Bottom-up-Algorithmus und weist die charakteristischen Mängel dieses Verfahrens auf: Es werden Konstituenten gebildet, ohne daß sichergestellt ist, ob sie zu größeren Konstituenten kombiniert werden können[2].

   Beispiel (7-1)

Syntax	:	$\{S \to XX, S \to YB, X \to XX, X \to AB, Y \to BA, Y \to YB\}$
Lexikon	:	$a \in A, b \in B$
Satz	:	abab

[1]Eine Gemeinsamkeit bildet der Zeit- und Raumbedarf beider Algorithmen: wie beim Cocke-Kasami-Younger-Algorithmus ist der Zeitbedarf $O(n^3)$ und der Raumbedarf $O(n^2)$.

[2]In [Pratt 1975] wird von einem Experiment berichtet, in dem 80% der von einem mit diesem Algorithmus arbeitenden Parser gebildeten Konstituenten zu diesem Typ gehörten.

Der Cocke-Kasami-Younger-Algorithmus generiert eine Chart mit folgenden Kanten:

Chart(0, 4) = {S, X}
Chart(1, 4) = {S, Y}
Chart(0, 2) = {X}
Chart(1, 3) = {Y}
Chart(2, 4) = {X}
Chart(0, 1) = *Chart*(2, 3) = {A}
Chart(1, 2) = *Chart*(3, 4) = {B}

Die Symbole in Chart(1,4) und Chart(1, 3) repräsentieren für die Analyse des Satzes nicht weiter verwendbare Konstituenten. Der Earley-Algorithmus dagegen ist kein Bottom-up-Algorithmus, sondern realisiert eine gemischte Strategie, die Aspekte des Top-down-Parsens mit denen des Bottom-up-Parsens so miteinander verbindet, daß die Bildung nicht weiter verwendbarer passiver Kanten weitgehend vermieden wird.

Ein weiterer Vorzug des Earley-Algorithmus besteht darin, daß es durch geringfügige Modifikationen möglich ist, bestimmte von Linguisten häufig verwendete Notationskonventionen effizient zu verarbeiten, durch die z.B in Regeln Kategorien als *fakultativ* markiert werden oder festgelegt wird, daß eine Kategorie an der gegebenen Position beliebig oft vorkommen kann.

Beispiel (7-2)

(1) S $\rightarrow$ NP VP {PP} - fakultative Kategorie PP
(2) N1 $\rightarrow$ A^*N - n-mal die Kategorie A ($n \geq 0$)
(3) N1 $\rightarrow$ A^+N - n-mal die Kategorie A ($n \geq 1$)[3]

Zur Repräsentation der Kanten werden häufig *geteilte Produktionen* verwendet:

> Wenn G = $<V_N, V_T, S, R>$ eine beliebige kontextfreie Syntax ist, dann ist R'=$\{X \rightarrow \alpha.\beta \mid X \rightarrow \alpha\beta \in R$, mit $\alpha, \beta \in V^*\}$ die Menge der geteilten Produktionen von G.

In diesem Fall korrespondieren Produktionen der Form $A \rightarrow \alpha.\beta$, mit $\beta = e$, passiven Kanten und Produktionen mit $\beta \neq e$ aktiven Kanten; α repräsentiert den *geschlossenen* Teil und β den *offenen* Teil dieser Kante.

7.2 Darstellung des Erkennungsalgorithmus

Ähnlich wie beim Cocke-Kasami-Younger-Algorithmus kann auch beim Earley-Algorithmus die Chart von links nach rechts aufgebaut werden:

[3] Formal gesehen erhält man durch die Verwendung solcher Metazeichen Regelschemata, die eine (endliche/nicht-endliche) Menge von kontextfreien Regeln zusammenfassen.

Für einen Satz $w = w_1 \ldots w_n$ ($n \geq 1$) werden für die Punkte 0, 1, ..., n sukzessiv alle Kanten berechnet und in die Chart eingetragen, die bis zu diesem Punkt reichen. Werden Kanten durch geteilte Produktionen realisiert, dann repräsentiert eine Produktion $A \rightarrow \alpha.\beta \in$ *Chart*(i, j)[4] eine Konstituente, deren erkannter Teil von w_{i+1} bis w_j reicht. Um diese Konstituente zu vervollständigen, muß versucht werden, einen Satzabschnitt $w_{j+1}, \ldots, w_k$ ($k \leq n$) als β zu analysieren (vgl. Abbildung 7-1).

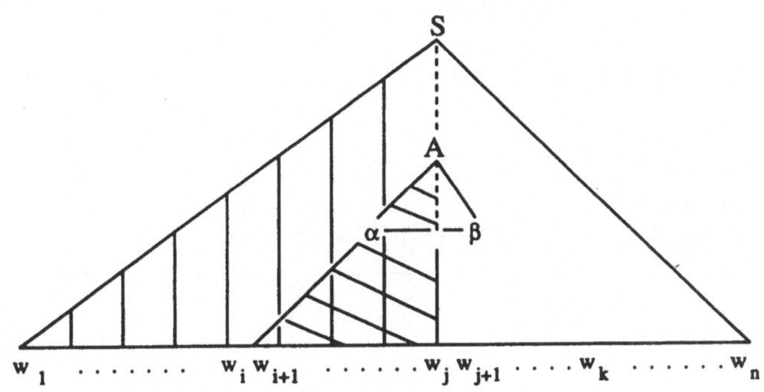

Abbildung (7-1)

Anders formuliert: $A \rightarrow \alpha.\beta \in$ Chart(i, j) gdw.

1. $S \stackrel{*}{\Rightarrow} w_0 \ldots w_i\ A\ \tau$, mit $\tau \in V^*$; d.h. es muß eine Ableitung in G geben, in der $w_0 \ldots w_i$ einen Präfix von A τ bilden, und

2. $\alpha \stackrel{*}{\Rightarrow} w_{i+1} \ldots w_j$; d.h. es muß möglich sein, $w_{i+1} \ldots w_j$ als α zu analysieren bzw. auf α zu reduzieren.

Da die erste Bedingung charakteristisch für Top-down-Parsen ist und die zweite für Bottom-up-Parsen, werden sie auch als „Top-down-Bedingung“ bzw. „Bottom-up-Bedingung“ bezeichnet. Die drei zur Berechnung der Chart verwendeten Prozeduren EXPAND, COMPLETE und SHIFT stellen sicher, daß alle Kanten, die in die Chart eingetragen werden, diese beiden Bedingungen erfüllen.

[4] Auch hier gibt es natürlich wieder ganz verschiedene Möglichkeiten, die Chart (und die Kanten) zu realisieren; z.B. als Matrix, die für einen Satz der Länge n ($n \geq 1$) aus (n+1) x (n+1) Feldern besteht, von denen allerdings nur die ersten i Felder ($0 \leq i \leq n$) jeder Spalte benötigt werden.

EXPAND

Durch diese Prozedur werden Kanten generiert, die Möglichkeiten darstellen, wie eine begonnene Ableitung top-down fortgesetzt werden kann. Sie trägt zyklische Kanten in die Chart ein: Ausgehend von einer bereits in der Chart enthaltenen aktiven Kante wird für jede Regel der Syntax, deren linke Seite mit dem ersten Symbol des offenen Abschnitts der Kante identisch ist, eine neue Kante in die Chart eingetragen. Tilgungsregeln führen zum Eintrag von passiven Kanten; alle übrigen Regeln zu aktiven Kanten.

PROZEDUR EXPAND

DATEN: Eine kontextfreie Syntax G = <V_N, V_T, S, R> und eine Chart C.

METHODE:

Wenn <[i, j, A, α, Bβ] $\in$ C, mit ($0 \leq i \leq j \leq n$)>
Dann <Für alle B $\rightarrow \tau \in$ R:
<Trage [j, j, B, e, τ] in C ein>>

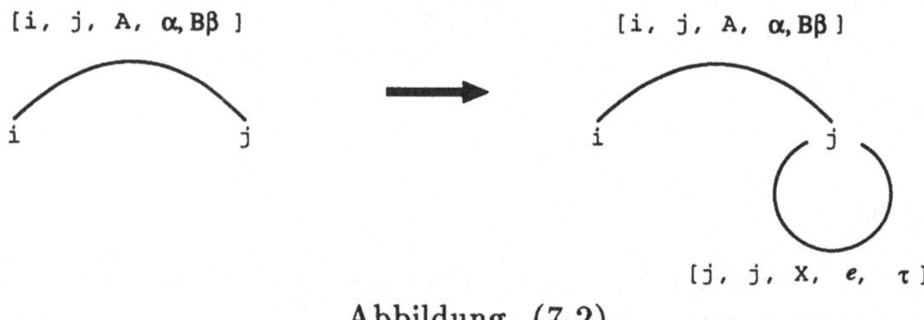

Abbildung (7-2)

COMPLETE

Durch Kombination einer aktiven Kante mit einer geeigneten passiven Kante generiert COMPLETE eine neue aktive/passive Kante und trägt sie in die Chart ein; d.h. die aktive Kante wird bottom-up durch eine passive ergänzt.

PROZEDUR COMPLETE

DATEN: Eine Chart C.

METHODE:

Wenn <[i, j, A, α, Bβ] $\in$ C und [j, k, B, τ, e] $\in$ C, mit $0 \leq i \leq j \leq k \leq n$>
Dann <Trage [i, k, A, αB, β] in C ein>

Eine aktive Kante k_a kann mit einer passiven Kante k_p kombiniert werden, wenn das erste Symbol des offenen Abschnitts von k_a mit dem Kopf von k_p übereinstimmt und *Ende*(k_a) = *Start*(k_p).

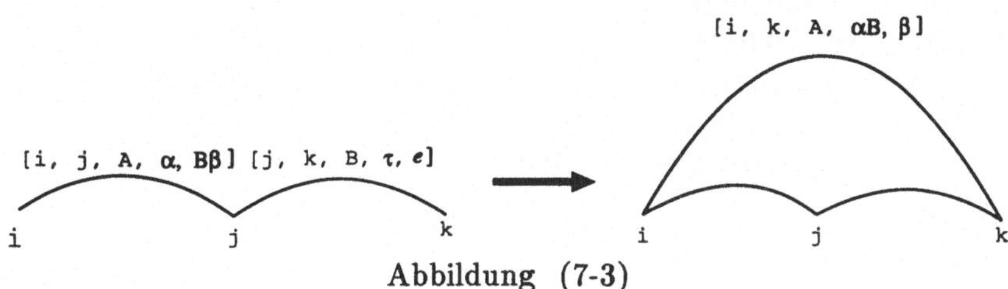

Abbildung (7-3)

SHIFT

Wenn das erste Symbol des offenen Abschnitts einer aktiven Kante ein terminales Symbol ist und mit dem nächsten Wort des Satzes übereinstimmt, wird eine Kante in die Chart eingetragen, die sich von der gegebenen Kante nur darin unterscheidet, daß das terminale Symbol das letzte Symbol des geschlossenen Abschnitts der neuen Kante bildet.

PROZEDUR SHIFT
DATEN: Ein Satz $w = w_1 \ldots w_n$, $n \geq 1$ und eine Chart C.
METHODE:
Wenn $< [i, j\text{-}1, A, \alpha, w_j\beta] \in C >$
Dann $<$Trage $[i, j, A, \alpha w_j, \beta]$ in C ein$>$

Nur diese Prozedur kann Kanten generieren, die zu einem Punkt führen, zu dem bislang keine Kante reichte:

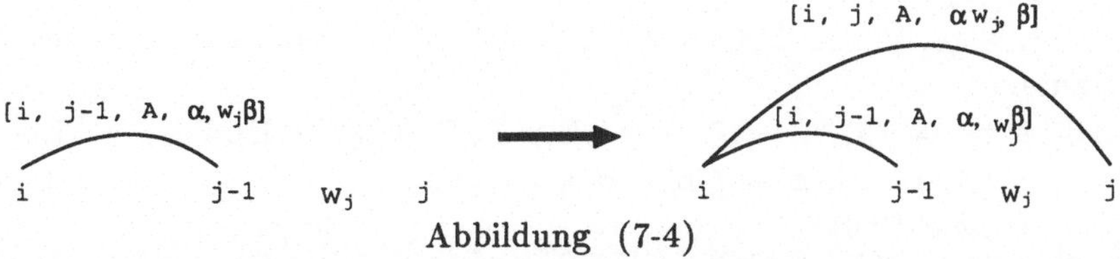

Abbildung (7-4)

Der folgende Erkennungsalgorithmus, der diese drei Prozeduren zur Berechnung der Chart verwendet, generiert zunächst (top-down) alle Kanten, die verschiedene Möglichkeiten repräsentieren, die Analyse des Satzes zu beginnen und erzeugt anschließend von links nach rechts die übrigen Kanten der Chart.

ALGORITHMUS RECOGNIZE_EARLEY-1

DATEN: Ein Lexikon L und eine kontextfreie Syntax $G = \langle V_N, V_T, S, R\rangle$ ohne Tilgungs- und Kettenregeln.
EINGABE: Ein Satz $w = w_1 \ldots w_n$ $(n \geq 1)$.
AUSGABE: *True/False*.
ARBEITSSTRUKTUREN:
Chart - Eine Chart.
Anfangswert: leer.
METHODE:
Initialisierung:
1. Für alle $S \rightarrow \beta \in R$:
   <Trage $[0, 0, S, e, \beta]$ in Chart ein>
2. Wende EXPAND solange auf die zuvor erzeugten Kanten an, bis keine neuen Kanten mehr erzeugbar sind.

Berechnung der übrigen Kanten:
Für j = 1, ..., n:
  Für i = 0, ..., j:
    Berechne CHART(i, j):
    1. Wende SHIFT auf alle geeigneten Kanten in CHART(i, j-1) an.
    2. Wende EXPAND und COMPLETE solange an, bis keine neuen Kanten mehr erzeugt werden können.

Wenn <$[0, n, S, \beta, e] \in$ CHART>
Dann <RETURN(*True*)>
Sonst <RETURN(*False*)>.

Beispiel (7-3)

Gegeben sei folgende Syntax und folgender Satz:

Syntax: $\{S \rightarrow (S), S \rightarrow R, R \rightarrow E = E, E \rightarrow (E + E), E \rightarrow a, E \rightarrow b\}$
Satz : $(a + b) = b$

Die mit dem Algorithmus RECOGNIZE_EARLEY-1 berechnete Chart enthält folgende Kanten:

Chart(0,0) = $\{S \rightarrow .(S), S \rightarrow .R, R \rightarrow .E = E, E \rightarrow .(E + E), E \rightarrow .a, E \rightarrow .b\}$
Chart(0,1) = $\{S \rightarrow (.S), E \rightarrow (.E + E)\}$
Chart(1,1) = *Chart*(0,0)
Chart(0,2) = $\{\mathbf{E \rightarrow (E. + E)}\}$
Chart(1,2) = $\{E \rightarrow a., \mathbf{R \rightarrow E. = E}\}$
Chart(0,3) = $\{E \rightarrow (E +. E)\}$
Chart(3,3) = $\{E \rightarrow .(E + E), E \rightarrow .a, E \rightarrow .b\}$
Chart(0,4) = $\{\mathbf{E \rightarrow (E + E.)}\}$
Chart(3,4) = $\{E \rightarrow b.\}$

Chart(0,5) = {**R → E. = E**, *E → (E + E).*}
Chart(0,6) = {*R → E =. E*}
Chart(6,6) = *Chart*(3,3)
Chart(0,7) = {**S → R., R → E = E.**}
Chart(6,7) = {*E → b.*}[5]

7.2.1 Version 1: Berechnung der Chart durch Vorwärtsverkettung

Unbefriedigend bei der Formulierung dieses Algorithmus ist, daß die Interaktion zwischen den drei Operationen nicht genauer spezifiziert wird. Es bietet sich an, in diesem Zusammenhang die zwischen der Prozedur SHIFT und den Prozeduren EXPAND und COMPLETE bestehende Asymmetrie zu nutzen: Nur SHIFT erzeugt Kanten, die den bei der Analyse zuletzt erreichten Punkt mit dem nächsten, bislang unerreichten Punkt verbinden. EXPAND und COMPLETE dagegen generieren ausschließlich solche Kanten, die nur bis zum aktuellen Analysepunkt reichen. Abgesehen von der Initialisierung der Chart setzen sie voraus, daß mindestens eine (durch SHIFT erzeugte) Kante existiert, die bis zum aktuellen Punkt reicht.

Diese Asymmetrie erlaubt es, bei der Berechnung der Chart in jedem Schritt zunächst SHIFT anzuwenden, bevor die Operationen EXPAND und COMPLETE zur Berechnung der übrigen, bis zu diesem Punkt reichenden Kanten (Hüllenbildung) aktiviert werden. Wenn man, wie wir es ja vorausgesetzt haben, davon ausgeht, daß die Syntax keine Tilgungsregeln enthält, dann läßt sich die Hüllenbildung sehr einfach durch *Vorwärtsverkettung* realisieren. Jedesmal wenn eine der beiden Operationen eine neue Kante erzeugt, wird diese neue Kante direkt weiterverarbeitet: ist sie aktiv, wird EXPAND aufgerufen; sonst COMPLETE. Die Hüllenbildung wir durch die Prozedur CLOSURE[6] gesteuert:

PROZEDUR CLOSURE

DATEN: Eine kontextfreie Syntax G, ein Lexikon L und eine Chart C.
EINGABE: Eine Kante k = [i, j, A, α, β].
SEITENEFFEKT: Berechnung von C.

METHODE:

Wenn <k ∉ C>
Dann <Trage k in C ein>

Wenn <k ist eine *passive* Kante>
Dann <$\underline{COMPLETE_{VK}}$(k)>
Sonst <$\underline{EXPAND_{VK}}$(k)>

[5] Durch SHIFT/COMPLETE erzeugte Einträge sind kursiv/fett gesetzt.
[6] Vgl. [Dörre 1987] und [Kilbury 1985b].

Enthält die Syntax keine Tilgungsregeln, werden passive Kanten immer erst dann generiert, nachdem alle aktiven Kanten generiert wurden, mit denen sie kombinierbar sind.
Die Operationen EXPAND und COMPLETE sind so zu modifizieren, daß sie wiederum CLOSURE mit jeder von ihnen generierten Kante aufrufen:

PROZEDUR EXPAND$_{VK}$

DATEN: Eine kontextfreie Syntax $G = \langle V_N, V_T, S, R \rangle$ und eine Chart C.
EINGABE: Eine Kante $k = [i, j, A, \alpha, B\beta]$.
METHODE:
Für alle $B \rightarrow \tau \in R$:
<*CLOSURE*([j, j, B, e, τ])>

PROZEDUR COMPLETE$_{VK}$

DATEN: Eine Chart C.
EINGABE: Eine Kante $k = [j, l, B, \tau, e]$.
METHODE:
Für alle $[i, j, A, \alpha, B\beta] \in C$, mit $0 \leq i \leq j \leq l \leq n$:
<*CLOSURE*([i, l, A, αB, β])>

In der vorliegenden Fassung berücksichtigt der Algorithmus noch nicht die von uns geforderte Trennung von Syntax und Lexikon. Das hat zur Folge, daß EXPAND bzw. EXPAND$_{VK}$ für alle $[i, j, A, \alpha, B\beta]$, mit B als einer lexikalischen Kategorie und alle diese Kategorie expandierenden lexikalischen Regeln jeweils eine eigene Kante generiert, ohne zu berücksichtigen, ob das nächste zu verarbeitende Wort des Satzes die Bildung dieser Kante legitimiert oder nicht. Gerade bei linguistischen Anwendungen, in denen es lexikalische Kategorien mit einer großen Zahl von Elementen geben kann, führt dieses Verfahren zu einer indiskutablen Zahl von irrelevanten Kanten.

Die Trennung von Syntax und Lexikon löst dieses Problem: EXPAND$_{VK}$ operiert jetzt nur noch auf syntaktischen Kategorien und eine modifizierte SHIFT-Regel stellt die Generierung geeigneter lexikalischer Kanten sicher:

PROZEDUR SHIFT$_{VK}$

DATEN: Ein Lexikon L.
EINGABE: Eine Wortform w_j des zu analysierenden Satzes, mit $1 \leq j \leq n$.

METHODE:
Für alle lexikalischen Kategorien B, mit $w_j \in B$:
<*CLOSURE*([j-1, j, B, w_j, e])>

Wir erhalten so als eine Variante des ersten Algorithmus den Algorithmus RECOGNIZE_EARLEY-2:

ALGORITHMUS RECOGNIZE_EARLEY-2

DATEN: Ein Lexikon L und eine kontextfreie Syntax G = <V_N, V_T, S, R> ohne Tilgungs- und Kettenregeln.
EINGABE: Ein Satz $w = w_1 \dots w_n$ $(n \geq 1)$.
AUSGABE: *True*/*False*.
ARBEITSSTRUKTUREN:
Chart - Eine Chart.
Anfangswert: leer.
METHODE:
Initialisierung:
Für alle $S \rightarrow \alpha \in R$:
<*CLOSURE*([0, 0, S, e, α,])>
Berechnung der übrigen Kanten:
Für i = 1, ..., n:
<*SHIFT*$_{VK}$(w_i)>
Wenn <[0, n, S, α, e] ∈ CHART>
Dann <RETURN(*True*)>
Sonst <RETURN(*False*)>

Zu beachten bleibt, daß die von SHIFT$_{VK}$ erzeugten Kanten nicht mehr als Erweiterung bereits generierter Kanten, sondern rein bottom-up erzeugt werden. Sie erfüllen aus diesem Grund nicht mehr in jedem Fall die Top-down-Bedingung. SHIFT$_{VK}$ kann aus diesem Grund überflüssige passive Kanten generieren; die Zahl solcher Kanten steht aber in keinem Verhältnis zu der Zahl der anderenfalls durch EXPAND generierten überflüssigen Kanten[7]. Eine Ausnahme bilden nur extreme Formen von lexikalischer Ambiguität.

Wenn lexikalische Kanten bottom-up generiert werden (wie z.B. durch SHIFT$_{VK}$), dann ist es prinzipiell möglich, bei der Berechnung der Chart so zu verfahren, daß alle lexikalischen Kanten in die Chart eingetragen werden, bevor die syntaktischen Kanten berechnet werden. Dieses Vorgehen erlaubt eine schnelle Terminierung des

[7]Eine andere Version von SHIFT erhält man, wenn man diese Prozedur nicht auf terminalen Symbolen, sondern auf lexikalischen Kategorien operieren läßt:

SHIFT$_{VK'}$:
Wenn <[i, j-1, A, α, Bβ] ∈ C und $w_j \in$ B>
Dann <[i, j, A, αB, β] ∈ C>

Berechnungsprozesses, wenn der Satz unbekannte Wortformen bzw. Schreibfehler enthält[8]. Allerdings läßt sich die Chart nicht mehr durch einfache Vorwärtsverkettung berechnen, da nun die passiven lexikalischen Kanten vor den aktiven Kanten generiert werden, die durch sie zu ergänzen sind.

Im folgenden Abschnitt entwickeln wir eine Variante des Earley-Algorithmus, bei der die neu generierten Kanten nicht direkt in die Chart eintragen, sondern zunächst zwischengespeichert werden. Sie ermöglicht neben einer Vorberechnung der lexikalischen Kanten auch die Verwendung unterschiedlicher Suchstrategien.

7.2.2 Version 2: Zwischenspeicherung neuer Kanten

In der im letzten Abschnitt vorgestellten Variante des Earley-Algorithmus wird, wenn verschiedene Analysemöglichkeiten zur Auswahl stehen, nach dem Prinzip Depth-first-Suche verfahren. Der wichtigste Unterschied zwischen dieser und der Variante, die wir jetzt entwickeln werden, besteht darin, daß neue Kanten nicht mehr direkt in die Chart eingetragen, sondern zunächst zwischengespeichert werden. Abhängig davon, nach welchem Verfahren die gespeicherten Kanten verwaltet werden, lassen sich völlig unterschiedliche Suchstrategien realisieren; und auch ein durch das Eintreten bestimmter Ereignisse gesteuerter Wechsel der Suchstrategie während des Parsens ist möglich (Agenda-Kontrollstrukturen).

Zur Zwischenspeicherung der neuen Kanten wird eine Liste KANTEN (in [Winograd 1983] als „pending edges“ bezeichnet) verwendet. Jede Suchstrategie ist mit einer bestimmten Form des Zugriffs und der Speicherung von Kanten in KANTEN verbunden:

- Wenn KANTEN wie ein Stack verwaltet wird, arbeitet der Algorithmus depth-first.
- Wenn KANTEN wie eine Queue behandelt wird, arbeitet der Algorithmus breadth-first.
- Wenn KANTEN nach 'Qualität' der Kanten sortiert wird (d.h. die für die weitere Analyse des Satzes aussichtsreichsten Kanten vor den weniger vielversprechenden Kanten stehen), dann operiert der Algorithmus nach dem Prinzip der Best-first-Suche.

Unabhängig von der gewählten Suchstrategie kann es geschehen, daß eine passive Kante vor den aktiven Kanten in die Chart eingetragen wird, mit denen sie zu neuen Kanten kombiniert werden kann. Um sicherzustellen, daß trotzdem alle möglichen Kanten gebildet werden, ist es erforderlich, jedesmal wenn eine (aktive/passive) Kante in die Chart eingetragen wird, sie mit allen geeigneten (passiven/aktiven) Kanten der Chart zu kombinieren.

[8] Vgl. [Winograd 1983, S.116-26].

ALGORITHMUS RECOGNIZE_EARLEY-3

DATEN: Ein Lexikon L und eine kontextfreie Syntax G = <V_N, V_T, S, R> ohne Tilgungs- und Kettenregeln.
EINGABE: Ein Satz $w = w_1 \ldots w_n$ $(n \geq 1)$.
AUSGABE: *True*/*False*.
ARBEITSSTRUKTUREN:
CHART - Eine Chart.
Anfangswert: leer.
KANTEN - Eine Folge von Kanten.
Anfangswert: leer.
K - Eine Kante.
METHODE:
Initialisierung:
Chart ⇐ $\{[i\text{-}1, i, B, w_i, e] \mid w_i \in B, \text{ mit } 1 \leq i \leq n\}$.
KANTEN ⇐ $\{[0, 0, S, e, \alpha] \mid S \rightarrow \alpha \in R\}$.
Berechnung der übrigen Kanten:
Wiederhole:
Wenn <$[0, n, S, \alpha, e] \in$ CHART>
Dann <RETURN(*True*)>.
Wenn <KANTEN = $\emptyset$ >
Dann <RETURN(*False*)>.
K ⇐ *First*(KANTEN).
KANTEN ⇐ *Rest*(KANTEN).
Chart ⇐ Chart ∪ {K}.
KANTEN ⇐ KANTEN ∪ <u>*COMPLETE*$_{PE}$</u>(K).
Wenn <K ist eine aktive Kante>
Dann <KANTEN ⇐ KANTEN ∪ <u>*EXPAND*$_{PE}$</u>(K)>

Die lexikalischen Kanten werden bei der Initialisierung direkt in die Chart eingetragen; d.h. eine separate Shift-Prozedur ist überflüssig. KANTEN wird mit der Menge aller S-Kanten initialisiert.

Die beiden Operationen EXPAND_{PE} und COMPLETE_{PE} stellen sicher, daß keine Kanten generiert werden, die bereits in CHART oder KANTEN enthalten sind:

PROZEDUR EXPAND$_{PE}$

DATEN: Eine kontextfreie Syntax G = <V_N, V_T, S, R>, Chart und KANTEN.
EINGABE: Eine Kante k = [i, j, A, α, Bβ].
AUSGABE: Die Menge aller Kanten, durch die k fortgesetzt werden kann.
METHODE:
RETURN({[j, j, B, e, τ] | B $\rightarrow$ τ $\in$ R $\wedge$ [j, j, B, e, τ] $\notin$ (Chart $\cup$ KANTEN)})

PROZEDUR COMPLETE$_{PE}$

DATEN: Chart und KANTEN.
EINGABE: Eine Kante k = [i, j, A, α, β].
AUSGABE: Die Menge aller neuen Kanten, die sich durch Kombination von k mit einer Kante aus Chart bilden lassen.
METHODE:
Wenn < $\beta = e$>
Dann <RETURN({ x | x = [h, j, B, σA, τ] $\wedge$ [h, i, B, σ, Aτ] $\in$ Chart $\wedge$
x $\notin$ (Chart $\cup$ KANTEN)})>
Sonst <RETURN({ x | x = [i, l, A, α', β'] $\wedge$ *First*(β) = B $\wedge$ α' = αB $\wedge$
β' = *Rest*(β)
β' = *Rest*(β) $\wedge$ [j, l, B, τ, e] $\in$ Chart $\wedge$
x $\notin$ (Chart $\cup$ KANTEN)}>

7.3 Erweiterung des Algorithmus

7.3.1 Tilgungs- und Kettenregeln

Bislang haben wir vorausgesetzt, daß die Syntax keine Tilgungsregeln enthält. Verwendet man die zuletzt vorgestellte Variante des Algorithmus (RECOGNIZE_EARLEY-3), ist ohne weitere Änderungen eine *direkte* Verarbeitung von Tilgungsregeln möglich. Bei Anwendung des Algorithmus RECOGNIZE_EARLEY-2 können Tilgungsregeln dazu führen, daß die Chart nicht alle prinzipiell generierbaren Kanten enthält: Die Operation COMPLETE$_{VK}$ generiert neue Kanten, indem sie aktive Kanten durch geeignete passive Kanten ergänzt. Das zuvor beschriebene Verfahren zur Hüllenbildung basiert auf der Voraussetzung, daß die aktiven Einträge immer vor den passenden passiven Einträgen erzeugt werden. Wenn die Syntax Tilgungsregeln enthält, ist diese Voraussetzung nicht mehr generell erfüllt.

Beispiel (7-4)
Syntax : {S → e, S → SAB}
Lexikon : a ∈ A, b ∈ B
Satz : ab
Wenn die Regeln in der oben genannten Reihenfolge verarbeitet werden, enthält die durch RECOGNIZE_EARLEY-2 berechnete Chart nur die beiden Kanten [0, 0, S, e, e] und [0, 0, S, e, SAB], nicht aber die Kante [0, 0, S, S, AB]; d.h. der Satz wird nicht erkannt, obwohl offensichtlich gilt: S * ⇒ ab.

Es gibt verschiedene Möglichkeiten diesen Algorithmus so zu modifizieren, daß die korrekte Verarbeitung von Tilgungsregeln sichergestellt ist:

1. Bei der Berechnung aller Kanten, die bis zur Position i reichen, werden die Operationen EXPAND und COMPLETE solange angewendet, bis keine neuen Kanten mehr generiert werden[9]. Mit dieser Lösung wird das vergleichsweise elegante und effiziente Verfahren zur Berechnung der Chart durch Vorwärtsverkettung aufgegeben und RECOGNIZE_EARLEY-2 auf die ursprüngliche Fassung des Algorithmus reduziert.

2. Für die zu verarbeitende Syntax G wird vorab die Menge aller tilgbaren Symbole berechnet, und diese Informationen werden bei der Bildung der Chart berücksichtigt[10]:

   Wenn G = <V_N, V_T, S, R> eine beliebige kontexfreie Syntax ist, dann ist für jedes X ∈ V_N entscheidbar, ob X * ⇒ e oder nicht. E_G sei die Menge aller tilgbaren Symbole von G; d.h. $E_G = \{Y \mid Y \in V_N \land Y \overset{*}{\Rightarrow} e\}$.
   Jedesmal wenn in Chart eine Kante [i, j, A, α, Bβ] eingetragen wird, überprüft man auch, ob B ∈ E_G. Ist das der Fall, wird außerdem die Kante [i, j, A, αB, β] eingetragen und diese neue Kante selbst wieder überprüft (rekursives Testen).

Beispiel (7-5)
Wenn [i, j, X, α ,ABCD] ∈ Chart und A, B, C ∈ E_G, dann werden auch die Kanten [i, j, X, αA, BCD], [i, j, X, αAB, CD] und [i, j, X, αABC, D] in Chart eingetragen.
Diese Lösung läßt sich sehr einfach durch eine Modifikation von CLOSURE realisieren. Ein Nachteil dieser *indirekten* Verarbeitung von Tilgungsregeln besteht darin, daß sie den Aufbau korrekter Strukturbeschreibungen erschwert.
Wenn X ∈ E_G, dann gilt entweder

(a) X → e ∈ R oder

(b) es gibt eine Folge <$\alpha_1, \ldots, \alpha_n$,>, mit n > 1 und $\alpha_i \in V^*$, so daß gilt:
$\alpha_1 = X$, $\alpha_n \to e \in R$ und $\alpha_{i-1} \Rightarrow \alpha_i$, mit $1 < i \leq n$.

---

[9] Vgl. [Aho/Ullman 1972, S.321] und [Moll et al. 1988, S.75].
[10] Vgl. [Graham et al. 1980, S. 421 ff.].

Wenn es für einen Satz eine Ableitung gibt, in der das Symbol X getilgt wird, dann sollte die dieser Ableitung zugeordnete Strukturbeschreibung alle Schritte abbilden, die zur Tilgung von X führen. Die dazu benötigten Informationen sind aber, wenn Fall (b) vorliegt, nicht verfügbar, sofern sie nicht bei der Berechnung von E_G gespeichert oder separat berechnet werden.

Für eine effiziente Verarbeitung von Kettenregeln gibt es ein ähnliches Verfahren mit entsprechenden Vor- und Nachteilen:

- Für jedes $X \in V_N$ wird die Menge aller Symbole Y_k berechnet, für die gilt: $Y_k \stackrel{*}{\Rightarrow} X$.
- Dann wird die Menge $K_G = \{<\{X, \{Y_1, \ldots, Y_n\}\}> \mid X, Y_i \in V_N \wedge Y_i \stackrel{*}{\Rightarrow} X \; (1 \leq i \leq n)\}$ berechnet.
- Wenn $[j, l, X, \tau, e] \in$ CHART, dann wird für jede Kante $[i, j, A, \alpha, B\beta] \in$ CHART, mit $B \in K_G(X)$, auch die Kante $[i, l, A, \alpha B, \beta]$ in Chart eingetragen.

7.3.2 Look-ahead

Charakteristisch für die in diesem Kapitel entwickelten Algorithmen ist, daß bei der Berechnung der Chart die Generierung der Kanten, die bis zu Position j reichen, allein determiniert wird durch:

1. die bei der Analyse des Satzabschnitts $w_1 \ldots w_{i-1}$ generierten Kanten und
2. den w_j durch das Lexikon zugeordneten lexikalischen Kategorien.

Dieses Verfahren schließt nicht aus, daß (top-down) *überflüssige* Kanten generiert werden, die für die weitere Analyse des Satzes nicht benötigt werden. Die Zahl solcher überflüssigen Kanten läßt sich erheblich verringern, wenn bei der Bildung der Kanten die nächsten k ($k \geq 1$) Worte des noch nicht analysierten Satzabschnitts berücksichtigt werden;[11] d.h. nur solche Kanten generiert werden, die mit den folgenden k Worten 'kompatibel' sind. Grundsätzlich könnte der Look-ahead auf den ganzen Satz bzw. den noch nicht analysierten Teil des Satzes ausgedehnt werden, so daß nur (aktive wie passive) Kanten eingetragen würden, die in einer vollständigen Ableitung des Satzes verwendet werden könnten; d.h. $[i, j, A, \alpha, \beta] \in$ Chart gdw.

(i). $S \stackrel{*}{\Rightarrow} w_1 \ldots w_i A \tau$;

(ii). $\alpha \stackrel{*}{\Rightarrow} w_{i+1} \ldots w_j$ und

(iii). $\beta\tau \stackrel{*}{\Rightarrow} w_{j+1} \ldots w_n$

[11] Dieses Verfahren, die Zahl der Analysemöglichkeiten durch Betrachtung der nächsten Worte einzuschränken, wird als Parsen mit „Look-ahead“ (*Parsen mit Vorausschauzeichen*) bezeichnet.

Allerdings erfordert die Berücksichtigung des kompletten Rechtskontextes einen erheblichen Rechen- und Speicheraufwand[12], so daß in den meisten Fällen nur mit einem Look-ahead der Länge 1 gearbeitet wird. Wir werden uns außerdem auf einen partiellen Look-ahead beschränken, der nur die Generierung aktiver Kanten einschränkt; d.h. [i, j, A, α, β] $\in$ CHART, mit $\beta \neq e$, gdw.

(i). s.o.

(ii). s.o.

(iii).' $\beta \overset{*}{\Rightarrow} w_{j+1}\ \sigma$

d.h. es werden nur solche aktiven Kanten in die Chart eingetragen, die mit dem nächsten Wort des Satzes kompatibel sind.

Für eine effiziente Realisierung des Look-aheads ist es sinnvoll, für jedes $X \in V_N$ die Menge FIRST(X) zu berechnen, in der alle lexikalischen Kategorien Y enthalten sind, für die gilt: $X \overset{*}{\Rightarrow} Y\alpha$. Das Konstruktionsverfahren stellt außerdem sicher, daß $e \in$ FIRST(X) gdw. $X \overset{*}{\Rightarrow} e$.

Die **FIRST**-Relation
Wenn G = <V_N, V_T, S, R> eine beliebige kontextfreie Syntax ist, dann wird für jedes $X \in V_N$ die Menge FIRST(X) wie folgt berechnet:

1. Wenn X eine lexikalische Kategorie ist, dann ist FIRST(X) = {X}.
2. Wenn $X \rightarrow e \in R$, dann ist $e \in$ FIRST(X).
3. Wenn $X \in V_N$ und $X \rightarrow Y_1 \ldots Y_n \in R$ $(1 \leq n)$, dann ist $Z \in$ FIRST(X) gdw. $Z \in V_T$, $Z \in$ FIRST(Y_k) $(1 \leq k \leq n)$ und für alle Y_i $(i < k)$ gilt: $e \in$ FIRST(Y_i). Wenn $e \in$ FIRST(Y_1), dann auch $e \in$ FIRST(X).

Die FIRST-Relation läßt sich wie folgt für beliebige $\alpha = X_1 \ldots X_n$ generalisieren:

Wenn $e \notin$ FIRST(X_i)
Dann FIRST(α) = FIRST(X_i)
Sonst FIRST(α) = FIRST(X_i) $\cup$ FIRST($X_{i+1} \ldots X_n$).

Die FIRST-Relation sollte nicht während des Parsens, sondern vorab (Präkompilierung der Syntax) berechnet werden. Der Parsingalgorithmus ist nun so zu modifizieren, daß eine aktive Kante k mit einem offenen Abschnitt α nur dann in Chart(i, j) eingetragen wird, wenn gilt:

$$\text{FIRST}(\alpha) \cap \{\ B \mid w_{j+1} \in B\ \} \neq \emptyset \quad \vee \quad e \in \text{FIRST}(\alpha)^{13}.$$

Die Änderung des Algorithmus bzw. der Prozeduren bleibt dem Leser und der Leserin überlassen (s. Aufgaben am Ende dieses Kapitels).

[12]Vgl. [Earley 1970, S.98-100].

[13]Zu diesem Zweck kann z.B. ein Prädikat definiert werden, daß alle passiven und die aktiven Kanten erfüllen, die dieser Look-ahead-Bedingung genügen.

7.4 Die Generierung von Strukturbeschreibungen

7.4.1 Explizite Repräsentation

Eine sehr einfache Möglichkeit, Strukturbeschreibungen zu generieren, besteht darin, in den Einträgen der Chart neben einer geteilten Produktion zusätzliche, für ihren Aufbau benötigte Informationen (partielle Strukturbeschreibungen) zu speichern. Nach der Berechnung der Chart werden dann die Strukturbeschreibungen aller passiven S-Kanten ausgegeben, die über den ganzen Satz reichen.

Um aus RECOGNIZE_EARLEY-2 einen nach diesem Prinzip operierenden Parsingalgorithmus zu erhalten[14], ersetzen wir die Operationen SHIFT_{VK}, $\text{EXPAND}_{\text{VK}}$ und $\text{COMPLETE}_{\text{VK}}$ durch:

PROZEDUR $\text{SHIFT}_{\text{VK-P}}$

DATEN: Ein Lexikon L.
EINGABE: Ein Wort des zu analysierenden Satzes w_j, mit $1 \leq j \leq n$.
METHODE:
Für alle lexikalischen Kategorien B, mit $w_j \in B$:
<*CLOSURE*([j-1, j, B, w_j, e, < >])>

PROZEDUR $\text{EXPAND}_{\text{VP-P}}$

DATEN: Eine kontextfreie Syntax G = <V_N, V_T, S, R> und eine Chart C.
EINGABE: Eine Kante k = [i, j, A, α, Bβ, σ].
METHODE:
Für alle B $\rightarrow \tau \in$ R:
<*CLOSURE*([j, j, B, e, τ, < >])>

PROZEDUR $\text{COMPLETE}_{\text{VK-P}}$

DATEN: Eine Chart C.
EINGABE: Eine Kante k = [j, l, B, τ, e, <$w_1 \ldots w_n$>].
METHODE:
Für alle [i, j, A, α, Bβ, <$v_1 \ldots v_m$>] $\in$ Chart , mit m = | α |:
<*CLOSURE*([i, l, A, αB, β, <$v_1 \ldots v_m$ <B <$w_1 \ldots w_n$>>>])>

[14]Dieses Verfahren kann natürlich auch bei dem Algorithmus RECOGNIZE_EARLEY-3 verwendet werden.

Ein erheblicher Nachteil dieses Verfahrens besteht darin, daß es relativ speicherintensiv ist: Ähnlich wie es bei einfachen Parsingalgorithmen vorkommen kann, daß Teilstrukturen mehrfach auf dieselbe Art und Weise analysiert werden, wenn bei der Analyse eines Satzes Backtracking ausgelöst wird, kann es hier geschehen, daß die in mehreren Kanten repräsentierten Strukturbeschreibungen partiell identisch sind. Wenn z.B. ein Satz syntaktisch mehrdeutig ist, gibt es pro Lesart in der Chart einen S-Eintrag, der jeweils eine vollständige Strukturbeschreibung enthält.

Beispiel (7-6)

Syntax : {S → NP VP, S → NP VP PP, S → S konj S, NP → det N1,
N1 → adj n, NP → N2 n, N2 → det adj, VP → v adv}

Unter Verwendung der voranstehenden (offensichtlich linguistisch wenig motivierten) Syntax und eines geeigneten Lexikons ergeben sich für den Satz „der alte mann starb heute“ folgende S-Kanten in CHART(0, 5):

[0, 5, S, NP VP, PP,
<<NP <N2 <det der> <adj alte>> <n mann>>
<VP <v starb> <adv heute>>>]
[0, 5, S, NP VP, PP,
<<NP <det der> <N1 <adj alte> <n mann>>>
<VP <v starb> <adv heute>>>]
[0, 5, S, S, konj S,
<<S <NP <N2 <det der> <adj alte>> <n mann>>
<VP <v starb> <adv heute>>>>]
[0, 5, S, S, konj S,
<<S <NP <det der> <N1 <adj alte> <n mann>>>
<VP <v starb> <adv heute>>>>]
[0, 5, S, NP VP, *e*,
<<NP <N2 <det der> <adj alte>> <n mann>>
<VP <v starb> <adv heute>>>]
[0, 5, S, NP VP, *e*,
<<NP <det der> <N1 <adj alte> <n mann>>>
<VP <v starb> <adv heute>>>]

Die Redundanz dieses Verfahrens ist offensichtlich; siehe z.B. die nicht-ambige VP, deren Struktur in allen Kanten explizit repräsentiert wird.

7.4.2 Implizite Repräsentation

Ein sehr viel effizienteres Verfahren entwickeln Graham, Harrison & Ruzzo in [Graham et al. 1980]. Statt die Strukturen explizit in den Kanten zu repräsentieren, wird in jeder Kante eine Folge von Zeigerpaaren $Z = <<A_1, P_1>, <A_2, P_2>, \ldots <A_n, P_n>>$ gespeichert[15]. Jedes Zeigerpaar repräsentiert eine Bildungsmöglichkeit für die Kante: dabei weist A_i auf die aktive und P_i auf die passive Kante, aus deren Kombination die Kante resultiert. Voraussetzung für die Realisierung dieses Verfahrens ist eine stabile Indizierung der Kanten der Chart.

Beispiel (7-7)
Betrachtet man die Syntax G = {S → SS, S → x}, dann enthält die Chart für den Satz „xxx" folgende Kanten:

Index	*Kante*
0	[0, 0, S, *e*, SS, < >]
1	[0, 1, S, x *e*, < >]
2	[0, 1, S, S, S, <<0 1>>]
3	[1, 1, S, *e*, SS, < >]
4	[1, 2, S, x, *e*, < >]
5	[0, 2, S, SS, *e*, <<2 4>>]
6	[0, 2, S, S, S, <<0 5>>]
7	[2, 2, S, *e*, SS, < >]
8	[1, 2, S, S, S, <<3 4>>]
9	[2, 3, S, x, *e*, < >]
10	[0, 3, S, SS, *e*, <<2 14> <6 9>>]
11	[0, 3, S, S, S, <<0 10>>]
12	[3, 3, S, *e*, SS, < >]
13	[2, 3, S, S, S, <<7 9>>]
14	[1, 3, S, SS, *e*, <<8 9>>]
15	[1, 3, S, S, S, <<3 14>>]

Die beiden Strukturbeschreibungen des Satzes

[15] Für alle Kanten, die durch COMPLETE gebildet werden, gilt: $n \geq 1$; für alle anderen $n = 0$.

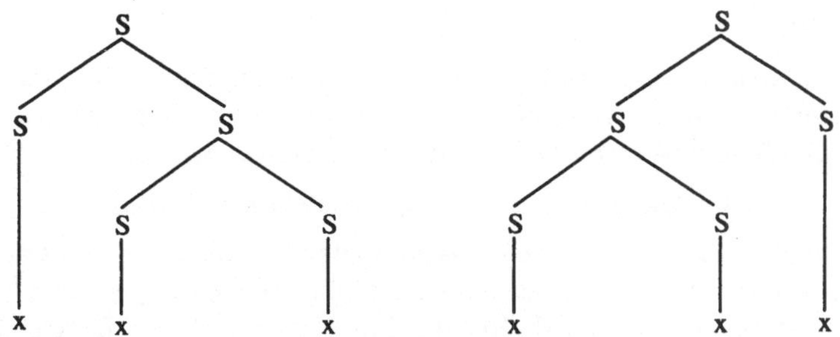

werden implizit durch den aus den Zeigerpaaren der Kanten definierten Baum repräsentiert:

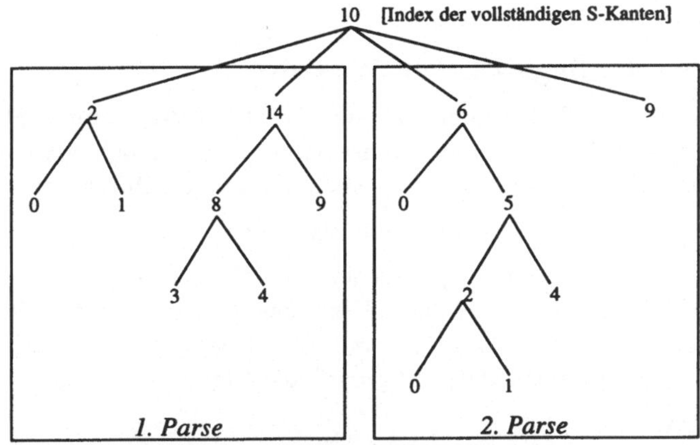

Der Parser muß so konzipiert sein, daß er auf Grundlage derartiger Verweisstrukturen alle Strukturbeschreibungen des Satzes generieren kann. Diese Art der indirekten Repräsentation von Strukturbeschreibungen eignet sich besonders für die Generierung von 'gepackten' Strukturbeschreibungen („local ambiguity packing"), die alle Strukturbeschreibungen eines Satzes zusammenfassen, die einen Abschnitt des Satzes als Konstituente desselben Typs beschreiben, aber jeweils eine andere interne Struktur der Konstituente postulieren.

7.5 Implementierung der Algorithmen

Auf der Basis beider Varianten des Earley-Algorithmus (Berechnung der Chart durch Vorwärtsverkettung / Zwischenspeicherung der neu generierten Kanten) entwickeln wir in diesem Abschnitt einen Recognizer. Für die erste Variante des Algorithmus geben wir eine Prolog-Implementierung an; die zweite wird in Lisp implementiert und anschließend zu einem earley-basierten Parser erweitert, der Strukturbeschreibungen über Verweispaare verwaltet (vgl. 6.4.2) und *gepackte* Strukturbeschreibungen ausgibt.

7.5.1 Prolog

Bei dieser Implementierung des Earley-Algorithmus handelt es sich um eine in Details modifizierte Fassung der Implementierung von Dörre (Vgl. [Dörre 1987]). Die Chart wird durch eine Menge von Fakten repräsentiert. Sie haben die Form:

Kante(Start, Ende, Kopf, Geschlossen, Offen).

Start und *Ende* sind Indizes, die den Abschnitt der Eingabekette markieren, auf den sich die Kante bezieht. Für diesen Abschnitt gibt es eine Regel, deren linke Seite *Kopf* ist und deren rechte Regelseite aus den Kategorien der Listen *Geschlossen* und *Offen* bestehen. *Geschlossen* ist eine Folge von Kategorien, die zu dem durch *Start* und *Ende* markierten Abschnitt der Eingabekette expandieren, *Offen* ist eine (möglicherweise leere) Liste von Kategorien, die noch keinem Abschnitt der Eingabekette zugeordnet werden konnten.

Repräsentation des linguistischen Wissens

Das Lexikon wird durch Fakten der Form *lex(Wort, Eintrag)* repräsentiert. Um eine der üblichen Repräsentationsform für kontextfreie Regeln möglichst nahe kommende Notation zu ermöglichen, definieren wir einen geeigneten Operator:

```
:- op(1100, xfx, —>).
```

Eine Regel $X \rightarrow Y_1 \ldots Y_n$ $(n \geq 1)$ kann jetzt als Prolog-Term X —> $[Y_1, \ldots, Y_n]$ notiert werden. Die Syntax darf auch Tilgungsregeln enthalten. Sie werden aber nicht wie andere Regeln repräsentiert und direkt verarbeitet, sondern es werden durch Fakten der Form *deleteable(Kategorie)* alle tilgbaren Kategorien markiert.

Hauptprädikate

```
% recognize/1
% Mit diesem Prädikat wird die Analyse eines Satzes gestartet. Der Satz wird durch
% eine Liste von Prolog-Atomen repräsentiert.
recognize(_) :-
    abolish(kante, 5),            % „Aufräumen“ der Datenbasis.
    start_symbol(S),!,
    (S —> X),                     % Initialisierung der Chart.
    closure(0, 0, S, [ ], X), fail.
recognize(Satz) :-
    recognize_recursive(0, Satz). % Aufruf des Hauptprädikats.

% recognize_recursive/2
recognize_recursive(Start, [Wort | Rest]) :-
    Ende is Start + 1,                 % Inkrementierung des Index.
    shift(Start, Ende, Wort),          % Aufruf der Shift-Prozedur.
    recognize_recursive(Ende, Rest).   % Rekursion mit Restsatz.
```

```
recognize_recursive(Ende, [ ]) :-   % Satz ist vollständig abgearbeitet.
    auswerten(Ende).


% shift/3
% Einlesen der Lexikoneinträge für Wort und Aufruf von CLOSURE für jeden ge-
% fundenen Eintrag.

shift(Start, Ende, Wort) :-
    lex(Wort, Kategorie),             % Lexikonzugriff.
    closure(Start, Ende, Kategorie, [Wort], [ ]),
    fail.                             % Backtracking: Suche weitere
                                      % Lexikoneinträge für das Wort.
shift(_, _, _).                       % Terminierung.


% closure/5
% Hüllenbildung durch Vorwärtsverkettung.
% Offen ist leer, d.h. es wird eine passive Kante verarbeitet.

closure(Start, Ende, Kopf, Geschlossen, [ ]) :-
    neue_kante(Start, Ende, Kopf, Geschlossen, [ ]),
    complete(Start, Ende, Kopf).
% Die erste Kategorie der Offen-Liste kann getilgt werden und wird deshalb
% als abgearbeitet aufgefaßt; rekursiver Aufruf von closure mit neuer Kante.
closure(Start, Ende, Kopf, Geschlossen, [K | Ks]) :-
    deleteable(K),
    append(Geschlossen, [K], Geschlossen1),
    closure(Start, Ende, Kopf, Geschlossen1, Ks).
% Die erste Kategorie der Offen-Liste kann nicht getilgt werden:
% Top-down-Suche nach Expansionen der ersten Kategorie K in Offen.
closure(Start, Ende, Kopf, Geschlossen, [K | Ks]) :-
    neue_kante(Start, Ende, Kopf, Geschlossen, [K | Ks]),
    expand(Ende, K).


% neue_kante/5
% Es wird geprüft, ob die Kante bereits in der Chart ist. Wenn nicht, wird sie als
% neuer Charteintrag in die Datenbasis geschrieben.

neue_kante(Start, Ende, Kopf, Geschlossen, Offen) :-
    kante(Start, Ende, Kopf, Geschlossen, Offen), !, fail.
neue_kante(Start, Ende, Kopf, Geschlossen, Offen) :-
    assertz(kante(Start, Ende, Kopf, Geschlossen, Offen)).
```

```
% complete/3
% Dieses Prädikat wird von closure/5 aufgerufen, wenn gezeigt werden konnte, daß
% der durch Start und Ende markierte Abschnitt unter Kategorie B fällt.
% Wenn es in der Chart Kanten gibt, bei denen die Kategorie B das erste Element
% der Liste Offen ist und der durch diese Kante beschriebene Abschnitt des Satzes
% bis zu der Position reicht, an dem der von B dominierte Abschnitt beginnt, wird
% B in die Liste Geschlossen übertragen und erneut closure aufgerufen; complete
% ergänzt die Chart also bottom-up.
complete(Start, Ende, B) :-
    % Es gibt eine Kante, die bis Start reicht und B als erste Kategorie
    % in Offen enthält.
    kante(Start1, Start, Kopf, Geschlossen1, [B | Offen]),
    % B wird aus Offen entfernt und in Geschlossen eingefügt.
    append(Geschlossen1, [B], Geschlossen),
    closure(Start1, Ende, Kopf, Geschlossen, Offen),
    fail.                               % Backtracking
complete(_, _, _).                      % Terminierung.

% expand/2
% Die erste Kategorie K in Offen wird zur Bildung neuer Kanten verwendet.
expand(Punkt, K) :-
    (K --> X),                          % Suche Regel, die K expandiert.
    closure(Punkt, Punkt, K, [ ], X),
    fail.                               % Backtracking: Suche weitere Regeln.
expand(_, _).                           % Terminierung
```

Hilfsprädikate

```
% auswerten/1
% Gibt es eine passive Kante für die komplette Eingabekette, die mit dem Start-
% symbol etikettiert ist?
auswerten(Ende) :-
    start_symbol(S),                    % Suche Startsymbol.
    kante(0, Ende, S, X, [ ]).          % Suche komplette S-Kante
```

7.5.2 Lisp

Die den folgenden Lisp-Programmen zugrundeliegende Variante des Algorithmus (RECOGNIZE_EARLEY-3) erlaubt es, bei der Berechnung der Chart verschiedene Suchstrategien zu verwenden. Der Parser, den wir am Ende dieses Abschnitts entwickeln werden, verwendet zur Verwaltung der Strukturbeschreibungen eines Satzes eine Technik, die als „*local ambiguity packing*“ bezeichnet wird.

Es wird vorausgesetzt, daß die zur Analyse erforderlichen Daten (Syntax und Lexikon) den beiden globalen Variablen *syntax* und *lexikon* zugewiesen werden. Es ist möglich, nicht nur vollständige Sätze, sondern auch einzelne Konstituenten zu analysieren. In diesem Fall ist beim Funktionsaufruf als zweites Argument eine Liste mit der gesuchten Zielkonstituente anzugeben.

A. Der Recognizer

Selektoren, Konstruktoren & Prädikate

Kantenselektoren

Eine Kante wird durch eine Liste mit 5 Elementen repräsentiert:

(START ENDE KOPF GESCHLOSSEN OFFEN)

Die folgenden Funktionen extrahieren jeweils ein Element einer Kante:

```
(defun start (kante)
  (first kante))

(defun ende (kante)
  (second kante))

(defun kopf (kante)
  (third kante))

(defun geschlossen (kante)
  (fourth kante))

(defun offen (kante)
  (fifth kante))
```

Kantenprädikate

```
;;; AKTIVE-KANTE-P
;;; Das Prädikat testet, ob KANTE eine aktive Kante ist.
(defun aktive-kante-p (kante)
  (offen kante))

;;; PASSIVE-KANTE-P
;;; Das Prädikat testet, ob KANTE eine passive Kante ist.
(defun passive-kante-p (kante)
  (endp (offen kante)))

;;; MATCHING-KANTEN-P
;;; Das Prädikat testet, ob KANTE1 mit KANTE2 zu einer neuen Kante verbunden
;;; werden kann.
(defun matching-kanten-p (kante1 kante2)
  (and (eql (ende kante1) (start kante2))
       (eq (first (offen kante1)) (kopf kante2))))
```

Kantenkonstruktor

```
;;; BILDE-KANTE
;;; Diese Funktion bildet aus den beiden Kanten KANTE1 und KANTE2 eine neue
;;; Kante; d.h. KANTE1 wird durch KANTE2 ergänzt.
;;; Vorbedingung: (Matching-Kanten-P KANTE1 KANTE2) ⇒ T.
(defun bilde-kante (kante1 kante2)
  (list (start kante1) (ende kante2) (kopf kante1)
        (append (geschlossen kante1) (list (kopf kante2)))
        (rest (offen kante1))))
```

Hauptfunktion

Bei allen außer dem ersten Parameter der Funktion RECOGNIZE handelt es sich um *keyword*-Parameter, durch die die bei der Analyse zu verwendende Syntax, das Lexikon, wie der Konstituententyp spezifiziert werden können. Der erste Parameter wird an den zu analysierenden Satz (Liste von Symbolen) gebunden. Die drei lokalen Variablen CHART, KANTEN und KANTE werden verwendet, um die Chart, die Menge der neu generierten Kanten und die gerade zu verarbeitende Kante zu verwalten. Die Funktion terminiert, wenn KANTEN leer ist.

```
;;; RECOGNIZE
(defun recognize (satz &key (symbol (startsymbol)))[16]
  (do* ((chart (initialisiere-chart satz))
        (kanten (initialisiere_kanten symbol))
        (kante (first kanten) (first kanten)))
       ((endp kanten) (auswerten chart symbol satz))
    (setf chart (update-chart chart kante)
          kanten (kombiniere (rest kanten) chart
                             (complete chart kante)
                             (when (aktive-kante-p kante) (expand kante))))))
```

Initialisierung von Chart und KANTEN

```
;;; INITIALISIERE-CHART
;;; Diese Funktion bildet auf Grundlage von LEXIKON alle lexikalischen Kanten für
;;; die Worte von SATZ.
(defun initialisiere-chart (satz)
  (let ((resultat nil) (index 0))
    (dolist (wort satz resultat)
      (setf resultat (append resultat (lexikalische-kanten index wort))
            index (+ index 1)))))
```

[16] Die Definition der Funktionen STARTSYMBOL, REGELN, MATCHING-REGELN und EINTRAG-KATEGORIEN findet sich im Anhang D.1.

```
;;; LEXIKALISCHE-KANTEN
;;; Diese Funktion generiert für WORT alle möglichen lexikalischen Kanten; d.h. eine
;;; für jede der ihm zugeordneten lexikalischen Kategorien. Jede dieser Kanten reicht
;;; von START bis (+ START 1).
(defun lexikalische-kanten (start wort)
  (mapcar #'(lambda (x) (list start (+ start 1) (first x) nil nil))
          (eintrag-kategorien wort)))

;;; INITIALISIERE_KANTEN
;;; Diese Funktion generiert für jede Regel aus SYNTAX, deren linke Seite mit
;;; SYMBOL identisch ist, eine aktive Kante mit Start- und Endposition 0.
(defun initialisiere_kanten (symbol)
  (let ((resultat nil))
    (dolist (regel (regeln) resultat)
      (when (eq (first regel) symbol)
        (push (list 0 0 (first regel) nil (rest regel)) resultat)))))
```

Generierung neuer Kanten

```
;;; EXPAND
;;; Diese Funktion nimmt eine aktive Kante KANTE als Argument und generiert für
;;; jede Regel aus SYNTAX, deren linke Seite mit dem ersten Symbol des offenen
;;; Abschnitts von KANTE identisch ist, eine neue aktive Kante, deren Start- und
;;; Endposition mit der Endposition von KANTE identisch ist.
(defun expand (kante)
  (mapcar #'(lambda (x) (list (ende kante) (ende kante) (first (offen kante)) nil x))
          (expansionen (first (offen kante)))))

;;; COMPLETE
;;; Diese Funktion nimmt als Argument eine (aktive/passive) Kante KANTE und
;;; liefert als Wert die Liste aller Kanten, die sich durch Verbindung von KANTE
;;; und einer (passiven/aktiven) Kante aus CHART bilden lassen.
(defun complete (chart kante)
  (if (passive-kante-p kante)
     (mapcar #'(lambda (x) (bilde-kante x kante))
             (remove-if
               #'(lambda (x) (or (passive-kante-p x)
                    (not (matching-kanten-p x kante)))) chart))
     (mapcar #'(lambda (x) (bilde-kante kante x))
             (remove-if
               #'(lambda (x) (or (aktive-kante-p x)
                    (not (matching-kanten-p kante x)))) chart))))
```

Aktualisierung von CHART und KANTEN

Die zur Aktualisierung von CHART und KANTEN notwendigen Funktionen UPDATE und KOMBINIERE sind sehr einfach: UPDATE fügt die aktuelle Kante in die Chart ein. KOMBINIERE ergänzt KANTEN mit allen durch COMPLETE und EXPAND gebildeten Kanten, die nicht in CHART bzw. KANTEN enthalten sind.

```
;;; UPDATE-CHART
;;; Diese Funktion trägt eine neue Kante in die Chart ein.
(defun update-chart (chart kante)
  (append chart (list kante)))

;;; KOMBINIERE
;;; Diese Funktion kombiniert KANTEN mit den Kantenmengen NEUE-KANTEN1
;;; und NEUE-KANTEN2. Durch Modifikation dieser Funktion können verschiedene
;;; Suchstrategien realisiert werden. Aktuelle Suchstrategie: depth-first.
(defun kombiniere (kanten chart neue-kanten1 neue-kanten2)
  (let ((alte-kanten (append kanten chart)))
    (append kanten
            (remove-if #'(lambda (x) (member x alte-kanten :test #'equal))
                       (append neue-kanten1 neue-kanten2)))))
```

Auswertung von CHART

```
;;; AUSWERTEN
;;; Diese Funktion evaluiert zu T gdw. CHART eine SYMBOL-Kante enthält, die
;;; sich über den ganzen Satz erstreckt; sonst zu NIL.
(defun auswerten (chart symbol satz)
  (dolist (kante chart)
    (when (and (passive-kante-p kante)
               (eq (kopf kante) symbol)
               (eq (start kante) 0)
               (eq (ende kante) (length satz)))
      (return t))))
```

B. Der Parser

Das folgende Programm unterscheidet sich von dem letzten Programm vor allem in zwei Punkten:

1. Es wird eine andere Datenstruktur zur Repräsentation von Kanten verwendet. Kanten werden durch zweielementige Listen der folgenden Form repräsentiert:

((*START ENDE KOPF GESCHLOSSEN OFFEN*) ($P_1 \ldots P_n$))
KERN POINTER

Das erste Element wird als „Kantenkern“ bezeichnet; das zweite Element ist eine Liste, die die zur Generierung der Strukturbeschreibung notwendigen Verweise (Pointer) enthält.

2. Neu hinzugekommen sind eine Reihe von Funktionen, die zur Generierung der Strukturbeschreibungen benötigt werden.

Außer den neuen Funktionen beschreiben wir in diesem Abschnitt nur diejenigen Funktionen, die gegenüber dem vorangegangenen Progamm erheblich modifiziert wurden.

Selektoren, Konstruktoren & Prädikate

Kantenselektoren

Aufgrund der geänderten Repräsentation von Kanten sind folgende Kantenselektoren zu ändern:

START	GESCHLOSSEN	KOPF
ENDE	OFFEN	

Neu hinzu kommen zwei Selektoren, die den Kantenkern bzw. die Pointerliste einer Kante als Wert liefern:

```
(defun kern (kante)
  (first kante))

(defun pointer (kante)
  (second kante))
```

Kantenkonstruktor

Anders als beim Recognizer wird bei BILDE-KANTE als drittes Argument die Chart mit übergeben, da für die Bildung der neuen Kante die Indizes von KANTE1 und KANTE2 berechnet werden müssen. Jede durch COMPLETE/BILDE-KANTE generierte Kante enthält in POINTER die Indizes der beiden Kanten, die ihre Generierung rechtfertigen: Der erste Index ist der Index der aktiven, der zweite der Index der passiven Kante.

```
;;; BILDE-KANTE
;;; Generiert eine neue (aktive/passive) Kante.

(defun bilde-kante (kante1 kante2 chart)
  (list (list (start kante1)
              (ende kante2)
              (kopf kante1)
              (append (geschlossen kante1) (list (kopf kante2)))
              (rest (offen kante1)))
        (list (list (index kante1 chart) (list (index kante2 chart))))))
```

```
;;; INDEX
;;; Berechnet den Index von KANTE; d.h. die Position von KANTE in CHART.
;;; Mehrfachvorkommen einer Kante sind aufgrund des Konstruktionsverfahrens für
;;; CHART ausgeschlossen. Index der ersten Kante der Chart: 0.
(defun index (kante chart)
  (let ((found (assoc (kern kante) chart :test #'equal)))
    (if found
        (- (length chart) (length (member found chart :test #'equal)))
        (break "INDEX : kante not found in Chart"))))
```

Neue Kantenprädikate

```
;;; ZYKLISCHE-KANTE-P
;;; Das Prädikat evaluiert zu T gdw. KANTE eine zyklische Kante ist.
(defun zyklische-kante-p (kante)
  (= (start kante) (ende kante)))

;;; NEUE-KANTE-P
;;; Das Prädikat evaluiert zu T gdw. es keine Kante in CHART gibt, deren Kern
;;; mit dem von KANTE identisch ist.
(defun neue-kante-p (kante chart)
  (not (assoc (kern kante) chart :test #'equal)))
```

Hauptfunktion

Die Funktion PARSE unterscheidet sich von der Funktion RECOGNIZE dadurch, daß KANTEN nur dann durch die von COMPLETE/EXPAND generierten Kanten ergänzt wird, wenn KANTE eine zyklische Kante (d.h. eine durch EXPAND generierte Kante) oder eine neue Kante im Sinne von NEUE-KANTE-P ist. Gibt es eine Kante in der Chart, deren *Kern* mit dem von KANTE identisch ist, wird nur die Verweisliste der Kante durch die Verweise in POINTER(KANTE) ergänzt.

```
;;; PARSE
;;; Hauptfunktion: Strukturgenerierung durch Pointer.
(defun parse (satz &key (symbol (startsymbol)))
  (do* ((chart (initialisiere-chart satz))
        (kanten (initialisiere_kanten symbol) (rest kanten))
        (kante (first kanten) (first kanten)))
       ((endp kanten) (auswerten chart symbol satz))
    (if (or (zyklische-kante-p kante) (neue-kante-p kante chart))
        (setf chart (update-chart chart kante)
              kanten (kombiniere kanten chart
                                 (complete chart kante)
                                 (when (aktive-kante-p kante) (expand kante syntax))))
        (update-kante kante chart))))
```

Initialisierung von CHART und KANTEN

Die Funktionen LEXIKALISCHE-KANTEN und INITIALISIERE_KANTEN sind der geänderten Repräsentation der Kanten anzupassen.

Generierung neuer Kanten

Die Funktionen EXPAND und COMPLETE sind der geänderten Repräsentation der Kanten anzupassen.

Aktualisierung von CHART und KANTEN

```
;;; UPDATE-KANTE
;;; Diese Funktion aktualisiert mit dem Verweispaar von KANTE die Verweisliste der
;;; Kante von CHART, deren Kern mit dem von KANTE identisch ist (!destruktive
;;; Funktion!). UPDATE-CHART evaluiert in diesem Fall zu NIL (vgl. BUILD).

(defun update-kante (kante chart)
  (let ((alte-kante (assoc (kern kante) chart :test #'equal)))
    (setf (pointer alte-kante)
          (add (first (pointer kante)) (pointer alte-kante)))))


;;; ADD
;;; ADD ergänzt die Verweisliste einer Kante durch ein weiteres Verweispaar.

(defun add (verweise verweisliste)
  (let ((x (assoc (first verweise) verweisliste)))
    (if x
        (if (member (first (second verweise)) (second x))
            verweisliste
            (cons (list (first verweise) (append (second verweise) (second x)))
                  (remove x verweisliste :test #'equal)))
        (cons verweise verweisliste))))


;;; KOMBINIERE
;;; Diese Funktion kombiniert KANTEN mit den Kantenmengen NEUE-KANTEN1
;;; und NEUE-KANTEN2. Durch Modifikation dieser Funktion lassen sich verschie-
;;; dene Suchstrategien realisieren.
;;; Aktuelle Suchstrategie: depth-first.

(defun kombiniere (kanten chart neue-kanten1 neue-kanten2)
  (let ((alte-kanten (append kanten chart)))
    (append kanten
            neue-kanten1
            (remove-if #'(lambda (x) (member x alte-kanten :test #'equal))
                       neue-kanten2))))
```

Strukturgenerierung

Die Generierung der *gepackten* Strukturbeschreibungen ist relativ aufwendig, wenn auch immer noch erheblich effizienter als die sequentielle Generierung aller einfachen Strukturbeschreibungen. Jede Kante - mit Ausnahme der durch EXPAND generierten *zyklischen* Kanten (POINTER(k) = NIL) und der durch LEXIKALISCHE-KANTEN erzeugten *lexikalischen* Kanten (POINTER(k) = (*Wort*)) - wird durch Verknüpfung einer *aktiven* und einer *passiven* Kante gebildet.

Für jede Kante k könnte POINTER(k) einfach aus einer Liste von Verweispaaren $((A_1\ P_1) \ldots (A_n\ P_n))$ $(n \geq 1)$ bestehen, mit A_i/P_i als Verweis auf eine aktive und eine passive Kante, deren Kombination k ergibt. Die Länge der Liste, so liegt es nahe zu vermuten, ließe sich als Maß der Ambiguität der durch k repräsentierten Konstituente auffassen. Dieser Ansatz ist allerdings, wie sich schnell zeigen läßt, inadäquat. Wenn k eine beliebige (nicht-zyklische und nicht-lexikalische) Kante ist, dann müssen zwei Möglichkeiten unterschieden werden:

1. Es gibt verschiedene passive Kanten $k_{p1}, \ldots, k_{pm}$ $(m > 1)$, die mit **einer** aktiven Kante k_a zu k verbunden werden können; d.h. es liegt keine direkte lokale Ambiguität vor: Nicht die durch k, sondern die durch $k_{p1}, \ldots, k_{pm}$ repräsentierte Konstituente ist lokal ambig.

2. Es gibt verschiedene Verweispaare $<k_a, k_p>$, die sich durch die Segmentierung des der Kante k zugeordneten Satzabschnitts unterscheiden; erst in diesem Fall liegt eine direkte lokale Ambiguität der durch k repräsentierten Konstituente vor.

Wir haben aus diesem Grund für die Verweisliste folgende Struktur gewählt:

$$((A_1\ (P_{11} \ldots P_{1n})) \ldots (A_r\ (P_{r1} \ldots P_{rm}))),$$

mit $P_{i1} \ldots P_{in}$, mit $1 \leq i \leq r$ und $1 \leq n$, m als Verweise auf eine ambige (passive) Konstituente.

```
;;; AUSWERTEN
;;; Diese Funktion generiert alle Strukturbeschreibungen für alle Kanten vom Typ
;;; SYMBOL, die sich über den ganzen Satz erstrecken.
(defun auswerten (chart symbol satz)
  (dolist (kante chart (format t "%%keine weiteren parse gefunden!"))
    (when (and (passive-kante-p kante)
               (eq (kopf kante) symbol)
               (eq (start kante) 0)
               (eq (ende kante) (length satz)))
      ;; lokale Ambiguitäten, die über den ganzen Satz reichen, werden
      ;; nicht gepackt:
      (mapcar #'(lambda (x) (pprint (struktur (list (kern kante) (list x)) chart)))
              (pointer kante)))))
```

```
;;; STRUKTUR
;;; Generiert aus KANTE alle Strukturbeschreibungen. Ambige Substrukturen wer-
;;; den 'gepackt' repräsentiert („lokal ambiguity packing“). Gepackte Konstituenten
;;; sind durch doppelte Klammerung und Identität des ersten Symbols der beiden
;;; Teilstrukturen erkennbar.
;;; Beispiel: ...((NP (NP1 ...) ...) (NP (NP2 ...) ...) ...) ...
(defun struktur (kante chart) (when (passive-kante-p kante) (list (kopf kante))))
  (cond ((endp (pointer kante))
         ((symbolp (first (pointer kante))) (cons (kopf kante) (pointer kante)))
         (t (verarbeite (pointer kante) kante chart))))

;;; VERARBEITE
;;; Für jeden Eintrag der Verweisliste wird eine Strukturbeschreibung generiert.
(defun verarbeite (verweisliste kante chart)
  (let ((resultat nil))
    (dolist (verweise verweisliste (if (rest resultat) (list resultat) (first resultat)))
      (push (generiere-struktur kante
                (struktur (nth (first verweise) chart) chart)
                (if (rest (second verweise))
                    (mapcar #'(lambda (x) (struktur (nth x chart) chart))
                            (second verweise))
                    (struktur (nth (first (second verweise)) chart) chart)))
            resultat))))

;;; GENERIERE-STRUKTUR
;;; Wenn KANTE ein aktive Kante ist, wird nur die mit KANTE korrespondierende
;;; Struktur zurückgegeben; sonst muß auch der Kopf von KANTE in die Struktur
;;; aufgenommen werden.
(defun generiere-struktur (kante struktur1 struktur2)
  (let ((struktur (kombiniere-strukturen kante struktur1 struktur2)))
    (if (aktive-kante-p kante) struktur
      (if (atom (first struktur)) (list (kopf kante) struktur)
        (cons (kopf kante) struktur)))))

;;; KOMBINIERE-STRUKTUREN
;;; Diese Funktion kombiniert die Strukturen STRUKTUR1 und STRUKTUR2, die
;;; mit zwei Kanten korrespondieren, aus denen KANTE gebildet werden kann.
(defun kombiniere-strukturen (kante struktur1 struktur2)
  (cond ((endp struktur1) struktur2)
        ((and (= (length (geschlossen kante)) (+ (length struktur1) 1))
              (listp (first struktur1)))
         (append struktur1 (list struktur2)))
        (t (list struktur1 struktur2))))
```

Bei der Kombination der beiden Substrukturen STRUKTUR1 und STRUKTUR2 sind drei Fälle zu unterscheiden:

1. STRUKTUR1 ist leer (d.h. KANTE ist eine zyklische Kante); d.h. KOMBINIERE-STRUKTUREN evaluiert zu STRUKTUR2.

2. Beide Teilstrukturen müssen zu einer koordinierten Struktur verbunden werden, d.h., die Top-Level-Elemente von STRUKTUR1 und STRUKTUR2 sind auch die Top-Level-Elemente der neuen Struktur.

3. STRUKTUR1 ist eine 'gepackte' Struktur oder besteht aus einer Liste, die ein Symbol enthält (basierend auf einer Tilgungsregel). Dann sind beide Teilstrukturen zu einer subordinierten Struktur zu verbinden; d.h. die neue Struktur enthält STRUKTUR1 und STRUKTUR2 als Top-Level-Elemente.

Aufgaben

7.1 Schreiben Sie ein Prolog-/Lisp-Programm, das für alle nicht-terminalen Symbole einer kontextfreien Syntax die FIRST-Relation berechnet.

7.2 Modifizieren Sie beide Versionen des Earley-Algorithmus so, daß nur Kanten in die Chart eingetragen werden, die die Look-ahead-Bedingung erfüllen. Implementieren Sie die geänderten Algorithmen in Prolog/Lisp.

7.3 Überlegen Sie, wie der Earley-Algorithmus zu modifizieren ist, damit Regeln verarbeitet werden können, in denen fakultative Symbole vorkommen oder einzelne Symbole beliebig oft auftreten können (vgl. 6.1). Gehen Sie davon aus, daß Symbole nicht mehrfach markiert sein können.

7.4 Bei der Entwicklung von Recognizern ist es nicht sinnvoll, zunächst die Chart vollständig zu berechnen, um anschließend zu überprüfen, ob sie mindestens eine Kante enthält, die den Satz als syntaktisch wohlgeformt qualifiziert. Modifizieren Sie die in diesem Kapitel formulierten Erkennungsalgorithmen so, daß die Berechnung der Chart terminiert, sobald eine derartige Kante generiert wurde, und implementieren Sie sie.

7.5 Wenn es für das nächste zu analysierende Wort keinen Lexikoneintrag gibt, terminieren die in diesem Kapitel beschriebenen Algorithmen mit *false*. Eine andere Möglichkeit besteht darin, die Top-down-Komponente des Algorithmus zu verwenden, um Hypothesen über Kategorisierung des Wortes zu generieren. Entwickeln Sie ein Programm, das solche Hypothesen bildet und sie dazu verwendet, den Satz weiter zu analysieren und das Lexikon zu erweitern.

8 Insel-Parsing

Alle Algorithmen, die wir in den vorangegangenen Kapiteln formuliert haben, verarbeiten Sätze Wort für Wort von links nach rechts. Der Algorithmus, den wir im folgenden beschreiben werden, operiert im Gegensatz zu diesen Algorithmen nicht unidirektional, sondern kann, nachdem ein bzw. mehrere Wort(e) des Satzes als *Inseln* markiert wurden, die Analyse in beide Richtungen fortsetzen[1]. Grundlage des Algorithmus bildet der Earley-Algorithmus (vgl. Kapitel 7).

8.1 Motivation für Insel-Parsing

Entscheidend für die Entwicklung von Insel-Parsingalgorithmen waren die Probleme, die sich bei der maschinellen Verarbeitung gesprochener Sprache ergeben können: Während bei einer textuellen Repräsentation von Sprache die Erkennung der Wort- und Satzgrenzen in der Regel keine Probleme bereitet, da Satz- bzw. Leerzeichen relativ verläßlich Einheitsgrenzen markieren, kann es sich bei der Analyse akustischer Signale als äußerst schwierig erweisen, die für das Parsen relevanten Einheiten eindeutig zu identifizieren. Aus diesem Grund liefert die akustisch-phonetische Analyse von Äußerungen normalerweise nicht eine Folge zweifelsfrei erkannter Wortformen, sondern eine Menge z.T. inkompatibler Worthypothesen, die zu ganz unterschiedlichen Analyseergebnissen führen können.

Beispiel (8-1)
So könnte die Äußerung

w i: k ɔ: t s i k s i: l z w i ð i n æ d i k w i t b e i t s

zu den folgenden beiden Hypothesen führen, die nur eine gemeinsame Worthypothese (baits) aufweisen:

(a)	week	ought	sick	seals	within	adequate	baits
	Woche	*sollte(n)*	*krank*	*Siegel*	*innerhalb*	*geeignet(e)*	*Köder*

(b)	we	caught	six	eels	with	inadequate	baits
	Wir	*fingen*	*sechs*	*Aale*	*mit*	*ungeeigneten*	*Ködern*

[1] Vgl. [Woods 1982], [Steel/deRoeck 1987] und [Stock et al. 1989].

Eine naheliegende Strategie, die eine effiziente Lösung dieses Problems und eine weitgehende Vermeidung falscher Analysen wie (8-1)(a) ermöglicht, besteht darin, sich beim Parsen zunächst an den Worthypothesen zu orientieren, die die akustisch-phonetische Analyse als besonders verläßlich markiert hat (*Inseln*).

Außerdem sollte versucht werden, bei der weiteren Analyse der Äußerung den durch die Hypothesen determinierten Suchraum durch Rekurs auf verfügbare linguistische Wissensquellen (lexikalisch-morphologisches, syntaktisches und semantisches Wissen) möglichst stark zu reduzieren[2].

Da diese Worthypothesen sich auf ein beliebiges Segment und nicht unbedingt auf das Anfangs- bzw. Endsegment der Äußerung beziehen können, muß der Algorithmus es ermöglichen, die Analyse von den sicher erkannten Wortformen aus in beide Richtungen fortzusetzen.

Aber nicht nur bei der Analyse gesprochener Sprache kann die Verwendung eines Insel-Parsingalgorithmus sich als sinnvoll erweisen: In den meisten neueren Grammatiktheorien und -formalismen (z.B. *Government-&-Binding-Theorie, Lexical-Functional Grammar, Generalized Phrase Structure Grammar* und *Head-Driven Phrase Structure Grammar*) wird die Form zulässiger Regeln durch die $\bar{X}$-Konvention eingeschränkt[3]. Diese Konvention fordert, daß jede Regel auf der rechten Seite eine *Kopfkategorie* („head“) enthalten muß. Diese Kopfkategorie determiniert den Typ und die wichtigsten syntaktischen wie semantischen Eigenschaften der durch die Regel beschriebenen Konstituente: So ist z.B. in Regeln der Form VP $\rightarrow \ldots V \ldots$ V die Kopfkategorie, und N ist die Kopfkategorie der Regeln der Form NP $\rightarrow \ldots N \ldots$.

Ähnlich wie bei der Analyse von Äußerungen die verläßlichen Worthypothesen die Startpunkte der Analyse markieren, können hier die Wortformen als Inseln ausgewählt werden, denen das Lexikon eine solche Kopfkategorie zuordnet[4].

Beispiel (8-2)

Wenn wir N(omen) und V(erb) als Kopfkategorien auszeichnen, könnten die ersten Schritte einer bidirektionalen Analyse des Satzes

„Er verlor den Kopf, als das Dessert auf seinem Sweat-Shirt landete.“

in folgender Weise ablaufen:

(1). Identifikation der Inseln:

N	V		N		N		N	V
er	verlor	...	kopf	...	dessert	...	sweat-shirt	landete

[2]Zu den klassischen wissensbasierten Systemen in diesem Bereich gehören z.B. die ARPA-Systeme (*Advanced Research Projects Agency*) HARPY [Lowerre 1976] und HEARSAY II [Errman et al. 1980].

[3]Eine gut lesbare Darstellung der $\bar{X}$-Konvention findet sich z.B. in: [Sells 1985, S.27-33].

[4]Ein weiteres Argument für das Insel-Parsing liefern bestimmte Konstruktionen in natürlichen Sprachen, die bei unidirektionaler Analyse Schwierigkeiten bereiten; vgl. z.B. die Behandlung von Koordinationen bei [Steel/deRoeck 1987, S.227-29].

(2). **Erweiterung der Inseln:**

(a) NP er ... NP *den*[5]Kopf ... NP *das* dessert ... NP *seinem* sweat-shirt ...

(b) ... VP verlor *NP* .... PP auf *NP* ...

(c) .... VP *PP* landete

(d) .... S' *als NP* VP

Die Auszeichnung bestimmter Wörter bzw. Kategorien als Inseln kann auch in diesem Fall, wie wir später an einem Beispiel zeigen werden, die Effizienz der Analyse erheblich beeinflußen.

8.2 Notwendige Modifikationen des Earley-Algorithmus

Bei der Entwicklung eines earley-basierten Insel-Parsingalgorithmus verfügt man über einen gewissen Gestaltungsspielraum. Es gibt mindestens drei Parameter, für die man verschiedene Werte wählen kann:

1. Die Zahl der zulässigen Inseln:
   (a) eine Insel;
   (b) eine beliebige Zahl von Inseln.
2. Die Methode zur Identifikation der Inseln:
   (a) Auszeichnung von lexikalischen Kategorien;
   (b) direkte Markierung eines Wortes bzw. mehrerer Wörter innerhalb des Satzes (z.B. *Zeichne das erste Wort als Insel aus* $\Longrightarrow$ normale links-rechts Analyse.).
3. Die beim Insel-Parsen verwendete Analysestrategie:
   (a) Übernahme der Analysestrategie des Earley-Algorithmus;
   (b) Verwendung einer Analysestrategie, die durch die der Bottom-up-Aspekt stärker betont wird[6].

Der Algorithmus, den wir im folgenden entwickeln werden, zeichnet sich durch folgende Eigenschaften aus:

---

[5]Ergänzungen der Kopfkategorie einer Konstituente sind in diesem Beispiel durch Kursivschrift hervorgehoben.

[6]Natürlich lassen sich diverse Analysestrategien für das Insel-Parsing verwenden und so z.B. ein Insel-Parsingalgorithmus formulieren, der vollständig bottom-up arbeitet (vgl. [Stock et al. 1989]) oder der die Left-corner-Strategie verwendet.

- Es werden beliebig viele Inseln pro Satz zugelassen.
- Die Inseln werden durch Auszeichnung von lexikalischen Kategorien determiniert.
- Die Analyse verläuft weitgehend bottom-up: Es wird eine neue, rein bottom-up arbeitende Operation (REDUCE) definiert, und die Anwendung von EXPAND wird eingeschränkt.

8.2.1 Datenstrukturen und Operationen

Wir erweitern den Earley-Algorithmus in zwei Schritten: Zunächst ändern wir die Struktur der Kanten, die wir in die Chart eintragen, und anschließend modifizieren bzw. ergänzen wir die Grundoperationen des Earley-Algorithmus so, daß sie eine bidirektionale Verarbeitung von Sätzen gestatten.

Kanten. Solange wie in den bislang betrachteten Algorithmen Teilstrukturen unidirektional erkannt bzw. gebildet werden, ist es ausreichend, sie so zu repräsentieren, daß nur zwischen dem erkannten und dem noch nicht erkannten Teil der Struktur (*offener / geschlossener Abschnitt* einer Kante) unterschieden wird. Für das Insel-Parsing dagegen sollte eine Repräsentation gewählt werden, die explizit zwischen

(a) dem erkannten Teil T einer Struktur (*geschlossener Abschnitt*),

(b) dem nicht erkannten Teil links von T (*linker Abschnitt*) und

(c) dem nicht erkannten Teil rechts von T (*rechter Abschnitt*)

unterscheidet; d.h., wenn man von weiteren, zur Generierung von Strukturbeschreibungen notwendigen Informationen absieht, haben Kanten nun die Form:

$$\text{Kante} := [\textit{anfang ende kopf links geschlossen rechts}].$$

Natürlich lassen sich Kanten weiterhin wie gewohnt als geteilte Produktionen notieren:

$$\textit{Kopf} \rightarrow \textit{links.geschlossen.rechts} \in \text{Chart}(\textit{anfang}, \textit{ende}).$$

Operationen. Mit einem ähnlich geringen Aufwand lassen sich auch die vom Earley-Algorithmus zur Berechnung der Chart verwendeten Prozeduren (EXPAND und COMPLETE) so modifizieren, daß sie eine bidirektionale Verarbeitung des Satzes erlauben.

Die Prozedur COMPLETE bildet aus zwei Kanten $k_1 = [i, j, X, \alpha, Y\gamma]$ und $k_2 = [j, l, Y, \beta, e]$ eine neue Kante $k_3 = [i, l, X, \alpha Y, \gamma]$. Die für das Insel-Parsing zu formulierende Operation $\text{COMPLETE}_{\text{IS}}$ muß zwischen Links- und Rechtserweiterung unterscheiden:

- *Rechtserweiterung*:
  Aus den Kanten [j, l, Y, e, β, e], [i, j, X, δ, α, Yγ] kann COMPLETE$_{IS}$ die Kante [i, l, X, δ, αY, γ] bilden.

- *Linkserweiterung*:
  Die Kanten [j, l, Y, e, β, e], [l, m, Z, τY, ρ, σ] können zur Kante [j, m, Z, τ, Yρ, σ] kombiniert werden.

Diese Lösung ist allerdings nicht ganz unproblematisch: Wenn die Chart eine aktive Kante enthält, die links und rechts erweitert werden kann, dann kann diese Situation zur Generierung redundanter Kanten führen:[7].

Beispiel (8-3)

Wenn die Chart die Kanten

(1) [i, j, X, A, γ, B]
(2) [h, i, A, e, α, e]
(3) [j, l, B, e, β, e]

enthält, dann werden durch COMPLETE$_{IS}$ die folgenden Kanten generiert werden:

(4) [h, j, X, e, Aγ, B] aus (1) und (2)
(5) [i, l, X, A, γB, e] aus (1) und (3).

Im nächsten Schritt erhalten wir dann:

(6) [h, l, X, e, AγB, e] aus (4) und (3)
(6') [h, l, X, e, AγB, e] aus (5) und (2).

Die Redundanz dieses Verfahrens besteht nicht allein darin, daß dieselbe Kante mehrfach generiert und in die Chart eingetragen wird (letzteres läßt sich durch einen einfachen Test verhindern); auch auf die Generierung der Kante (4) oder der Kante (5) kann verzichtet werden, ohne daß dadurch das Resultat der Analyse beeinflußt wird. Es gibt verschiedene Möglichkeiten zu verhindern, daß durch die Kombination zweier Kanten redundante Kanten generiert und in die Chart eingetragen werden:

1. Man formuliert ein allgemeines Redundanzkriterium, das sicherstellt, daß nur nicht-redundante Kanten generiert werden können (siehe z.B. **r/check** in: [Stock et al. 1989, S.229]). Der Nachteil dieses Verfahrens liegt in der Komplexität des Kriteriums und der Notwendigkeit, alle potentiellen Kantenpaare vor Anwendung der Kantenbildungsoperationen zu testen.

2. Die Operation COMPLETE$_{IS}$ wird so modifiziert, daß Kanten, die nach links und nach rechts erweitert werden können, in einem Schritt beidseitig erweitert werden; d.h. COMPLETE$_{IS}$ kombiniert in diesem Fall drei Kanten (die Kante (6) wird direkt generiert, d.h. ohne daß zuvor die Kanten (4)/(5) gebildet werden).

[7] Vgl. [Steel/deRoeck 1987, S. 228-229].

3. **Es wird festgelegt, daß in den Fällen, in denen eine Kante beidseitig erweitert werden kann, sie immer nur in eine Richtung erweitert wird (es wird nur die Kante (4) oder die Kante (5) und damit nur (6) bzw. (6') gebildet).**

Wir verwenden wie [Steel/deRoeck 1987] wegen ihrer Einfachheit die letzte Lösung (d.h. wir erweitern beidseitig erweiterbare Kanten immer nur nach rechts) und erhalten so die folgende Version der Operationen COMPLETE$_{IS}$ und EXPAND$_{IS}$: Wenn der rechte Abschnitt der Kante nicht leer ist, produziert EXPAND$_{IS}$ zyklische Kanten, durch die sie nach rechts erweitert werden kann; sonst zyklische Kanten, die potentielle Kandidaten für eine Linkserweiterung bilden.

PROZEDUR EXPAND$_{IS}$

DATEN: Eine kontextfreie Syntax G = <V_N, V_T, S, R> und eine Chart C.
EINGABE: Eine aktive Kante k = [i, j, A, α, β, γ]; d.h. $\alpha \neq e$ oder $\gamma \neq e$.
METHODE:
Wenn < γ = Bγ'>
Dann <Für alle B $\rightarrow \tau \in$ R:
<Trage [j, j, B, e, e, τ] in C ein>>
Sonst <Für alle D $\rightarrow \delta \in$ R, mit $\alpha = \alpha$'A:
<Trage [i, i, D, δ, e, e] in C ein>>

PROZEDUR COMPLETE$_{IS}$

DATEN: Eine Chart C.
EINGABE: Eine passive Kante k = [j, l, B, e, τ, e] $\in$ C.
METHODE:
Für alle [i, j, A, α, β, Bγ] $\in$ C, mit $0 \leq i \leq j \leq l \leq n$:
<Trage [i, l, A, α, βB, γ] in C ein>
Für alle [l, m, A, αB, β, e] $\in$ C, mit $0 \leq j \leq l \leq m \leq n$:
<Trage [j, m, A, α, Bβ, e] in C ein>

Die Prozedur COMPLETE$_{IS}$ genügt der oben formulierten Restriktion: Kanten, die beidseitig erweiterbar sind, werden immer nur nach rechts erweitert.

Um die Bedeutung der Inseln für den Analyseprozeß zu verstärken, modifizieren wir die Analysestrategie des Earley-Algorithmus so, daß die Anwendung der EXPAND-Prozedur eingeschränkt wird und die meisten Kanten bottom-up generiert werden:

1. Wir initialisieren die Chart nicht mehr durch EXPAND bzw. EXPAND$_{IS}$, sondern tragen zunächst nur die lexikalischen Kanten ein, die keine Inseln repräsentieren und benutzen die Inseln zur Steuerung der Analyse.

2. Wir definieren eine weitere, bottom-up arbeitende Operation $REDUCE_{IS}$: Ausgehend von einer passiven Kante k generiert $REDUCE_{IS}$ für jedes Vorkommen des Kopfes von k auf der rechten Seite einer Regel der Syntax eine neue (aktive/passive) Kante k'.

PROZEDUR $REDUCE_{IS}$

DATEN: Eine kontextfreie Syntax $G = \langle V_N, V_T, S, R\rangle$ und eine Chart C.
EINGABE: Eine passive Kante $k = [i, j, A, e, \alpha, e]$.
METHODE:
Für alle $B \rightarrow \tau \in R$, mit $\tau = \delta_1 \ldots \delta_n$ $(n \geq 1)$:
Wenn $\langle A = \delta_i\rangle$
Dann <Trage $[i, j, B, \delta_1..\delta_{i-1}, A, \delta_{i+1} \ldots \delta_n]$ in C ein>

Beispiel (8-4)
Wenn C eine Chart ist und $G = \langle V_N, V_T, S, R\rangle$ eine kontextfreie Syntax, mit
$R = \{S \rightarrow B\ A\ B,\ S \rightarrow A\ B\ A\}$,
dann trägt $REDUCE_{IS}$ für die Kante $[i, j, A, e, \alpha, e] \in C$ folgende weitere Kanten in C ein:

$[i, j, S, B, A, B]$,
$[i, j, S, e, A, BA]$ und
$[i, j, S, AB, A, e]$.

Mit diesen Operationen können wir jetzt einen Insel-Erkennungsalgorithmus formulieren.

ALGORITHMUS $RECOGNIZE_{IS}$

DATEN: Ein Lexikon L und eine kontextfreie Syntax $G = \langle V_N, V_T, S, R\rangle$ ohne Tilgungs- und Kettenregeln.
EINGABE: Ein Satz $w = w_1 \ldots w_n$ $(n \geq 1)$.
AUSGABE: *True/False*.
ARBEITSSTRUKTUREN:

CHART	- Eine Chart. Anfangswert: leer.
INSELN	- Die Menge der Inseln von w. Anfangswert: leer.
INSEL-KATEGORIEN	- Die Menge von Kategorien, durch die die Inseln von w festgelegt werden.

METHODE:

INSEL-KATEGORIEN $\Leftarrow$ eine nicht-leere Teilmenge von V_T.

Initialisierung:

Für alle w_i ($1 \leq i \leq n$):

Für alle lexikalischen Kategorien X, mit $w_i \in X$:

Wenn <X $\in$ INSEL-KATEGORIEN>

Dann <INSELN $\Leftarrow$ INSELN $\cup$ $\{[i\text{-}1, i, X, e, w_i, e]\}$>

Sonst <Chart $\Leftarrow$ Chart $\cup$ $\{[i\text{-}1, i, X, e, w_i, e]\}$>

Berechnung der übrigen Kanten:

Die Berechnung der Chart erfolgt, wie beim Earley-Algorithmus, in zwei Schritten:

- Initialisierung der Chart und
- Berechnung der übrigen Kanten.

Da nach der Initialisierung der Chart die Berechnung der anderen Kanten entweder durch Vorwärtsverkettung oder unter Zwischenspeicherung der neu generierten Kanten realisiert werden kann, spezifizieren wir beide Methoden separat.

Die Operationen EXPAND$_{IS}$, COMPLETE$_{IS}$ und REDUCE$_{IS}$ so zu modifizieren, daß sie verwendet werden können, um die Chart durch Vorwärtsverkettung bzw. Winograds Variante des Earley-Algorithmus zu berechnen, überlassen wir dem Leser und der Leserin als Übung. Zu beachten ist allerdings, daß COMPLETE$_{IS}$ nun in beiden Fällen so zu formulieren ist, daß eine passive oder aktive Kante als Argument akzeptiert wird, die dann mit allen geeigneten aktiven bzw. passiven Kanten der Chart kombiniert wird.

8.2.2 Berechnung der Chart durch Vorwärtsverkettung

Bei der Berechnung der Chart durch Vorwärtsverkettung wird jede neu gebildete Kante direkt zur Generierung weiterer Kanten verwendet. Den Kantenbildungsprozeß steuert die Prozedur **CLOSURE$_{IS}$**, die weitgehend der Prozedur CLOSURE aus Kapitel 7 entspricht. Den Algorithmus RECOGNIZE$_{IS}$ haben wir nur zu ergänzen durch:

Für jede Kante k $\in$ INSELN:

<*<u>CLOSURE$_{IS}$(k)</u>*>

Wenn <*[0, n, S, e, α, e] $\in$ CHART*>

Dann <*RETURN(True)*>

Sonst <*RETURN(False)*>.

PROZEDUR CLOSURE$_{IS}$

DATEN: Eine kontextfreie Syntax G, ein Lexikon L und eine Chart C.
EINGABE: Eine Kante k = [i, j, A, α, β, γ].
SEITENEFFEKT: Berechnung der Chart.

METHODE:

Wenn <k $\notin$ C>
Dann <Trage k in C ein>
<*COMPLETE*$_{IS}$(k)>
Wenn <k ist eine *aktive* Kante>
Dann <*EXPAND*$_{IS}$(k)>
Sonst <*REDUCE*$_{IS}$(k)>

8.2.3 Zwischenspeicherung der neu generierten Kanten

Wird zur Berechnung der Chart Winograds Variante des Earley-Algorithmus verwendet, werden neu gebildete Kanten zunächst zwischengespeichert. Wir verwenden zu diesem Zweck die Variable INSELN, die zunächst nur die Inseln des Satzes enthält.

Zur Berechnung der übrigen Kanten ist der Algorithmus wie folgt zu ergänzen:

Wenn <$S \rightarrow .\alpha.$ > $\in$ *Chart(0,n)*>
Dann <*Return(True)*>
Wenn <*INSELN* = $\emptyset$>
Dann <*Return(False)*>
K $\Leftarrow$ *First(INSELN).*
INSELN $\Leftarrow$ *Rest(INSELN).*
Chart $\Leftarrow$ *Chart* $\cup$ $\{K\}$.
INSELN $\Leftarrow$ *INSELN* $\cup$ *COMPLETE*$_{IS}$*(K).*
Wenn <*K ist eine aktive Kante*>
Dann <*INSELN* $\Leftarrow$ *INSELN* $\cup$ *EXPAND*$_{IS}$*(K)*>
Sonst <*INSELN* $\Leftarrow$ *INSELN* $\cup$ *REDUCE*$_{IS}$*(K)*>

Die Operationen EXPAND$_{IS}$, COMPLETE$_{IS}$ und REDUCE$_{IS}$ sind so zu formulieren, daß sichergestellt ist, daß keine Kanten generiert werden, die bereits in INSELN oder Chart enthalten sind.

Das abschließende Beispiel illustriert, in welchem Umfang die Wahl der Inseln den Analyseprozeß beeinflußt.

Beispiel (8-5)
Gegeben sei eine kontextfreie Syntax G = <V_N, V_T, S, R>, die die folgenden Regeln enthält:

S $\rightarrow$ NP VP	NP $\rightarrow$ det N1	NP $\rightarrow$ det n
NP $\rightarrow$ det adj n	N1 $\rightarrow$ adj n	VP $\rightarrow$ v adv.

Die Größe der Chart, die ein *depth-first* arbeitender Insel-Recognizer für den Satz „Der alte Mann starb heute." generiert, hängt stark von der Wahl der Insel-Kategorien ab:

(A) INSEL-KATEGORIEN[8] = {V}

1	*[0, 1, DET,* e, *DER,* e*]*		13	[2, 3, NP, DET, N, *e*]	C_{IS}
2	*[1, 2, A,* e, *ALTE,* e*]*		14	[2, 3, NP, DET A, N, *e*]	C_{IS}
3	*[2, 3, N,* e, *MANN,* e*]*		15	[2, 3, N1, A, N, *e*]	C_{IS}
4	*[4, 5, ADV,* e, *HEUTE,* e*]*		16	[1, 3, NP, DET, A N, *e*]	C_{IS}
5	**[3, 4, V, *e*, STARB, *e*]**		17	[1, 3, N1, *e*, A N, *e*]	C_{IS}
6	[3, 4, VP, *e*, V, ADV]	R_{IS}	18	[0, 3, NP, *e*, DET A N, *e*]	C_{IS}
7	[3, 5, VP, *e*, V ADV, *e*]	C_{IS}	19	[1, 3, NP, DET, N1, *e*]	C_{IS}
8	[3, 5, S, NP, VP, *e*]	R_{IS}	20	[0, 5, S, *e*, NP VP, *e*]	C_{IS}
9	[3, 3, NP, DET N1, *e*, *e*]	E_{IS}	21	[0, 3, S, *e*, NP, VP]	R_{IS}
10	[3, 3, NP, DET N, *e*, *e*]	E_{IS}	22	[0, 3, NP, *e*, DET N1, *e*]	C_{IS}
11	[3, 3, NP, DET A N, *e*, *e*]	E_{IS}	23	[3, 3, VP, *e*, *e*, V ADV]	E_{IS}
12	[3, 3, N1, A N, *e*, *e*]	E_{IS}			

(B) INSEL-KATEGORIEN = {det}

1	*[1, 2, A,* e, *ALTE,* e*]*		16	[0, 3, NP, *e*, DET N1, *e*]	C_{IS}
2	*[2, 3, N,* e, *MANN,* e*]*		17	[1, 3, NP, DET, N1, *e*]	C_{IS}
3	*[3, 4, V,* e, *STARB,* e*]*		18	[3, 4, VP, *e*, V, ADV]	C_{IS}
4	*[4, 5, ADV,* e, *HEUTE,* e*]*		19	[3, 5, VP, *e*, V ADV, *e*]	C_{IS}
5	**[0, 1, DET, *e*, DER, *e*]**		20	[0, 5, S, *e*, VP NP, *e*]	C_{IS}
6	[0, 1, NP, *e*, DET, A N]	R_{IS}	21	[3, 5, S, NP, VP, *e*]	C_{IS}
7	[0, 1, NP, *e*, DET, N]	R_{IS}	22	[3, 3, NP, DET N1, *e*, *e*]	E_{IS}
8	[0, 1, NP, *e*, DET, N1]	R_{IS}	23	[3, 3, NP, DET N, *e*, *e*]	E_{IS}
9	[0, 2, NP, *e*, DET A, N]	C_{IS}	24	[3, 3, NP, DET A N, *e*, *e*]	E_{IS}
10	[1, 1, N1, *e*, *e*, A N]	E_{IS}	25	[3, 3, N1, A N, *e*, *e*]	E_{IS}
11	[0, 3, NP, *e*, DET A N, *e*]	C_{IS}	26	[2, 3, NP, DET, N, *e*]	C_{IS}
12	[1, 2, N1, *e*, A, N]	C_{IS}	27	[2, 3, NP, DET A, N, *e*]	C_{IS}
13	[0, 3, S, *e*, NP, VP]	R_{IS}	28	[2, 3, N1, A, N, *e*]	C_{IS}
14	[1, 3, N1, *e*, A N, *e*]	C_{IS}	29	[1, 3, NP, DET, A N, *e*]	C_{IS}
15	[3, 3, VP, *e*, *e*, V ADV]	E_{IS}			

Wenn wir andere Kategorien bzw. Kombinationen von Kategorien als Insel-Kategorien auszeichnen, erhalten wir folgende Ergebnisse:

{N} bzw. {N, V}	-	23 Kanten
{A}	-	25 Kanten
{ADV}	-	25 Kanten
{DET}	-	29 Kanten
{DET, ADV}	-	31 Kanten
{DET, A, N, V}	-	31 Kanten

Wie sich zeigt, führt die Wahl *plausibler* Insel-Kategorien wie N oder V zu erheblich besseren Resultaten, als die Wahl anderer Kategorien (z.B. DET, ADV). Allerdings ist die Chart in keinem Fall kleiner als die Chart, die man durch Anwendung des Earley-Algorithmus erhalten hätte (23 Kanten). Vorteile können sich aber bei einem Parser ergeben, der nur den zuerst gefundenen Parse ausgibt; d.h. die Berechnung der Chart abbricht, sobald eine passive S-Kante für den Satz gefunden wurde.

8.3 Implementierung

Wir beschränken uns darauf, eine Lisp-Implementierung für einen Insel-Recognizer anzugeben, der die Chart unter Zwischenspeicherung der neu gebildeten Kanten berechnet (vgl. Kapitel 7.2.2).

8.3.1 Kantenselektoren

```
(defun start (kante)
  (first kante))

(defun ende (kante)
  (second kante))

(defun kopf (kante)
  (third kante))

(defun geschlossen (kante)
  (fifth kante))

(defun links (kante)
  (fourth kante))

(defun rechts (kante)
  (sixth kante))
```

AKTIVE-KANTE-P, PASSIVE-KANTE-P, NEUE-KANTE-P und MATCHING-KANTEN-P können unverändert aus Kapitel 7 übernommen werden.

8.3.2 Identifikation der Inseln im Satz

```
;;; LEXIKALISCHE-KANTEN
;;; Die Funktion generiert für ein Wort alle möglichen lexikalischen Kanten; d.h. eine
;;; für jede zugeordnete lexikalische Kategorie.
(defun lexikalische-kanten (start wort)
  (mapcar #'(lambda (x) (list start (+ start 1) x nil (list wort) nil))
          (eintrag-kategorien wort)))
```

[8]Insel-Kanten sind durch Fettschrift hervorgehoben; bei der Initialisierung der Chart gebildete Kanten durch Kursivschrift. 'C_{IS}', 'E_{IS}' und 'R_{IS}' geben an, ob die Kante durch COMPLETE$_{IS}$, EXPAND$_{IS}$ oder REDUCE$_{IS}$ in die Chart eingetragen wurde.

```
;;; INSELN
;;; Die Funktion legt durch einen mit dem Benutzer geführten Dialog fest, welche
;;; lexikalischen Kategorien als Insel verwendet werden. Sie berechnet die Liste der
;;; lexikalischen Kanten, die Inseln des Satzes repräsentieren (INSEL-KANTEN) und
;;; die lexikalischen Kanten, mit denen die Chart initialisiert wird (KANTEN).
(defun inseln (satz)
  (let ((z 0) (kategorien nil) (insel-kanten nil) (kanten nil))
    (format t "~%Welche der folgenden lexikalischen Kategorien: ~{~S ~}~%"
              (lexikalische-kategorien))
    (format t "sollen als Insel verwendet werden? ~%>  ")
    (setf kategorien (read))
    (dolist (x satz (list insel-kanten kanten))
      (dolist (y (lexikalische-kanten z x))
        (if (member (kopf y) kategorien)
            (push y insel-kanten)
            (push y kanten)))
      (setf z (+ z 1)))))
```

8.3.3 Die Hauptfunktionen

```
;;; RECOGNIZE-IS
;;; Top-level-Funktion des Programms.
(defun recognize-is (satz &key (symbol (startsymbol)))
  (do* ((l-kanten (inseln satz))
          (kante (caar l-kanten) (first p-kanten))
          (p-kanten (rest (first l-kanten)) (rest p-kanten))
          (chart (second l-kanten)))
         ((endp kante) (pprint chart) (auswerten chart symbol satz))
       (setf chart (update-chart chart kante)
             p-kanten (neue-kanten kante p-kanten chart))))

;;; NEUE-KANTEN
;;; Diese Funktion kombiniert P-Kanten mit den durch EXPAND-IS und
;;; COMPLETE-IS generierten neuen Kanten. Erweiterungen dieser Funktion er-
;;; lauben die Realisierung verschiedener Suchstrategien.
(defun neue-kanten (kante p-kanten chart)
  (let ((alte-kanten (append p-kanten chart)))
    (append p-kanten
            (remove-if #'(lambda (x) (member x alte-kanten :test #'equal))
                       (or (complete-is chart kante)
                           (if (aktive-kante-p kante)
                               (expand-is kante)
                               (reduce-is kante)))))))
```

```
;;; EXPAND-IS
;;; EXPAND-IS nimmt eine aktive Kante als Argument. Ist der rechte Abschnitt
;;; der Kante nicht leer, wird für jede Regel der Syntax, mit der das nächste Symbol
;;; dieses Abschnitts expandiert werden kann, eine neue Kante generiert; sonst für
;;; das letzte Symbol des rechten Abschnitts.
(defun expand-is (kante)
  (if (rechts kante)
      (mapcar #'(lambda (x) (list (ende kante) (ende kante) (first (rechts kante))
                                  nil nil x))
              (expansionen (first (rechts kante))))
      (mapcar #'(lambda (x) (list (start kante) (start kante)
                                  (first (last (links kante))) x nil nil))
              (expansionen (first (last (links kante)))))))

;;; REDUCE-IS
;;; Die Funktion nimmt als Argument eine passive Kante und generiert für jedes
;;; Vorkommen des Kopfs dieser Kante auf der rechten Seite einer der Regeln der
;;; Syntax eine aktive bzw. bei unären Regeln eine passive Kante.
(defun reduce-is (kante)
  (let ((resultat nil) (kat (kopf kante)))
   (dolist (x (regeln) resultat)
     (dotimes (y (length (rest x)))
       (when (eq (nth y (rest x)) kat)
         (push (list (start kante) (ende kante) (first x)
                     (butlast (rest x) (- (length (rest x)) y))
                     (list kat) (nthcdr (+ y 2) x)) resultat))))))

;;; COMPLETE-IS
;;; Die Funktion nimmt als Argument eine (aktive/passive) Kante und trägt in die
;;; Chart diejenigen Kanten ein, die sich durch Verbindung dieser Kante mit einer
;;; (passiven/aktiven) Kante der Chart bilden lassen.
(defun complete-is (chart kante)
  (if (passive-kante-p kante)
      (mapcar #'(lambda (x) (bilde-kante x kante))
              (remove-if #'(lambda (x)
                             (or (passive-kante-p x) (not (matching-kanten-p x kante))))
                         chart))
      (mapcar #'(lambda (x) (bilde-kante kante x))
              (remove-if #'(lambda (x)
                             (or (aktive-kante-p x) (not (matching-kanten-p kante x))))
                         chart))))
```

```
;;;; Kantenkonstruktor

;;; BILDE-KANTE
;;; Diese Funktion bildet aus den beiden Kanten KANTE1 und KANTE2 eine neue
;;; Kante: KANTE1 wird durch KANTE2 (rechts/links) ergänzt.
(defun bilde-kante (kante1 kante2)
  (if (rechts kante1)
      (list (start kante1)
            (ende kante2)
            (kopf kante1)
            (links kante1)
            (append (geschlossen kante1) (list (kopf kante2)))
            (rest (rechts kante1)))
      (list (start kante2)
            (ende kante1)
            (kopf kante1)
            (butlast (links kante1))
            (append (list (kopf kante2)) (geschlossen kante1))
            (rechts kante1))))
```

Die Funktionen AUSWERTEN und UPDATE-CHART sind mit den gleichnamigen Funktionen in Kapitel 7 identisch.

Aufgaben

8.1 Warum liefern die in Beispiel (8-5) verwendeten Insel-Hypothesen so unterschiedliche Ergebnissen?

8.2 Modifizieren Sie die Operation $\text{COMPLETE}_{\text{IS}}$ so, daß beidseitig erweiterbare Kanten gleichzeitig in beide Richtungen erweitert werden (vgl. 8.2).

8.3 Definieren Sie eine Prozedur, die es erlaubt, beliebige Wörter des zu analysierenden Satzes als Inseln zu markieren.

8.4 Erweitern Sie den Insel-Recognizer zu einem Insel-Parser, der Strukturbeschreibungen implizit (durch Verweislisten) repräsentiert. Es ist erforderlich, die Funktion GENERIERE-STRUKTUR aus Kapitel 7 für den Insel-Parser anzupassen.

8.5 Entwickeln Sie einen Insel-Parser, der eine Folge von Zeichen verarbeiten kann, bei der Wortgrenzen nicht durch Leerzeichen oder auf andere Weise markiert sind.

9 ID/LP-Syntaxen

In den letzten 10 Jahren hat sich ein deutlicher Wandel der Vorstellungen von der Struktur linguistischer Theorien und Formalismen vollzogen. Es galt eine Lösung für die fundamentalen methodologischen Probleme zu finden, zu der die Annahme einer hierarchischen Organisation der linguistischen Beschreibungsebenen, wie sie der amerikanische Strukturalismus populär gemacht hatte, geführt hatte. Neuere (meist unifikationsbasierte) Formalismen sind *modular* organisiert; d.h. sie postulieren eine Anzahl 'unabhängiger' Komponenten (Module), die relativ frei miteinander interagieren. Diesem Trend folgend, werden in verschiedenen Formalismen kontextfreie Phrasenstrukturregeln durch sogenannte *Immediate-dominance-* und *Linear-precedence*-Regeln (ID/LP-Regeln) ersetzt. Wir werden in diesem Kapitel zunächst das Konzept der ID/LP-Syntaxen erläutern[1] und anschließend zwei Varianten des Earley-Algorithmus vorstellen, die eine direkte Verarbeitung von ID/LP-Syntaxen ermöglichen.

9.1 Motivation für den ID/LP-Formalismus

Der ID/LP-Formalismus wurde ursprünglich im Rahmen der 'Generalisierten Phrasenstrukturgrammatik' (GPSG) entwickelt, und er wird heute in z.T. modifizierter Form auch in einer Reihe von anderen Formalismen (wie z.B. der *Head-Driven Phrase Structure Grammar*)[2] verwendet. Der wichtigste Grund für die Verwendung von ID- und LP-Regeln bildet die Tatsache, daß kontextfreie Regeln zwei unterschiedliche Typen von syntaktischen Relationen in einer Weise miteinander verknüpfen, die es unmöglich macht, wichtige Generalisierungen explizit auszudrücken. Da jede kontextfreie Regel gleichzeitig eine Dominanzbeziehung zwischen dem Symbol auf der linken und den Symbolen auf der rechten Regelseite, wie eine Abfolgebeziehung zwischen den Symbolen der rechten Regelseite determiniert, ist einer Grammatik, die Regeln dieses Typs verwendet, z.B. nicht direkt zu entnehmen, welche Abfolgerestriktionen *global*, d.h. für die gesamte Grammatik, gelten.

[1] Eine ausführliche Diskussion der linguistischen Adäquatheit von ID/LP-Syntaxen findet sich in [Langer/Naumann 1992].

[2] Vgl. [Gazdar/Pullum 1982], [Gazdar et al. 1985] und [Pollard/Sag 1987].

Beispiel (9-1)

Die Regel S → a b c legt fest, daß S die Symbole a, b und c dominiert und daß a vor b und b vor c steht. Als Wohlgeformtheitsbedingung für lokale Bäume interpretiert, läßt sie genau einen Baum zu:

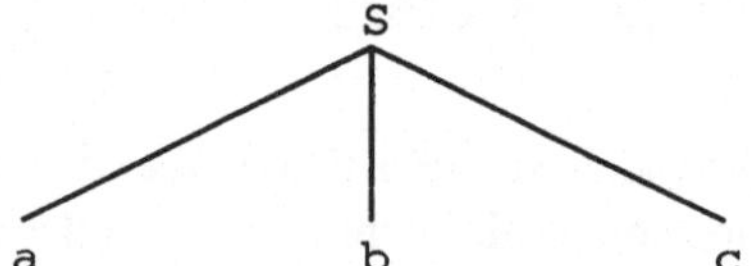

Diese Verknüpfung beider Relationen in einem Regeltyp ist aus linguistischer Sicht nur dann tolerierbar, wenn in der zu beschreibenden Sprache die Wortstellung eine bedeutende Aufgabe bei der Kodierung syntaktischer Informationen übernimmt (z.B. bei Sprachen mit relativ fester Wortstellung und wenig ausgeprägtem Flexionssystem wie dem Englischen). Bei Sprachen mit freier bzw. partiell freier Wortstellung dagegen verursacht sie eine erhebliche Redundanz der syntaktischen Beschreibung, die außerdem eine transparente Darstellung wichtiger Regularitäten verhindert.

Beispiel (9-2)

Nehmen wir einmal an, daß die folgende kontextfreie Syntax ein Fragment irgendeiner natürlichen Sprache vollständig und beobachtungsadäquat beschreibt:

S → a b c S → b c a S → b a c

Das so definierte Sprachfragment läßt sich durch zwei Generalisierungen beschreiben, die als unabhängige *constraints* für die syntaktische Hierarchie bzw. lineare Abfolge aufgefaßt werden können:

1. Alle Konstituenten vom Typ S bestehen aus jeweils einem Vorkommen der Symbole a, b und c.

2. Das Symbol c darf nicht dem Symbol b vorangehen.

Diese Generalisierungen können in der Beschreibung des Fragments durch die kontextfreien Regeln nicht explizit ausgedrückt werden, da beide Relationen durch einen Regeltyp beschrieben werden.

In einer ID/LP-Syntax $G = \langle V_N, V_T, S, R_{ID}, R_{LP} \rangle$ werden die Dominanz- und die Abfolgerelation jeweils durch einen eigenen Regeltyp spezifiziert:

Eine ID-Regel $X \rightarrow Y_1, \ldots, Y_n$ $(n \geq 1)$ legt fest, daß X die Symbole $Y_1, \ldots, Y_n$ dominiert, ohne gleichzeitig zu bestimmen, in welcher Reihenfolge die dominierten Symbole anzuordnen sind.

Diese Aufgabe übernehmen die LP-Regeln: Eine LP-Regel $Y_i < Y_j$ läßt nur solche Abfolgen zu, in denen Y_i vor Y_j steht[3]. Der Geltungsbereich einer LP-Regel ist die Menge der rechten Regelseiten aller ID-Regeln von G. So lassen sich durch sie für die ganze Syntax und die durch sie festgelegte Sprache geltende Ordnungsvorschriften ausdrücken[4].

Beispiel (9-3)

Die ID-Regel S → a, b, c läßt die folgenden sechs lokalen Bäume zu:

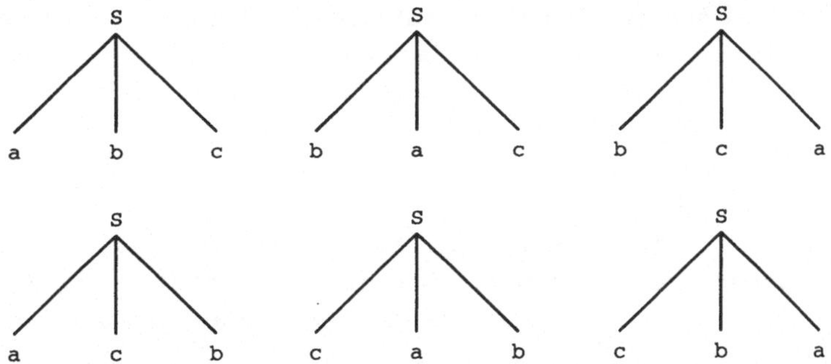

Zusammen mit der LP-Regel b < c, die nur die ersten drei der sechs lokalen Bäume zuläßt, erhält man eine zu der kontextfreien Syntax aus Beispiel (9-2) stark äquivalente ID/LP-Syntax, die außerdem beide Generalisierungen bzgl. der Dominanz- und Abfolgebeziehungen explizit ausdrückt.

Vergleicht man die generative Kapazität von kontextfreien Syntaxen mit der von ID/LP-Syntaxen, so läßt sich leicht zeigen, daß zwischen beiden Syntaxtypen folgende Beziehung besteht:

Zu jeder ID/LP-Syntax gibt es eine stark äquivalente kontextfreie Syntax, und umgekehrt kann für jede kontextfreie Syntax eine schwach äquivalente ID/LP-Syntax angegeben werden. Der ID/LP-Formalismus läßt sich also als eine Metasprache zur Beschreibung einer Teilklasse der kontextfreien Syntaxen betrachten. Daß nicht für jede, sondern nur für die kontextfreien Syntaxen, die die sogenannte ECPO-Eigenschaft („exhaustive constant partial ordering“[5]) aufweisen, eine stark äquivalente ID/LP-Syntax angegeben werden kann, läßt sich mit einem einfachen Beispiel gut illustrieren:

[3]'<' bezeichnet hier die lineare Präzedenzrelation, die als eine antisymmetrische und transitive Relation definiert ist.

[4]Formal kann die rechte Seite einer ID-Regel als eine Multimenge von Symbolen aufgefaßt werden; d.h. als eine Menge, in der ein Symbol mehrfach vorkommen kann.

[5]Vgl. [Gazdar et al. 1985, S.49f.]. Kurz gesagt besitzt eine kontextfreie Syntax die ECPO-Eigenschaft, wenn in ihr alle Abfolgerestriktionen *globale* Geltung besitzen; d.h. ihre Geltung nicht auf eine/einige Regeln beschränkt ist.

Beispiel (9-4)
Die durch LP-Regeln formulierten Abfolgerestriktionen gelten für die rechten Regelseiten aller ID-Regeln: Es ist nicht möglich, z.B. Restriktionen zu formulieren, die in einigen Regeln nur die Abfolge Y_1 Y_2, in anderen aber nur die Abfolge Y_2 Y_1 zulassen.
So gibt es z.B. für die Syntax, die nur die Regeln $X_1 \rightarrow Y_1\ Y_2$ und $X_2 \rightarrow Y_2\ Y_1$ enthält, keine stark äquivalente ID/LP-Syntax, da die Abfolge der dominierten Symbole von dem sie dominierenden Symbol abhängt. Eine Umformung in eine schwach äquivalente ID/LP-Syntax ist natürlich möglich, wenn auch relativ aufwendig:

$$X_1 \rightarrow Z_1, Y_2 \qquad Z_1 \rightarrow Y_1$$
$$X_2 \rightarrow Z_2, Y_2 \qquad Z_2 \rightarrow Y_1$$
$$Z_1 < Y_2 \qquad Y_2 < Z_2$$

Bevor wir auf die verschiedenen Möglichkeiten eingehen können, mit ID/LP-Syntaxen zu parsen, ist es erforderlich, den für ID/LP-Syntaxen geltenden Ableitungsbegriff zu entwickeln. Wir beginnen mit einer Reihe einfacher Definitionen:

Definition (9-1) *LP-zulässig*
Wenn $G = \langle V_N, V_T, S, R_{ID}, R_{LP} \rangle$ eine beliebige ID/LP-Syntax ist und $w = w_1 \ldots w_n$ $(n \geq 1)$, mit $w_i \in V$, dann ist w LP-zulässig gdw. es für alle w_i $(1 \leq i < n)$ kein w_j $(i < j)$ gibt, so daß $w_j < w_i \in R_{LP}$.

Definition (9-2) *LP-Expansion*
Wenn $G = \langle V_N, V_T, S, R_{ID}, R_{LP} \rangle$ eine beliebige ID/LP-Syntax ist und $w = w_1 \ldots w_n$ $(n \geq 1)$, mit $w_i \in V$, dann gilt: LP-Expansion(w) =

$$\{w' \mid w' \text{ ist eine Permutation von } w, \text{ und } w' \text{ ist LP-zulässig}\}.$$

Beispiel (9-5)
Betrachten wir die ID/LP-Syntax aus Beispiel (9-3), dann gilt für w = abc:

LP-Expansion(abc) = {abc, bac, bca}.

Definition (9-3) *(direkte) Ableitbarkeit*
Wenn $G = \langle V_N, V_T, S, R_{ID}, R_{LP} \rangle$ eine beliebige ID/LP-Syntax ist, dann ist $w = w_1 \ldots w_n$ $(n \geq 1)$, mit $w_i \in V$, aus $A \in V_N$ *direkt ableitbar* $(A \Rightarrow_{ID} w)$ gdw. $A \rightarrow w' \in R_{ID}$ und $w \in$ LP-Expansion(w').
Der reflexive, transitive Abschluß dieser Relation wird mit '$\overset{*}{\Rightarrow}_{ID}$' bezeichnet.

Wie bei kontextfreien Syntaxen besteht die durch eine ID/LP-Syntax G festgelegte Sprache aus der Menge aller Ketten über V_T, die aus dem Startsymbol von G ableitbar sind.

9.2 Parsen mit ID/LP-Syntaxen

Es gibt verschiedene Strategien, die beim Parsen mit ID/LP-Syntaxen verwendet werden können. Die beiden Eckpunkte der Skala möglicher Verarbeitungsstrategien bilden die beiden Strategien, die als *direktes Parsen* bzw. *indirektes Parsen* von ID/LP-Syntaxen bezeichnet werden.

9.2.1 Indirektes Parsen

Da es zu jeder ID/LP-Syntax $G = <V_N, V_T, S, R_{ID}, R_{LP}>$ eine stark äquivalente kontextfreie Syntax gibt, ist es möglich, für das Parsen nicht die ID/LP-Syntax zu verwenden, sondern die zu G stark äquivalente Syntax G', die sich durch Berechnung der LP-zulässigen Permutationen der rechten Seiten der ID-Regeln von G ergibt. Der Vorteil dieses zweistufigen Verfahrens liegt darin, daß zum Parsen die für kontextfreie Syntaxen verfügbaren Algorithmen ohne Modifikation übernommen werden können. Diesem Vorteil steht allerdings ein gravierender Nachteil gegenüber: Die Expansion einer ID/LP-Syntax zu einer kontextfreien Syntax kann die Zahl der Regeln (kontextfreie versus ID-Regeln) äußerst stark anwachsen lassen. Im günstigsten Fall, wenn für jede ID-Regel jeweils nur genau eine Permutation der Symbole der rechten Regelseite zulässig ist, bleibt die Zahl der kontextfreien Regeln gleich der Zahl der ID-Regeln. Andererseits ist es aber auch möglich, daß die Menge der LP-Regeln leer ist; d.h. daß jede Permutation zulässig ist. In diesem Fall ist die Zahl der kontextfreien Regeln, die für eine ID-Regel $A \rightarrow \alpha$ erzeugt werden, gleich der Fakultät von $|\alpha|$.

Beispiel (9-6)
Aus der ID-Regel S → a, b, c werden sechs kontextfreie Regeln erzeugt:

S → a b c	S → b a c	S → b c a
S → a c b	S → c a b	S → c b a.

Berücksichtigt man darüber hinaus, daß heute Grammatikformalismen häufig als komplexe Systeme von interagierenden Modulen konzipiert sind, die eine Expansion in eine kontextfreie Syntax (wenn sie überhaupt möglich ist) erheblich erschweren, scheint die Trennung von einem (linguistischen Einsichten folgenden) 'Beschreibungsformalismus' und einem 'Verarbeitungsformalismus' nicht immer angebracht[6].

[6] Außerdem hat die Zahl der Regeln einer Grammatik entscheidenen Einfluß auf die Verarbeitungszeit; vgl. [Berwick/Weinberg 1982].

9.2.2 Direktes Parsen

Für eine direkte Verarbeitung von ID/LP-Syntaxen, die eine Expansion in eine stark äquivalente kontextfreie Syntax überflüssig macht, ist es erforderlich, die gängigen Parsingalgorithmen zu modifizieren. Wir werden uns auf S.Shiebers und G.E.Bartons Modifikation des Earley-Algorithmus beschränken.

Um mit diesem Algorithmus ID/LP-Syntaxen direkt verarbeiten zu können, sind zwei Typen von Änderungen notwendig:

1. eine Änderung der Objekte, die in der Chart gespeichert werden, und
2. eine Änderung der Operationen, durch die diese Objekte berechnet werden.

Die beiden Modifikationen des Earley-Algorithmus, die wir betrachten werden, unterscheiden sich nur hinsichtlich des ersten Punktes.

Shiebers Algorithmus

Alle Kanten, die in einer durch den Earley-Algorithmus berechneten Chart enthalten sind, korrespondieren direkt mit den Regeln der Syntax (bzw. den Einträgen des Lexikons):

Für jede Kante [i, j, A, α, β] aus der Chart C gibt es in der Syntax eine Regel (bzw. im Lexikon einen Eintrag) der Form A $\rightarrow$ $\alpha\beta$. Formal besteht der Unterschied zwischen ID-Regeln und kontextfreien Regeln darin, daß die rechte Regelseite nicht eine Kette, sondern eine Multimenge von Symbolen ist.

Dieser Unterschied muß sich auch in den von einem earley-basierten Parser für ID/LP-Syntaxen generierten Kanten widerspiegeln: Zumindest der offene Abschnitt der Kanten muß ebenfalls als Multimenge interpretiert werden, da jedes Symbol des offenen Abschnitts einen möglichen Kandidaten für die Fortsetzung der Analyse repräsentiert. Der geschlossene Abschnitt dagegen kann weiterhin als Kette aufgefaßt werden, da er eine der zulässigen Linearisierungen des erkannten Satzabschnitts repräsentiert. Diese Lösung wählt Shieber: Eine Kante hat in seiner Variante des Earley-Algorithmus die Form [i, j, A, α, $\{B_1, \ldots, B_n\}_M$], mit $n \geq 0$.

Die Modifikation der Operationen muß sicherstellen, daß die Informationen, die ID- und LP-Regeln separat bereitstellen, bei der Berechnung der Chart C in adäquater Form kombiniert werden[7].

[7]Wir orientieren uns bei der Darstellung der folgenden beiden Operationen an der ursprünglichen Fassung der Operationen EXPAND und COMPLETE aus Kapitel 7. Wir setzen allerding voraus, daß $\text{EXPAND}_{\text{ID/LP}}$ infolge der Trennung von Syntax und Lexikon nur auf syntaktischen Kategorien operiert, da so eine Änderung der Prozedur SHIFT überflüssig wird.

(1) $\text{EXPAND}_{ID/LP}$

Wenn $[i, j, A, \alpha, \{B_1, \ldots, B_n\}_M] \in C$, dann muß für alle B_i, die als erstes Symbol einer LP-Expansion von $\{B_1, \ldots, B_n\}_M$ vorkommen, für jede Regel $B_i \rightarrow \tau$ eine Kante $[j, j, B_i, e, \tau]$ in C eingetragen werden:

PROZEDUR $\text{EXPAND}_{ID/LP}$

DATEN: Eine ID/LP-Syntax $G = <V_N, V_T, S, R_{ID}, R_{LP}>$ und eine Chart C.

METHODE:

Wenn <$[i, j, A, \alpha, \{B\}_M \cup_M \{\beta\}_M] \in C$, mit $(0 \leq i \leq j \leq n)$ und
B ist das erste Symbol einer LP-Expansion von $\{B\}_M \cup_M \{\beta\}_M$ >

Dann <Für alle $B \rightarrow \tau \in R_{ID}$:
<Trage $[j, j, B, e, \tau]$ in C ein>>

(2) $\text{COMPLETE}_{ID/LP}$

Wenn $[i, j, A, \alpha, \{B_1, \ldots, B_n\}_M] \in C$, dann muß für jede Kante $[j, l, B_i, \tau, e] \in C$, mit B_i als erstem Symbol einer LP-Expansion von $\{B_1, \ldots, B_n\}_M$, eine Kante $[i, l, A, \alpha B_i, \{B_1, \ldots, B_{i1}, B_{i+1}, \ldots, B_n\}_M]$ in die Chart C eingetragen werden:

PROZEDUR $\text{COMPLETE}_{ID/LP}$

DATEN: Eine ID/LP-Syntax $G = <V_N, V_T, S, R_{ID}, R_{LP}>$ und eine Chart C.

METHODE:

Wenn <$[i, j, A, \alpha, \{B\}_M \cup_M \{\beta\}_M] \in C$ und $[j, l, B, \tau, e] \in C$, mit B als erstem
Symbol einer LP-Expansion von $\{B\}_M \cup \{\beta\}$ und $0 \leq i \leq j \leq l \leq n$>

Dann <Trage $[i, l, A, \alpha B, \{\beta\}_M]$ in C ein>

Beispiel (9-7)

C sei eine Chart, und G sei eine ID/LP-Syntax mit den folgenden ID- und LP-Regeln:

$S \rightarrow A, S, B$
$S \rightarrow A, B$ $\qquad$ $A < B$
$A \rightarrow a, a$
$B \rightarrow b, b$

Wenn $[i, i, S, e, \{A, S, B\}_M] \in C$, dann trägt $\text{EXPAND}_{ID/LP}$ auch die Kanten $[i, i, A, e, \{a, a\}_M]$ und $[i, i, S, e, \{A, B\}_M]$, nicht aber die Kante $[i, i, B, e, \{b, b\}_M]$ in C ein.

Wenn $[i, i, S, e, \{A, S, B\}_M]$, $[i, j, S, A\ B, e]$ und $[i, j, A, a\ a, e] \in C$ $(j \geq i)$, dann generiert $\text{COMPLETE}_{ID/LP}$ die Kanten: $[i, j, S, S, \{A, B\}_M]$ und $[i, j, S, A, \{S, B\}_M]$.

Bartons Repräsentation

Bartons Repräsentation der Kanten unterscheidet sich von der Shiebers nur darin, daß er auch den geschlossenen Abschnitt einer Kante als Multimenge repräsentiert[8]. Diese Repräsentation erweist sich als vorteilhaft, wenn hochgradig ambige Syntaxen zu verarbeiten sind, bzw. bei starker lexikalischer Ambiguität, wie das folgende Beispiel aus [Barton 1985a, Barton 1985b] deutlich zeigt:

Beispiel (9-8)
Gegeben sei eine ID/LP-Syntax G mit den folgenden ID-Regeln ($R_{LP} = \emptyset$):

$S \rightarrow A, B, C, D, E$
$A \rightarrow a \mid x$
$B \rightarrow b \mid x$
$C \rightarrow c \mid x$
$D \rightarrow d \mid x$
$E \rightarrow e \mid x$

Daß die Zahl der bei der Analyse eines Satzes generierten Kanten abhängig von der für die Kanten verwendeten Repräsentation stark differiert, ist offensichtlich:
Für den Satz xxxxa werden 251 (Shieber) bzw. 53 (Barton) Kanten generiert.

Anzahl der Kanten

	Shieber	Barton	indirektes Parsen
Chart(0,0)	1	1	120
Chart(0,1)	5 (5)[9]	5 (5)	120 (5)
Chart(0,2)	20	10	120
Chart(1,2)	(5)	(5)	(5)
Chart(0,3)	60	10	120
Chart(2,3)	(5)	(5)	(5)
Chart(0,4)	120	5	120
Chart(3,4)	(5)	(5)	(5)
Chart(0,5)	24	1	24
Chart(4,5)	(1)	(1)	(1)
Summe	251	53	645

Die Repräsentation Bartons ist 'kompakter', da Informationen, die bei Verwendung von Shiebers Repräsentation durch mehrere Kanten dargestellt werden, nun durch eine einzige Kante ausgedrückt werden können.

[8]Barton führt seine Repräsentation in zwei Aufsätzen ein, in denen er zeigt, daß Shiebers Einschätzung der Komplexität seines Algorithmus bei weitem zu optimistisch war: ID/LP-Parsing ist entgegen Shiebers Annahme NP-vollständig.

[9]Die in Klammern gesetzten Zahlen geben die Zahl der *passiven* Kanten an.

Beispiel (9-9)

Legt man Syntax und Satz des letzten Beispiels zugrunde, enthält Chart C nach der Verarbeitung der ersten drei Worte bei Verwendung von Shiebers Kantenrepräsentation u.a. die folgenden Kanten:

[0, 3, S, ABC, {D,E}]	[0, 3, S, ACB, {D,E}]	[0, 3, S, CAB, {D,E}]
[0, 3, S, CBA, {D,E}]	[0, 3, S, BAC, {D,E}]	[0, 3, S, BCA, {D,E}]

Verwendet man Bartons Repräsentation, enthält die Chart statt dieser 6 Kanten nur die Kante [0, 3, S, {A,B,C}, {D,E}].

Allerdings kann Bartons Repräsentation insofern zu Übergeneralisierungen führen, als dem geschlossenen Abschnitt einer Kante nun nicht mehr zu entnehmen ist, welche Linearisierungen der in ihm enthaltenen Symbole zulässig ist: Wenn wir die Syntax aus Beispiel (9-8) durch die LP-Regel A < B ergänzen, enthält die Chart bei Shiebers Repräsentation nur noch die ersten drei Kanten, bei Bartons Repräsentation natürlich weiterhin die Kante [0, 3, S, {A,B,C}, {D,E}].

Bleibt noch die Frage, wie beim direkten Parsen von ID/LP-Syntaxen die Generierung der Strukturbeschreibungen gestaltet werden sollte. Eine effiziente Kantenrepräsentation sollte mit einer möglichst effizienten Repräsentation der Strukturbeschreibungen kombiniert werden. Damit scheidet eine explizite Speicherung der Strukturbeschreibungen innerhalb der Kanten aus. Ein geeignetes Verfahren ist die implizite Repräsentation der Strukturbeschreibungen durch Verweispaare nach [Graham et al. 1980].

Beispiel (9-10)

Zu den Strukturbeschreibungen, die für den Satz xxxxa relativ zur Syntax aus Beispiel (9-8) gebildet werden können, gehört auch die Struktur

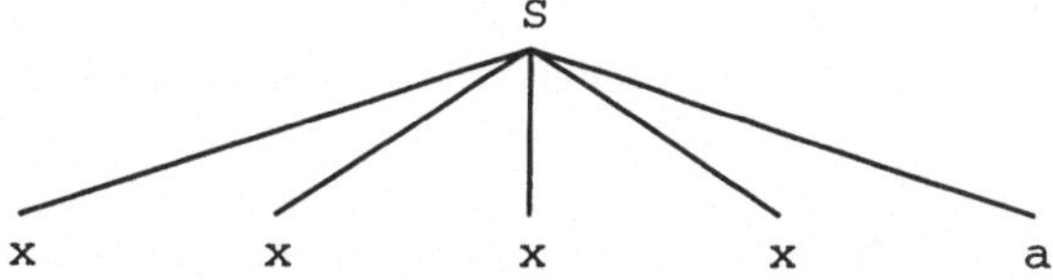

Mit ihr korrespondiert bei einer impliziten Repräsentation der Strukturbeschreibung durch Verweispaare die Folge von Verweispaaren, die die folgende 'Bildungsgeschichte' für die Kante [0, 5, S, {A,B,C,D,E}, *e*] abbildet:

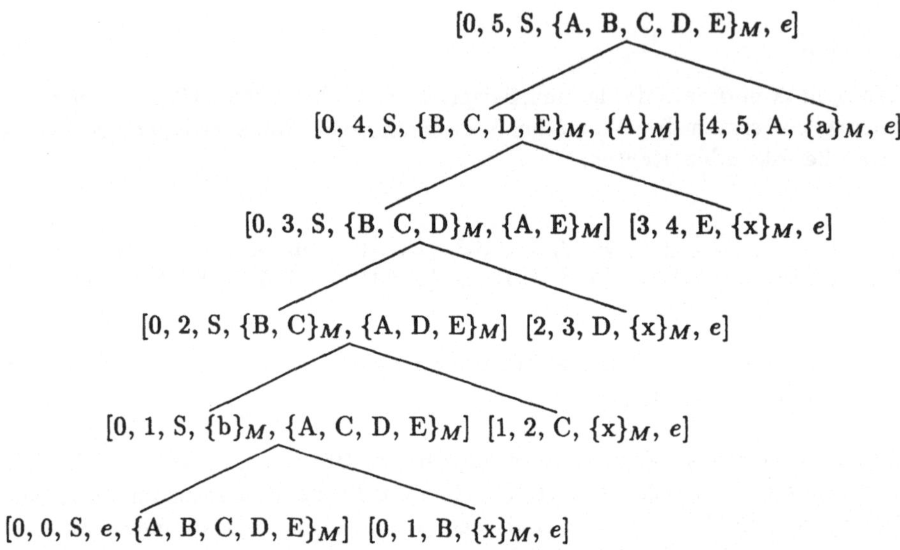

9.3 Implementierung

9.3.1 Lisp

Da nur geringe Änderungen erforderlich sind, um die Implementierung des Earley-Algorithmus aus Kapitel 7.2.1 (Version: Berechnung der Chart durch Vorwärtsverkettung) so zu modifizieren, daß ID/LP-Syntaxen korrekt verarbeitet werden, geben wir nur neu hinzugekommene bzw. geänderte Funktionen an.

Spezielle Funktionen zum Verarbeiten von ID/LP-Syntaxen

```
;;; ZULAESSIGE-SYMBOLE
;;; Diese Funktion stellt fest, welche Symbole aus LISTE den anderen Symbolen aus
;;; LISTE vorangehen können, ohne daß eine der LP-Regeln der Syntax verletzt wird.
(defun zulaessige-symbole (liste)
  (let ((resultat nil))
    (dolist (x (remove-duplicates liste) resultat)
      (when (kann-vorangehen-p x (waehle x liste)) (push x resultat)))))

;;; KANN-VORANGEHEN
;;; Die Funktion prüft, ob SYMBOL den Symbolen aus LISTE vorangehen kann,
;;; ohne daß eine der LP-Regeln verletzt wird.
(defun kann-vorangehen-p (symbol liste)
  (dolist (x liste t)
    (when (member (list x symbol) (lp-regeln) :test #'equal) (return nil))))
```

```
;;; WAEHLE
;;; Das erste Vorkommen von OBJEKT aus LISTE wird entfernt.
(defun waehle (object liste)
  (remove object liste :count 1))
```

Geänderte Funktionen

```
;;;; Neue Selektoren für ID/LP-Syntaxen:
        (defun id-regeln ()              (defun lp-regeln ()
          (fourth *syntax*))               (fifth *syntax*))
```

Die wichtigsten Änderungen[10] betreffen die Funktionen, die neue Kanten generieren:

- Bei der Funktion EXPAND, die zyklische Kanten generiert, muß berücksichtigt werden, daß jedes Symbol des offenen Abschnitts einer Kante, das den anderen vorangehen kann, zur Bildung neuer zyklischer Kanten führt.
- Bei der Bildung neuer Kanten durch die Verbindung einer aktiven mit einer passiven Kante durch COMPLETE gilt es zu beachten, daß jede passive Kante, deren Kopf im offenen Abschnitt der aktiven Kante enthalten ist, hierfür ein möglicher Kandidat ist.

```
;;; EXPAND
;;; Die Funktion nimmt eine aktive Kante als Argument und generiert für jede Regel
;;; der Syntax, mit der eines der legalen Symbole (s. ZULAESSIGE-SYMBOLE) des
;;; offenen Abschnitts der Kante expandiert werden kann, eine neue Kante.
(defun expand (kante)
  (mapcar #'(lambda (x) (list (ende kante) (ende kante) (first x) nil (rest x)))
          (zyklische-kanten (offen kante))))

;;; ZYKLISCHE-KANTEN
;;; Die Funktion berechnet auf der Grundlage der zulässigen Symbole des offenen Ab-
;;; schnitts einer aktiven Kante und der Regeln der Syntax die Menge aller möglichen
;;; zyklischer Kanten.
(defun zyklische-kanten (open)
  (let ((symbole (zulaessige-symbole open)) (resultat nil))
    (dolist (x symbole resultat)
      (setf resultat (append resultat (matching-regeln x))))))

;;; MATCHING-REGELN
;;; Sie generiert alle ID-Regeln, deren linke Seite mit SYMBOL identisch ist.
(defun matching-regeln (symbol)
  (remove-if-not #'(lambda (x) (eq symbol (first x))) (id-regeln)))
```

[10] Änderungen werden durch **Fettschrift** hervorgehoben.

```
;;; COMPLETE
;;; Die Funktion nimmt als Argument eine (aktive/passive) Kante und trägt in die
;;; Chart diejenigen Kanten ein, die sich durch Verbindung dieser Kante mit einer
;;; (passiven/aktiven) Kante der Chart bilden lassen.
(defun complete (chart kante)
  (if (passive-kante-p kante)
      (mapcar #'(lambda (x) (bilde-kante x kante))
        (remove-if #'(lambda (x)
                       (or (passive-kante-p x) (not (matching-kanten-p x kante))))
                   chart))
      (mapcar #'(lambda (x) (bilde-kante kante x))
        (remove-if #'(lambda (x)
                       (or (aktive-kante-p x) (not (matching-kanten-p kante x))))
                   chart))))

;;; MATCHING-KANTEN-P
;;; Das Prädikat testet, ob KANTE1 mit KANTE2 verbunden werden kann.
(defun matching-kanten-p (kante1 kante2)
  (and (eql (ende kante1) (start kante2))
       (member (kopf kante2) (zulaessige-symbole (offen kante1)))))

;;; BILDE-KANTE
;;; Aus KANTE1 und KANTE2 wird eine neue Kante gebildet.
(defun bilde-kante (kante1 kante2)
  (list (start kante1) (ende kante2) (kopf kante1)
        (append (geschlossen kante1) (list (kopf kante2)))
        (waehle (kopf kante2) (offen kante1))))
```

Aufgaben

9.1 Schreiben Sie ein Programm, das eine ID/LP-Syntax in eine stark äquivalente kontextfreie Syntax konvertiert.

9.2 Schreiben Sie ein Programm, das prüft, ob eine kontextfreie Syntax die ECPO-Eigenschaft besitzt und sie, wenn diese Bedingung erfüllt ist, in eine stark äquivalente ID/LP-Syntax konvertiert.

9.3 Welche Sprache generiert die Syntax aus Beispiel (9-7)?

9.4 Schreiben Sie einen Parser für ID/LP-Syntaxen, der mit Bartons Repräsentation arbeitet.

Teil IV

Deterministisches Parsen

In den ersten beiden Teilen des Buchs haben wir Parsingalgorithmen beschrieben, die kontextfreie Syntaxen verarbeiten können, die die Generierung beliebiger kontextfreier Sprachen erlauben. Diese Algorithmen verwendeten bei der Suche nach einer Ableitung für einen gegebenen Satz verschiedene Strategien: Depth-first-Suche mit Backtracking, Breadth-first-Suche ohne Backtracking oder die Speicherung aller Teilergebnisse in einer Chart.

Betrachtet man die Menge der kontextfreien Sprachen $\mathcal{L}$, dann gibt es eine Menge von *deterministischen kontextfreien Sprachen* $\mathcal{L}_{\text{det}}$, mit $\mathcal{L}_{\text{det}} \subset \mathcal{L}$[1]. Die Menge $\mathcal{L}_{\text{det}}$ enthält alle kontextfreien Sprachen, für die ein deterministischer Kellerautomat konstruiert werden kann, der sie akzeptiert.

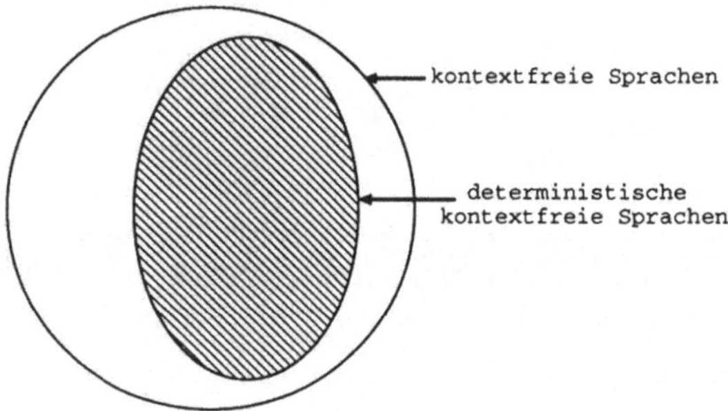

Für deterministische kontextfreie Sprachen lassen sich Syntaxen formulieren, die die Verwendung von Erkennungs- und Parsingalgorithmen erlauben, die sich durch eine erheblich günstigere Zeit- und Raumkomplexität gegenüber den vergleichbaren Algorithmen für generelle kontextfreie Sprachen auszeichnen. Diese *deterministischen Parsingalgorithmen* sind vor allem im Compilerbau von Bedeutung, da viele Programmiersprachen in diese Klasse fallen.

Für die Computerlinguistik sind diese deterministische Parsingalgorithmen von relativ untergeordneter Bedeutung; denn obwohl die Debatte über die Kontextfreiheit natürlicher Sprachen nach mehr als 30 Jahren immer noch kein Ende gefunden hat, galt und gilt es als unstrittig, daß natürliche Sprachen nicht als deterministische kontextfreie Sprachen betrachtet werden können. Da aber der Anfang der 80er Jahre entwickelte Algorithmus von M.Tomita, der in zahlreichen natürlichsprachlichen Systemen verwendet wird, auf einem Parsingalgorithmus für LR-Syntaxen, einem speziellen Typ deterministischer kontextfreier Syntaxen, basiert[2], erläutern wir in Kapitel 10 zunächst die Begriffe „LR-Syntax“ bzw. „LR -Sprache“ und formulieren einen einfachen LR-Parsingalgorithmus, bevor wir in Kapitel 11 den Tomita-Algorithmus beschreiben.

[1] Die Sprache $L = \{0^n 1^n \mid n \geq 1\} \cup \{0^n 1^{2n} \mid n \geq 1\}$ ist ein Beispiel für eine Sprache, die in $\mathcal{L}$ enthalten ist, nicht aber in $\mathcal{L}_{\text{det}}$.

[2] Der Tomita-Algorithmus kann als ein *generalisierter* LR-Parsingalgorithmus betrachtet werden, der die Verarbeitung beliebiger kontextfreier Syntaxen erlaubt.

10 LR-Parsing

LR-Parser gehören zu der Klasse der deterministischen Shift-reduce-Parser[1]. Wir charakterisieren zunächst die Klasse der Syntaxen, die sich mit LR-Parsern verarbeiten lassen. Dann beschreiben wir den Aufbau und die Arbeitsweise von LR-Parsern und geben schließlich einen Algorithmus zur Generierung von LR(1)-Parsingtabellen an.

10.1 LR-Syntaxen

Die Klasse der Syntaxen, die von LR-Parsern verarbeitet werden können, werden als „LR-Syntaxen“ bezeichnet. Wie alle Shift-reduce-Parser verwenden auch LR-Parser zwei Prozeduren, die sich als Stackoperationen auffassen lassen (vgl. Kapitel 4): Entweder wird der den aktuellen Stand der Analyse repräsentierende Stack durch Anwendung einer Regel reduziert (*reduce*) oder das nächste Wort des Satzes auf den Stack geschoben (*shift*).
Abhängig von der Länge des Look-ahead, d.h. von der Zahl der Symbole des noch nicht analysierten Satzabschnitts, die betrachtet werden müssen, um zu entscheiden, mit welcher Regel im nächsten Schritt der Stack zu reduzieren ist bzw. ob das nächste Wort des Satzes auf den Stack zu schieben ist, unterscheidet man verschiedene Typen von LR-Syntaxen:

LR(0)-Syntaxen, LR(1)-Syntaxen, ..., LR(k)-Syntaxen.

Aus Gründen der Effizienz beschränkt man sich normalerweise auf die Betrachtung von LR(0)- bzw. LR(1)-Syntaxen[2].
Die LR(k)-Syntaxen bilden die größte Klasse von kontextfreien Syntaxen, die sich mit deterministischen Bottom-up-Parsern verarbeiten lassen. Die Klasse der kontextfreien Sprachen, für die es eine LR(k)-Syntax gibt, ist extensional äquivalent mit der Klasse von kontextfreien Sprachen, die von deterministischen Kellerautomaten akzeptiert werden.

---

[1] Sie werden „LR-Parser“ genannt, weil sie Eingaben von links nach rechts verarbeiten und Rechtsreduktionen generieren.

[2] Außerdem ist es möglich, für jede LR(k)-Syntax eine schwach äquivalente LR(0)-Syntax zu konstruieren, die dann allerdings eine erheblich größere Zahl von nicht-terminalen Symbolen enthält.

Ein Shift-reduce-Parser erzeugt bei der Analyse eines Satzes $w = w_1 \dots w_n$ $(n \geq 1)$ eine Rechtsreduktion für w:

Wenn $G = <V_N, V_T, S, R>$ eine kontextfreie Syntax ist und $<\alpha_0, \alpha_1, \dots, \alpha_m>$ eine Rechtsableitung für w in G ist, dann ist $<\alpha_m, \alpha_{m-1}, \dots, \alpha_1, \alpha_0>$ eine Rechtsreduktion von w. Jedes α_i wird als „Rechtssatzform" bezeichnet und hat die Form βx, mit $\beta = e$ oder β endet mit einem nicht-terminalen Symbol und $x \in V_T^*$. β wird als „offener Teil" von α_i und x als „geschlossener Teil" von α_i bezeichnet.

Wenn ein Shift-reduce-Parser sich in einem einer Rechtssatzform α_i korrespondierenden Zustand befindet, dann enthält der Stack den *offenen Teil* von α_i, und der *geschlossene Teil* entspricht der noch nicht verarbeiteten Eingabe; anders formuliert: Mit der Rechtsableitung korrespondiert die inverse Folge von Reduce-Operationen, die der Parser ausführt. Zwischen zwei Reduce-Operationen kann jeweils eine unbestimmte Zahl von Shift-Operationen (≥ 0) erforderlich sein.

Bei einer LR(0)-Syntax ist es allein aufgrund des Stackinhalts (*offener Teil* der korrespondierenden Rechtssatzform) möglich zu entscheiden, welche Regel für den nächsten Reduktionsschritt zu verwenden ist. Dieser Sachverhalt läßt sich mit Hilfe des Begriffs des *linken Kontextes* eines Symbols bzw. einer Regel präzise formulieren[3]. Wenn $G = <V_N, V_T, S, R>$ eine beliebige kontextfreie Syntax ist, dann gilt:

Definition (10-1) *Linker Kontext eines Symbols*

Für alle $X \in V$ ist der linke Kontext - notiert als „LK(X)" - definiert als:

$$LK(X) = \{w \mid S \underset{rm}{\overset{*}{\Longrightarrow}} wXz, \text{ mit } w, z \in V^*\}.$$

Der linke Kontext eines Symbols besteht also aus der Menge aller Ketten, die in einer Rechtssatzform von G links von X vorkommen können.

Definition (10-2) *Linker Kontext einer Regel*

Für alle $X \rightarrow w \in R$ ist der linke Kontext - notiert als „$LK(X \rightarrow w)$" - definiert als:

$$LK(X \rightarrow w) = LK(X) * \{w\}.$$

Der linke Kontext einer Regel besteht aus dem Produkt des linken Kontextes der linken Regelseite und der rechten Regelseite.

Definition (10-3) *LR(0)-Syntax*

G ist eine LR(0)-Syntax, wenn für alle paarweise verschiedenen Regeln $X \rightarrow w$, $X' \rightarrow w' \in R$ gilt:

$$LK(X \rightarrow w) \cap Init(LK(X' \rightarrow w')) = \emptyset^4.$$

---

[3]Wir folgen in unserer Darstellung [Moll et al. 1988, S.134-39].

[4]Mit „Init(α)" wird das Anfangssegment der Kette α bezeichnet.

G ist eine LR(0)-Syntax gdw. für beliebige Regeln r_1, r_2 gilt: Keine Kette des Linkskontextes von r_1 ist ein Anfangssegment einer Kette aus dem Linkskontext von r_2.

Beispiel (10-1)
Für die Syntax G_1 = <{S, C, D}, {a, b, c}, S, {S → C, S → D, C → aC, C → b, D → aD, D → c}> gilt:

(a) $LK(C) = \{a^n | \; n \geq 0\}$;
(b) $LK(C \rightarrow aC) = a^n aC$ und
(c) G_1 ist eine LR(0)-Syntax; denn

$LK(S \rightarrow C) = \{C\}$ $\quad$ $LK(S \rightarrow D) = \{D\}$
$LK(C \rightarrow aC) = \{a^n aC | \; n \geq 0\}$ $\quad$ $LK(C \rightarrow b) = \{a^n b | \; n \geq 0\}$
$LK(D \rightarrow aD) = \{a^n aD | \; n \geq 0\}$ $\quad$ $LK(D \rightarrow c) = \{a^n c | \; n \geq 0\}$.

Bei einer LR(k)-Syntax muß allein anhand des *offenen Teils* einer Rechtssatzform und der ersten k Symbole des *geschlossenen Teils* entschieden werden können, wie diese Rechtssatzform zu reduzieren ist.

Definition (10-4) *LR(k)-Syntax*
Eine kontextfreie Syntax G = $<V_N, V_T, S, R>$ ist eine LR(k)-Syntax (k ≥ 0) gdw. für die *erweiterte Syntax*[5] G' = $<V_N \cup \{S'\}, V_T, S', R \cup \{S' \rightarrow S\}>$ gilt, daß immer, wenn es zwei Rechtsableitungen der folgenden Form gibt

$$S' \underset{G' rm}{\overset{*}{\Longrightarrow}} \alpha A w \underset{rm}{\Longrightarrow} \alpha\beta w$$
$$S' \underset{G' rm}{\overset{*}{\Longrightarrow}} \gamma B x \underset{rm}{\Longrightarrow} \alpha\beta y$$

mit $INIT_k(w) = INIT_k(y)$,[6] daraus folgt, daß $\alpha Ay = \gamma Bx$;
d.h. $\alpha = \gamma$, A = B und x = y.

Wenn also $\alpha\beta w$ und $\alpha\beta y$ zwei Rechtssatzformen von G' sind und $A \rightarrow \beta$ die Regel ist, die im letzten Schritt der Ableitung von $\alpha\beta w$ verwendet wurde, dann muß diese Regel auch in der Reduktion von $\alpha\beta y$ auf αAy verwendet werden.

Beispiel (10-2)

Die Syntax G_2 = <{S, A, B, C, D, E}, {a, b}, S, R>, mit

R = S → AB $\quad$ A → a $\quad$ B → CD $\quad$ B → aE
$\quad$ C → ab $\quad$ D → bb $\quad$ E → bba

ist keine LR(0)-Syntax, denn es gilt:

$$LK(A \rightarrow a) \cap LK(B \rightarrow CD) = \{a\} \cap \{ACD, aCD\} \neq \emptyset.$$

Damit ist gezeigt, daß G_2 eine LR(2)-Syntax ist.

[5]Die Einführung des neuen Startsymbols und der neuen Regel hat zur Folge, daß ein Satz akzeptiert wird gdw. der LR-Parser diese Regel für einen Reduktionsschritt verwendet (vgl. [Aho/Ullman 1972, S.372]).

[6]„$INIT_K(w)$" bezeichnet die Kette, die aus den ersten k Symbolen von w besteht.

Wenn „$\mathcal{L}_{LR(0)}$"/„$\mathcal{L}_{LR(k)}$" die Menge aller Sprachen bezeichnet, die sich durch eine LR(0)-Syntax bzw. LR(k)-Syntax beschreiben lassen, dann gilt:

$$\mathcal{L}_{LR(0)} = \mathcal{L}_{LR(k)} = \mathcal{L}_{det}$$ [7].

10.2 LR-Parser

Ein LR-Parser besteht aus einer auf Grundlage der LR-Syntax G und des Lexikons generierten Parsingtabelle und einer einfachen Steuerprozedur zur Auswertung dieser Tabelle. Die Parsingtabelle besteht aus zwei Teilen: durch den ersten Teil wird die ACTION-Funktion definiert; durch den zweiten die GOTO-Funktion.

Die ACTION-Funktion nimmt einen Zustand *s* und ein terminales Symbol a_i[8] als Argumente und liefert einen der folgenden Werte:

shift neuer-zustand
reduce regel
accept (Satz akzeptiert)
error (Satz $\notin$ L(G))

Die Funktion GOTO nimmt einen Zustand *s* und ein nicht-terminales Symbol *x* als Argumente und liefert einen Zustand *s'* als Wert. Sie wird benötigt, um nach einer Reduce-Operation den neuen Zustand des Parsers zu bestimmen.

Eine Konfiguration eines LR-Parsers ist ein geordnetes Paar, das aus dem Stackinhalt und der noch nicht verarbeiteten Eingabe besteht:

$$<s_0\ X_1\ s_1\ X_2\ s_2 \ldots X_m\ s_m,\ w_i\ w_{i+1} \ldots w_n\ \$^{9}>$$

d.h. sie entspricht der Rechtssatzform $X_1 \ldots X_m w_i \ldots w_n$. Der Übergang von der aktuellen Konfiguration zur nächsten wird bestimmt durch ACTION(s_m, w_i)[10]:

1. Wenn ACTION(s_m, w_i) = *shift s*, dann hat die neue Konfiguration die Form:
$$<s_0\ X_1\ s_1\ X_2\ s_2 \ldots X_m\ s_m\ w_i\ s,\ w_{i+1} \ldots w_n\ \$>$$

2. Wenn ACTION(s_m, w_i) = *reduce* $A \rightarrow \alpha$, dann hat die neue Konfiguration die Form:
$$<s_0\ X_1\ s_1\ X_2\ s_2 \ldots X_{m-r}\ s_{m-r}\ A\ s,\ w_i\ w_{i+1} \ldots w_n\ \$>,$$
mit s = GOTO(s_{m-r}, A) und r = $|\alpha|$; d.h. es werden zunächst 2*r Symbole vom Stack entfernt und anschließend die linke Regelseite der zum reduzieren verwendeten Regel und der mit GOTO berechnete neue Zustand auf den Stack geschoben.

[7] S. [Moll et al. 1988, S.143].

[8] Wir betrachten hier nur LR(k)-Syntaxen, mit k $\leq$ 1. Für eine LR(k')-Syntax, mit k' > 1, ist das zweite Argument von ACTION eine Kette von Terminalsymbolen der Länge k'. Da in diesem Fall die Tabelle sehr stark wächst, ist diese Begrenzung sinnvoll.

[9] Das Symbol \$ (\$ $\notin$ v) wird verwendet, um das Ende des Satzes zu markieren.

[10] s_m ist der aktuelle Zustand und w_i das nächste Symbol der noch nicht verarbeiteten Eingabe.

3. Wenn ACTION(s_m, \$) = *accept*, dann endet die Analyse des Satzes erfolgreich.

4. Wenn ACTION(s_m, w_i) = *error*, dann bricht die Analyse des Satzes ab.

Die Prozedur, die das Verhalten eines LR-Parsers steuert, ist sehr einfach: Zu Beginn der Analyse eines Satzes $w = w_1 \dots w_n$ befindet sich der Parser in der Konfiguration <s_0, $w_1 \dots w_n$\$>; d.h. der Stack ist bis auf das Symbol für den Startzustand leer. Die nächste Konfiguration wird durch das oberste Symbol des Stacks und das erste Symbol des noch nicht verarbeiteten Teils des Satzes bestimmt. Es werden so lange neue Konfigurationen gebildet, bis entweder ACTION(s_i, \$) = *accept* bzw. ACTION(s_i, w_j) = *error*.

Beispiel (10-3)
Wenn die Syntax G_3 aus folgenden Regeln besteht

$1 : E \rightarrow E + T$	$2 : E \rightarrow T$
$3 : T \rightarrow T * F$	$4 : T \rightarrow F$
$5 : F \rightarrow (E)$	$6 : F \rightarrow id$

dann erhalten wir durch den im nächsten Abschnitt beschriebenen Algorithmus folgende Parsingtabelle:

Zustand	ACTION						GOTO		
	id	+	*	(	)	$	E	T	F
0	s5			s4			1	2	3
1		s6				acc			
2		r2	s7		r2	r2			
3		r4	r4		r4	r4			
4	s5			s4			8	2	3
5		r6	r6		r6	r6			
6	s5			s4				9	3
7	s5			s4					10
8		s6			s11				
9		r1	s7		r1	r1			
10		r3	r3		r3	r3			
11		r5	r5		r5	r5			

Für den Satz id * id + id erhalten wir folgenden Trace:

	Stack	Eingabe	Aktion
(1)	0	id * id + id $	*shift* 5
(2)	0 id 5	* id + id $	*reduce* 6
(3)	0 F 3	* id + id $	*reduce* 4
(4)	0 T 2	* id + id $	*shift* 7
(5)	0 T 2 * 7	id + id $	*shift* 5
(6)	0 T 2 * 7 id 5	+ id $	*reduce* 6

(7)	0 T 2 * 7 F 10	+ id $	*reduce* 3
(8)	0 T 2	+ id $	*reduce* 2
(9)	0 E 1	+ id $	*shift* 6
(10)	0 E 1 + 6	id $	*shift* 5
(11)	0 E 1 + 6 id 5	$	*reduce* 6
(12)	0 E 1 + 6 F 3	$	*reduce* 4
(13)	0 E 1 + 6 T 9	$	*reduce* 1
(14)	0 E 1	$	

10.3 Ein Algorithmus zur Generierung kanonischer LR(1)-Tabellen

Es gibt verschiedene Algorithmen zur Berechnung von Parsingtabellen für LR-Parser. Zu ihnen gehören u.a. der SLR-, der LLR- und der CLR-Algorithmus:[11]

1. Der SLR-Algorithmus („simple LR") ist effizient und relativ einfach zu implementieren. Leider gibt es bestimmte LR-Syntaxen, für die dieser Algorithmus keine Parsingtabelle generieren kann.

2. Der LLR-Algorithmus („Look-ahead-LR") erlaubt die Verarbeitung der Syntaxen der meisten Programmiersprachen und läßt sich mit gewissem Aufwand auch effizient implementieren.

3. Der CLR-Algorithmus („canonical LR") erlaubt die Generierung von Parsingtabellen für beliebige LR-Syntaxen, ist allerdings auch deutlich komplexer als die beiden anderen Algorithmen.

Wegen seiner Leistungsfähigkeit beschreiben wir im folgenden den CLR-Algorithmus: Er berechnet zunächst eine Folge von LR(1)-Kantenmengen, aus der er dann in einem zweiten Schritt die Parsingtabelle generiert. Eine LR(1)-Kante repräsentieren wir als ein geordnetes Paar, das aus einer geteilten Produktion $A \rightarrow \alpha.\beta$ ($A \rightarrow \alpha\beta \in R$) und einem Look-ahead-Symbol $a \in V_T \cup \{\$\}$ besteht. Das Look-ahead-Symbol erlaubt es zu entscheiden, in welchen Situationen eine Regel für einen Reduktionsschritt verwendet werden darf:
Eine Regel $A \rightarrow \alpha$ darf nur dann zur Reduktion des Stacks verwendet werden, wenn die dem aktuellen Zustand des Parsers zugeordnete Kantenmenge die Kante $[A \rightarrow \alpha., a]$ enthält und das nächste Symbol der Eingabe a ist.

[11] Wir orientieren uns bei der Darstellung des Algorithmus eng an der in [Aho/Ullman 1977, S.198-248].

Zur Generierung der Folge von Kantenmengen verwenden wir die Prozedur BERECHNE-KANTENMENGEN, die ausgehend von der für die Regel S' → S gebildeten Kantenmenge alle weiteren Kantenmengen berechnet:

PROZEDUR BERECHNE-KANTENMENGEN

EINGABE: Eine Folge von LR(1)-Kantenmengen C.

METHODE:

Wiederhole bis C nicht weiter ergänzt werden kann:
  Für jede Kanten-Menge $I \in C$ und jedes Symbol $X \in V$, mit
  GOTO-KANTEN(I, X) $\neq \emptyset$ und GOTO-KANTEN(I, X) $\notin C$,
  ergänze C um GOTO-KANTEN(I, X).

GOTO-KANTEN bildet ausgehend von einer Kantenmenge I für jedes $X \in V_N$, für das es mindestens eine Kante $[A \rightarrow \alpha.X\beta, a] \in I$ gibt, eine neue Kantenmenge J:

PROZEDUR GOTO-KANTEN

EINGABE: Eine Menge von LR(1)-Kanten I und ein Symbol $X \in V$.
AUSGABE: Eine neue Menge von LR(1)-Kanten J.

METHODE:

$J \Leftarrow \{[A \rightarrow \alpha X.\beta, a] \mid [A \rightarrow \alpha.X\beta, a] \in I\}$.
RETURN($\text{Closure}_{\text{ITEM}}$(J))

Die Prozedur $\text{CLOSURE}_{\text{ITEM}}$ nimmt eine Kantenmenge I als Argument und ergänzt sie durch Kanten, die mögliche Schritte im Analyseprozeß repräsentieren:

PROZEDUR $\text{CLOSURE}_{\text{ITEM}}$

EINGABE: Eine Menge von LR(1)-Kanten I.

METHODE:

Wiederhole bis keine neuen Kanten generiert werden können:
  Für alle $[A \rightarrow \alpha.B\beta, a] \in I$, $B \rightarrow \tau \in R$ und $b \in \text{FIRST}(\underset{\sim}{\beta}a)$:
    Wenn <$[B \rightarrow .\tau, b] \notin I$>
    Dann <$I \Leftarrow I \cup \{[B \rightarrow .\tau, b]\}$>
RETURN(I)

Nach Berechnung der Folge von Kantenmengen wird die Parsingtabelle berechnet, wobei durch jede Kantenmenge ein Zustand des Parsers festgelegt wird. Die Berechnung der Tabelle gelingt nur, wenn für jedes Feld höchstens ein Wert spezifiziert wird; anderenfalls terminiert der Algorithmus mit einer Fehlermeldung.

ALGORITHMUS CLR(1)

EINGABE: Eine kontextfreie Syntax G = <V_N, V_T, S, R>, deren Regelmenge durch die Regel S' → S ergänzt wird.

AUSGABE: Eine Parsingtabelle für G / *False*.

METHODE:

Berechnung der Folge $C = \{I_0, I_1, \ldots, I_n\}$ *von LR(1)-Mengen:*

C ⇐ {$\text{Closure}_{\text{ITEM}}$({S' → .S, $})}
C ⇐ BERECHNE-KANTENMENGEN(C)

Berechnung der Parsingtabelle

a) ACTION-Felder:

Für i := 0 bis n:
Wenn <[A → α.aβ , b] ∈ I_i und GOTO-KANTEN(I_i, a) = I_j>
Dann <ACTION(i, a) = *shift j*>
Wenn <[A → α., a] ∈ I_i>
Dann <ACTION(i, a) = *reduce p*, mit p als Index der Regel A → α>
Wenn <[S' → S., $] ∈ I_i>
Dann <ACTION(i, $) = *accept*>

Wenn <ein Feld mehr als einen Eintrag enthält>
Dann <RETURN(*False*)>

b) GOTO-Felder:

Für alle I_i und X ∈ V_N gilt:
Wenn <GOTO-KANTEN(I_i, X) = I_j>
Dann <GOTO(i, X) = j>

Alle leeren Felder der Tabelle erhalten den Eintrag *error*.

Der Ausgangszustand des Parsers ist der Index der Kantenmenge, die aus dem Item [S' → .S, $] konstruiert wurde.

Beispiel (10-4)

Wenn G = <{S, C}, {c, d}, S, {r1:S → CC, r2:C → cC, r3:C → d}>, dann generiert CLR(1) folgende Kantenmengen:

CLOSURE({[S' → .S, $]}) =

I_0:
S' → .S, $
S → .CC, $
C → .cC, c/d
C → .d, c/d

GOTO-KANTEN(I_0, S) =

I_1:
S' → S., $

GOTO-KANTEN(I_0, C) =
I_2: $S \rightarrow C.C, \$$
$C \rightarrow .cC, \$$
$C \rightarrow .d, \$$

GOTO-KANTEN(I_0, c) =
I_3: $C \rightarrow c.C, c/d$
$C \rightarrow .cC, c/d$
$C \rightarrow .d, c/d$

GOTO-KANTEN(I_0, d) =
I_4: $C \rightarrow d., c/d$

GOTO-KANTEN(I_2, C) =
I_5: $S \rightarrow CC., \$$

GOTO-KANTEN(I_2, c)
I_6: $C \rightarrow c.C, \$$
$C \rightarrow .cC, \$$
$C \rightarrow .d, \$$

=GOTO-KANTEN(I_2, d) =
I_7: $C \rightarrow d., \$$

GOTO-KANTEN(I_3, C) =
I_8: $C \rightarrow cC., c/d$

GOTO-KANTEN(I_6, C) =
I_9: $C \rightarrow cC., \$$

Die Parsingtabelle hat dann folgende Form:

Zustand	ACTION			GOTO	
	c	d	$	S	C
0	s3	s4		1	2
1			acc		
2	s6	s7			5
3	s3	s4			8
4	r3	r3			
5			r1		
6	s6	s7			9
7			r3		
8	r2	r2			
9			r2		

10.4 Effiziente Repräsentation von LR-Parsingtabellen

Die Größe der Parsingtabelle (Menge der Zustände und der in ihr verzeichneten Einträge) hängt von der Zahl der terminalen Symbole und Regeln der ihr zugrundeliegenden Syntax ab. Betrachtet man z.B. typische Programmiersprachen, so kann man von 50–100 terminalen Symbolen und etwa 100 Regeln ausgehen. Die auf Grundlage einer derartigen Syntax berechnete Parsingtabelle kann ohne weiteres aus mehreren hundert Zuständen und 20000 Einträgen allein im ACTION-Teil der Tabelle bestehen[12]. Ähnliche Dimensionen sind auch für Syntaxen natürlicher Sprachen zu erwarten, die mehr als nur einen trivialen Ausschnitt der Sprache beschreiben wollen.

[12]Vgl. [Aho et al. 1986, S.244-47].

Angesichts dieser Dimensionen ist es sinnvoll, sich um eine möglichst kompakte Repräsentation von Parsingtabellen zu bemühen. Wir werden im folgenden ein sehr einfaches Verfahren beschreiben, das es erlaubt, den ACTION-Teil einer Parsingtabelle relativ platzsparend zu repräsentieren, und das nur einen geringen Einfluß auf das Laufzeitverhalten des Parsers hat.: Für jeden Zustand wird eine Liste mit Symbol/Aktion-Paaren gebildet. Wenn *a* die Aktion ist, die in diesem Zustand am häufigsten auszuführen ist, dann werden alle Paare, in denen *a* vorkommt, durch das Paar <any *a*> ersetzt, das als letztes Element in die Liste eingefügt wird. Um die in einem Zustand auszuführende Aktion zu bestimmen, wird die diesem Zustand zugeordnete Liste von links nach rechts abgearbeitet, bis ein Eintrag gefunden ist, dessen Symbol mit dem nächsten Symbol der Eingabe übereinstimmt. Wird der **any**-Eintrag erreicht, dann wird die in ihm verzeichnete Aktion ausgeführt; d.h. **any** wird wie eine Variable behandelt, die mit beliebigen Symbolen *matcht*.

Beispiel (10-5)

Die Parsingtabelle aus Beispiel (10-4) kann wie folgt repräsentiert werden:

Zustand	ACTION
0	(<id s5>, <(s4>, <**any** *error*>)
1	(<+ s6>, <$ acc>, <**any** *error*>)
2	(<* s7>, <**any** r2>)
3	(<**any** r4>)
4	s. Zustand 1
5	(<**any** r6>)
6	s. Zustand 1
7	s. Zustand 1
8	(<+ s6>, <) s11>, <**any** *error*>)
9	(<* s7>, <**any** r1>)
10	(<**any** r3>)
11	(<**any** r5>)

Die durch die **any**-Einträge verursachte *Übergeneralisierung* führt dazu, daß der Parser bei fehlerhaften Eingaben später terminiert, als bei Verwendung einer nicht-komprimierten Parsingtabelle:

(A)	Stack	Eingabe	Aktion
(1)	0	id id * id $	*shift* 5
(2)	0 id 5	id * id $	*error*

(B)	Stack	Eingabe	Aktion
(1)	0	id id * id $	*shift* 5
(2)	0 id 5	id * id $	*reduce* 6
(3)	0 F 3	id * id $	*reduce* 4
(4)	0 T 2	id * id $	*reduce* 2
(5)	0 E 1	id * id $	*error*

Wie dieses Beispiel zeigt, terminiert der Parser bei Verwendung einer komprimierten Parsingtabelle (B) erst, sobald die nächste Shift-Aktion auszuführen ist.

10.5 Implementierung

Es folgen eine Lisp- und eine Prolog-Implementierung der in 10.2 beschriebenen Steuerprozedur für LR-Parser. Die Implementierung des Algorithmus CLR(1) zur Generierung kanonischer LR(1)-Tabellen überlassen wir dem Leser.

10.5.1 Lisp

Wie bei allen anderen Lisp-Programmen, die wir in den vergangenen Kapiteln entwickelt haben, setzen wir voraus, daß auf Syntax und Lexikon über die globalen Variablen *syntax* und *lexikon* zugegriffen werden kann. Die Parsingtabelle repräsentieren wir durch zwei komplexe Listen (je eine für den Action- und den Goto-Teil), die den globalen Variablen *action* und *goto* zugewiesen werden.

Deklarationen

```
(defvar *syntax*)          (defvar *lexikon*)
(defvar *action*)          (defvar *goto*)
```

Beispiel (10-6)
Die Parsingtabelle aus Beispiel (10-4) wird in folgender Form repräsentiert:

```
(setf *action*
  '((0 (c (shift 3)) (d (shift 4))) (1 ($ accept))
    (2 (c (shift 6)) (d (shift 7))) (3 (c (shift 3)) (d (shift 4)))
    (4 (c (reduce 3)) (d (reduce 3))) (5 ($ (reduce 1)))
    (6 (c (shift 6)) (d (shift 7))) (7 ($ (reduce 3)))
    (8 (c (reduce 2)) (d (reduce 2))) (9 ($ (reduce 2)))))

(setf *goto*
  '((0 (S 1) (C 2))
    (2 (C 5))
    (3 (C 8))
    (6 (C 9))))
```

Selektoren

```
;;; ACTION
;;; Selektorfunktion für den Action-Teil der Parsingtabelle.
(defmacro action (zustand symbol)
  `(second (assoc ,symbol (rest (assoc ,zustand *action*)))))
```

```
;;; GOTO
;;; Selektorfunktion für den Goto-Teil der Parsingtabelle.
(defmacro goto (zustand symbol)
  `(second (assoc ,symbol (rest (assoc ,zustand *goto*)))))

;;; KATEGORIE
;;; Liefert als Wert die lexikalische Kategorie des nächsten Wortes der Eingabe.
;;; Voraussetzung: jedem Wort wird genau eine Kategorie zugewiesen.
(defmacro kategorie (wort)
  `(if (eq ,wort '$)
       '$
       (first (second (assoc ,wort *lexikon*)))))
```

Hauptfunktionen

```
;;; LR-SHIFT
;;; Ausführen einer Shift-Operation.
(defun lr-shift (stack zustand symbol)
  (cons zustand (cons symbol stack)))

;;; LR-REDUCE
;;; Ausführen einer Reduce-Operation.
(defun lr-reduce (stack regel-index)
  (let* ((regel (nth (1- regel-index) (regeln)))
         (r-stack (nthcdr (* 2 (length (rest regel))) stack)))
    (cons (goto (first r-stack) (first regel)) (cons (first regel) r-stack))))

;;; RECOGNIZE_LR
;;; Hauptfunktion
(defun recognize_lr (satz)
  (let* ((stack '(0)) (symbol nil)
         (eingabe (append satz (list '$)))
         (wert nil))
    (loop
      (setq symbol (kategorie (first eingabe))
            wert   (action (first stack) symbol))
      (print stack)
      (cond ((not wert) (return nil))
            ((eq wert 'accept) (return t))
            ((eq (first wert) 'shift)
             (setq stack   (lr-shift stack (second wert) symbol)
                   eingabe (rest eingabe)))
            ((eq (first wert) 'reduce)
             (setq stack (lr-reduce stack (second wert))))))))
```

10.5.2 Prolog

Repräsentation der Daten

Wir repräsentieren alle für das Parsen benötigten Informationen durch geeignete Fakten in der Wissensbasis:

1. Zur Repräsentation der Regeln wird das Prädikat regel/3 verwendet: *regel(Regelnummer, Linke_Seite, Rechte_Seite).*
2. Die Lexikoneinträge werden durch das lexkat/2-Prädikat spezifiziert: *lexkat(Wort, Kategorie).*
3. Zur Darstellung der Parsingtabelle verwenden wir die Prädikate action/3 bzw. goto/3: *action(Zustand, Symbol, Aktion)* bzw. *goto(Zustand, Symbol, Zustand1).*

Beispiel (10-7)

So erhalten wir ausgehend von der Syntax aus Beispiel (10-4) u.a.:

```
regel(1, s, [c, c]).          action(1, $, accept).
lexkat(d, c).                 goto(2, c, 5).
```

Shift und Reduce

Bei jeder Shift-Operation werden eine lexikalische Kategorie und ein Zustandssymbol auf den Stack geschoben. Bei Aufruf von shift/4 sind die ersten drei Argumente mit dem alten Stack, dem neuen Zustand und der Kategorie instantiiert. Das vierte Argument liefert den neuen Stack:

```
% shift/4
shift(Stack, Zustand, Kategorie, [Zustand, Kategorie | Stack]).
```

Bei einer Reduce-Operation sind n*2 Symbole aus dem Stack zu entfernen, mit n als der Länge der rechten Seite der zur Reduktion verwendeten Regel. Die ersten beiden Argumente von reduce/3 bilden die Regel und der ursprüngliche Stack; das dritte Argument wird mit dem reduzierten Stack instantiiert:

```
% reduce/3
reduce(Regel, Stack, [Zustand1, Links | [Zustand | Rest]]) :-
    regel(Regel, Links, Rechts),
    reduce1(Rechts, Stack, [Zustand | Rest]),
    goto(Zustand, Links, Zustand1).
% reduce1/3
% Dieses Prädikat entfernt für jedes Symbol der rechten Regelseite zwei Symbole
% (ein Zustands- und ein Kategoriensymbol) aus dem Stack:
reduce1([ ], Stack, Stack).
reduce1([Symbol | Symbole], [Zustand, Knoten | Rest], R) :-
    reduce1(Symbole, Rest, R).
```

Recognize

```
% recognize/1
% Der Satz wird mit dem Satzbegrenzungszeichen ergänzt und die Analyse gestartet.
recognize(Satz) :-
    append(Satz, [$], Satz1),
    recognize([0], Satz1).

% recognize/2
% Das Prädikat hat als Argumente den Stack (oberste Symbol = erstes Symbol der
% Liste) und den noch zu analysiereden Teil der Eingabe.
% Analyse terminiert erfolgreich
recognize([Zustand | Rest], [Wort | Worte]) :-
    lexkat(Wort, Kategorie),
    action(Zustand, Kategorie, accept).
% Analyse ist nach einer Shift-Operation fortzusetzen
recognize([Zustand | Rest], [Wort | Worte]) :-
    lexkat(Wort, Kategorie),
    action(Zustand, Kategorie, shift(Zustand1)),
    shift([Zustand | Rest], Zustand1, Kategorie, Stack),
    recognize(Stack, Worte).
% Analyse ist nach einer Reduce-Operation fortzusetzen
recognize([Zustand | Rest], [Wort | Worte]) :-
    lexkat(Wort, Kategorie),
    action(Zustand, Kategorie, reduce(Regel)),
    reduce(Regel, [Zustand | Rest], [Zustand1 | Rest1]),
    recognize([Zustand1 | Rest1], [Wort | Worte]).
```

Aufgaben

10.1 Implementieren Sie den CLR(1)-Algorithmus so, daß er

(a) mit einer Fehlermeldung terminiert, sobald es zu Eintragskonflikten kommt;

(b) auch Felder mit Mehrfacheinträgen generiert und

(c) eine komprimierte Parsingtabelle (**any**-Eintrag) erzeugt.

10.2 Erweitern Sie den LR-Recognizer so, daß er Tabellen mit Mehrfacheinträgen durch Verwendung von Backtracking verarbeiten kann.

10.3 Schreiben Sie ein Programm, das für ein beliebiges k ≥ 0 prüft, ob es sich bei einer kontextfreien Syntax G um eine LR(k)-Syntax handelt.

11 Der Tomita-Algorithmus

Tomitas Algorithmus ist eine Weiterentwicklung des LR-Parsingalgorithmus. Es ist ein genereller Parsingalgorithmus, d.h. er kann für beliebige kontextfreie Sprachen verwendet werden. Der wichtigste Unterschied zu dem einfachen LR-Algorithmus, den wir in Kapitel 10 beschrieben haben, liegt in der Verwendung eines *graph-strukturierten* Stacks, der eine effiziente Verarbeitung von Parsingtabellen mit Mehrfacheinträgen erlaubt.

11.1 LR-Parsing beliebiger kontextfreier Syntaxen

Wird das im letzten Kapitel beschriebene Konstruktionsverfahren für Parsingtabellen auf beliebige kontextfreie Syntaxen angewendet, dann führt es in den Fällen, in denen es sich bei der Syntax nicht um eine LR-Syntax handelt, dazu, daß die Parsingtabelle in einem oder mehreren Feldern Mehrfacheinträge aufweist. Solche Tabellen lassen sich nicht innerhalb eines einfachen LR-Parsers verwenden, da sich nicht mehr in jedem Zustand die nächste Operation eindeutig bestimmen läßt; d.h. der Parser kann nicht mehr deterministisch operieren[1].

Wenn sich z.B. ein mit der Tabelle aus dem folgenden Beispiel operierender LR-Parser im Zustand 11 bzw. 12 befindet und das nächste zu verarbeitende Wort eine Präposition ist, können zwei Operationen ausgeführt werden:

- eine *Shift*-Operation, die den Parser in den Zustand 6 übergehen läßt oder
- eine *Reduce*-Operation unter Verwendung der Regel 6[2].

Beispiel (11-1)

Wenn G = $<V_N, V_T, S, R>$ eine kontextfreie Syntax ist, die die folgenden Regeln enthält:

1 : S → NP VP	2 : S → S PP.	3 : NP → n
4 : NP → det n	5 : NP → NP PP	6 : PP → prep NP
7 : VP → v NP		

[1] Aus diesem Grund brechen die Konstruktionsverfahren normalerweise ab, sobald einem Feld verschiedene Werte zugewiesen werden.

[2] Die Ambiguität der Syntax liegt in der Behandlung satzfinaler Präpositionalphrasen bzw. mehrerer aufeinanderfolgender Präpositionalphrasen.

dann erhalten wir für G (wenn wir dafür sorgen, daß der Algorithmus nicht abbricht, sobald er auf Mehrfacheinträge stößt) folgende Parsingtabelle:

Zustand	ACTION					GOTO			
	det	n	v	prep	$	NP	PP	VP	S
0	s3	s4				2			1
1				s6	acc		5		
2			s7	s6			9	8	
3		s10							
4			r3	r3	r3				
5				r2	r2				
6	s3	s4				11			
7	s3	s4				12			
8				r1	r1				
9			r5	r5	r5				
10			r4	r4	r4				
11			r6	r6,s6	r6		9		
12				r7,s6	r7		9		

Wir werden jetzt drei Strategien vorstellen, die eine zunehmend effizientere Verarbeitung von Parsingtabellen mit Mehrfacheinträgen erlauben. Gemeinsam ist ihnen, daß sie eine komplexere Form der Informationsverwaltung voraussetzen als einfachere LR-Parser. Wir bezeichnen im folgenden die zur Informationsspeicherung verwendete Datenstruktur als **Stackgruppe**. Die drei Strategien unterscheiden sich durch die in der Stackgruppe gespeicherten Objekte und den auf ihnen definierten Operationen.

11.1.1 Stack-Listen

Die einfachste der drei Strategien beschränkt sich darauf, alternative Analysemöglichkeiten eines Satzes, wie sie durch die Mehrfacheinträge in einer Parsingtabelle repräsentiert werden, durch separate Prozesse verfolgen zu lassen:

Zu Beginn der Analyse gibt es zunächst genau einen Prozeß P, und die Stackgruppe enthält einen Stack S. Sobald P auf ein Feld stößt, das mehr als einen Eintrag enthält, wird P in verschiedene Prozesse aufgespalten, so daß jede Analysemöglichkeit durch einen eigenen Prozeß verfolgt werden kann. Jedem dieser Prozesse ist ein eigener Stack - eine Kopie von S - zugeordnet; d.h. es muß nicht ein Stack, sondern eine *Liste* von Stacks verwaltet werden. Dieser Vorgang wiederholt sich jedesmal, sobald einer der Prozesse auf ein Feld mit Mehrfacheinträgen stößt. Wenn ein Prozeß nicht fortgesetzt werden kann; d.h. er auf einen *error*-Eintrag in der Tabelle stößt, terminiert er, und sein Stack wird aus der Stack-Liste entfernt.

Jeder der aktiven Prozesse korrespondiert mit einem einfachen LR-Parser. Wir setzen voraus, daß sie **synchron** arbeiten: Wenn ein Prozeß durch eine Shift-Aktion das nächste Symbol der Eingabe auf dem Stack ablegt, wird er suspendiert, bis alle anderen Prozesse dieses Symbol ebenfalls in ihren Stack übertragen haben.

Diese Strategie mit ihrer Verwendung 'paralleler' Prozesse (Pseudo-Parallelität), kann als Realisierung der Breadth-first-Strategie aufgefaßt werden. Sie ist durch drei Grundoperationen charakterisiert: *Initialisieren* der Stackgruppe, *Kopieren* eines Stacks und *Löschen* eines Stacks. Ihr entscheidender Nachteil liegt darin, daß es keine Kommunikation zwischen den Prozessen gibt. Da ein Prozeß nicht auf die Ergebnisse eines anderen zugreifen kann, erzeugt die so erforderliche Duplizierung von Informationen (Stackinhalten) ein hohes Maß an Redundanz. Mit dem Auftreten von Ambiguitäten wächst die Zahl der Stacks exponentiell.

Beispiel (11-2)
Die Syntax und Parsingtabelle aus Beispiel (11-1) vorausgesetzt, erhalten wir für den Satz „Die Verwaltung sucht eine Nadel im Heuhaufen.“ folgendes Ergebnis:

Stackgruppe

Stack S_1	
0	
0–det–3	
0–det–3–n–10	
0–np–2	(Subjekt-NP gefunden)
0–np–2–v–7–det–3–n–10	
0–np–2–v–7–np–12	(Objekt-NP gefunden)

ACTION(12, prep*) enthält zwei Einträge, also wird eine Kopie von S_1 angefertigt:

Stack S_1	Stack S_2
0–np–2–v–7–np–12	**0–np–2–v–7–np–12**
0–np–2–vp–8	
0–s–1	
0–s–1–**prep–6**	0–np–2–v–7–np–12–**prep–6**
0–s–1–**prep–6–n–4**	0–np–2–v–7–np–12–**prep–6–n–4**
0–s–1–**prep–6–np–11**	0–np–2–v–7–np–12–**prep–6–np–11**
0–s–1–pp–5	0–np–2–v–7–np–12–pp–9
0–s–1	0–np–2–v–7–np–12
accept	0–np–2–vp–8
	0–s–1
	accept

Schon dieses kleine Beispiel läßt gut erkennen, daß verschiedene Prozesse z.T. dieselben Aktionen ausführen.

11.1.2 Baum-strukturierter Stack

Die Synchronisierung der Prozesse legt die Verwendung einer effizienteren Informationsverwaltung nahe: Wenn zwei synchronisierte Prozesse sich in demselben Zustand befinden, d.h. wenn die Zustandssymbole, die in ihren Stacks oben liegen, denselben Zustand bezeichnen, dann führen sie so lange die gleichen Operationen aus, bis eine *Reduce*-Aktion dieses Zustandssymbol vom Stack entfernt. Um eine unnötige Protokollierung identischer Aktionssequenzen in verschiedenen Stacks zu vermeiden, kann man Prozesse, die sich im gleichen Zustand befinden, durch Kombination ihrer Stacks zu einem Prozeß zusammenfassen, der erst wieder in die ursprünglichen Prozesse aufgespalten wird, nachdem eine *Reduce*-Aktion es erforderlich macht.

Der Stack des neuen Prozesses kann als Baum repräsentiert werden, dessen Wurzel den Zustand der beiden zusammengefaßten Prozesse repräsentiert. Die Stackgruppe besteht jetzt aus einer Folge von baum-strukturierten Stacks; denn nicht immer lassen sich alle Prozesse an einem Punkt verknüpfen. So können z.B. drei Prozesse P_{j1}, P_{j2}, P_{j3} zu einem Prozeß P_J und zwei weitere Prozesse P_{k1}, P_{k2} zu einem anderen Prozeß P_K kombiniert werden. Die Stackgruppe enthält in diesem Fall zwei baum-strukturierte Stacks. Obwohl dieses Verfahren erheblich effizienter ist, als das vorher beschriebene, wird immer noch beim Aufspalten eines Prozesses der Stackinhalt vollständig kopiert. Die Zahl der zu bildenden Prozesse (repräsentiert durch die Äste der baum-strukturierten Stacks) wächst weiterhin exponentiell.

Beispiel (11-3)

Wir verwenden wieder die Syntax und Parsingtabelle aus Beispiel (11-1). Zunächst verläuft die Analyse wie in Beispiel (11-2) beschrieben:

⋮
0–np–2–v–7–np–12

Der Mehrfacheintrag in ACTION(12, prep*) führt zur Teilung des Stacks:

0–np–2–v–7–np–12	0–np–2–v–7–np–12
0–np–2–vp–8	
0–s–1	
0–s–1–prep–**6**	0–np–2–v–7–np–12–prep–**6**

Beide Prozesse befinden sich jetzt im selben Zustand, also werden sie kombiniert:

6–n–4
6–np–11

Die *reduce*-Aktionen machen es erforderlich, beide Prozesse separat zu verwalten:

0–s–1–pp–5	0–np–2–v–7–np–12–pp–9
0–s–1	0–np–2–v–7–np–12
accept	0–np–2–vp–8
	0–s–1
	accept

11.1.3 Graph-strukturierter Stack

Charakteristisch für die beiden oben beschriebenen Strategien ist, daß bei der Aufspaltung eines Prozesses sein Stack komplett kopiert wird und es so durchaus möglich ist, daß die untersten (linken) Symbole der Stacks von Prozessen, die zuletzt ganz verschiedene Aktionssequenzen durchlaufen haben, trotzdem identisch sind. Diese unnötige Duplikation von Informationen läßt sich vermeiden, wenn nach Aufspalten eines Prozesses der Stack nicht einfach kopiert, sondern als ein Baum repräsentiert wird, dessen Spitze den Anfangszustand des ursprünglichen Prozesses repräsentiert und dessen Äste den unterschiedlichen Verlauf der neuen Prozesse abbilden.

Wenn die Stacks von Prozessen, die sich im gleichen Zustand befinden, wie zuvor kombiniert werden, dann kann der Stack als ein gerichteter azyklischer Graph repräsentiert werden. Die Stackgruppe enthält also nicht mehr eine Liste von Stacks, sondern nur noch einen, unter Umständen allerdings recht komplexen, *graph-strukturierten* Stack[3].

Beispiel (11-4)
Wir gehen wieder von Syntax, Parsingtabelle und Satz aus Beispiel (11-1) aus:

```
(1)  0-np-2-v-7-np-12                 Inhalt des Stacks nach Verarbeitung
                                      der Objekt-NP.

                                      Der Doppeleintrag in der Parsingtabelle
                  /vp-8               erlaubt es, entweder ein Symbol einzu-
(2)  0-np-2-v-7-np-12                 lesen oder den Stack zu reduzieren.
                                      Die Reduce-Operation hat Vorrang.

                                      Der Stack wird erneut reduziert. Jetzt
      /s-1                            ist eine Situation erreicht, in der der
(3)  0-np-2-v-7-np-12                 Stack nicht weiter reduziert werden kann.

      /s-1-prep ---\                  Die Shift-Operation erlaubt es,
(4)  0-np-2-v-7-np-12 --- 6           beide Prozesse zu kombinieren.

      /s-1-prep ---\
(5)  0-np-2-v-7-np-12 --- 6-n-4
```

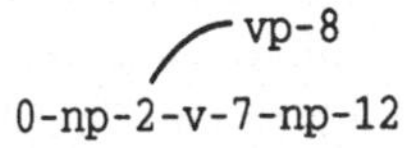

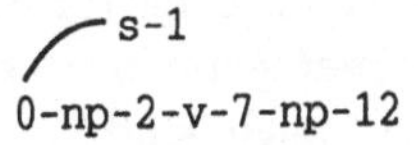

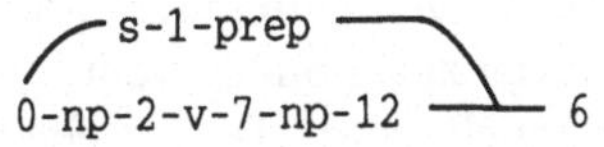

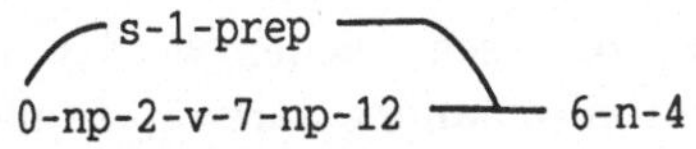

[3]Wie Tomita selbst bemerkt, ähnelt der graph-strukturierte Stack stark der Chart eines Chart-Parsers. Wie eine Chart erlaubt der Stack die Speicherung von partiellen Analyseresultaten.

```
           s-1-prep
(6)      /         \
     0-np-2-v-7-np-12 ---- 6-np-11

           s-1-pp-5              Die Reduce-Operation erzwingt eine
(7)      /                       erneute Aufspaltung in zwei Prozesse.
     0-np-2-v-7-np-12
```

11.1.4 Effiziente Strukturverwaltung

In der Regel wird von Parsern für natürliche Sprachen erwartet, daß sie alle Strukturen für einen Satz generieren, die sich relativ zur zugrundeliegenden Syntax für ihn bilden lassen. Da der Ambiguitätsgrad[4] von Sätzen exponentiell mit ihrer Länge wächst, würde normalerweise auch die Zeit, die ein effizienter Parser benötigt, um alle Strukturbeschreibungen eines Satzes auszugeben, exponentiell wachsen. Neben einem effizienten Analyseverfahren für Sätze ist daher auch eine effiziente Repräsentation für die für sie generierten Strukturen notwendig. Zu diesem Zweck kombiniert Tomita zwei schon früher in anderen Systemen verwendete Techniken: das *„sub-tree sharing“* und das *„local ambiguity packing“*.

sub-tree sharing. Wenn verschiedene Strukturbeschreibungen eines Satzes identische Teilstrukturen für denselben Satzabschnitt enthalten, dann ist es vollkommen ausreichend, diese Teilstrukturen nur einmal zu repäsentieren. Das Ergebnis ist eine „shared forest“-Repräsentation: Alle Strukturbeschreibungen, die gemeinsame Teilstrukturen aufweisen, werden *aufeinandergelegt* und es entsteht so ein Graph, der die gemeinsamen Teilstrukturen nur einmal repräsentiert.

Local Ambiguity Packing. Verschiedene Strukturbeschreibungen eines Satzes repräsentieren eine *lokale Ambiguität* des Satzes, wenn sie Teilstrukturen für denselben Satzabschnitt enthalten, die zwar nicht isomorph sind, aber gemeinsame Terminalknoten besitzen und die Etiketten ihrer Wurzelknoten gleich sind. Um zu vermeiden, daß, wenn ein Satz viele solcher lokaler Ambiguitäten aufweist, sein Ambiguitätsgrad exponentiell wächst, werden zu ihrer Repräsentation *gepackte Knoten* („packed nodes“) verwendet: Die Wurzelknoten der eine lokale Ambiguität repräsentierenden Teilbäume werden zu einem (gepackten) Knoten zusammengefaßt, der von übergeordneten Strukturen als einfacher Knoten behandelt wird. Die zu einem gepackten Knoten zusammengefaßten Knoten werden als *„Subknoten“* dieses gepackten Knotens bezeichnet.

Durch Kombination dieses Verfahrens mit dem zuvor beschriebenen werden Strukturbeschreibungen eines Satzes, soweit möglich, miteinander verknüpft und als „packed shared forests“ repräsentiert.

---

[4]Als *Ambiguitätsgrad* eines Satzes wird die Zahl der Strukturen bezeichnet, die ihm durch die Syntax zugeordnet werden können.

Beispiel (11-5)
Betrachten wir den Fall, daß ein Parser für einen Satz die folgenden beiden Strukturbeschreibungen generiert:

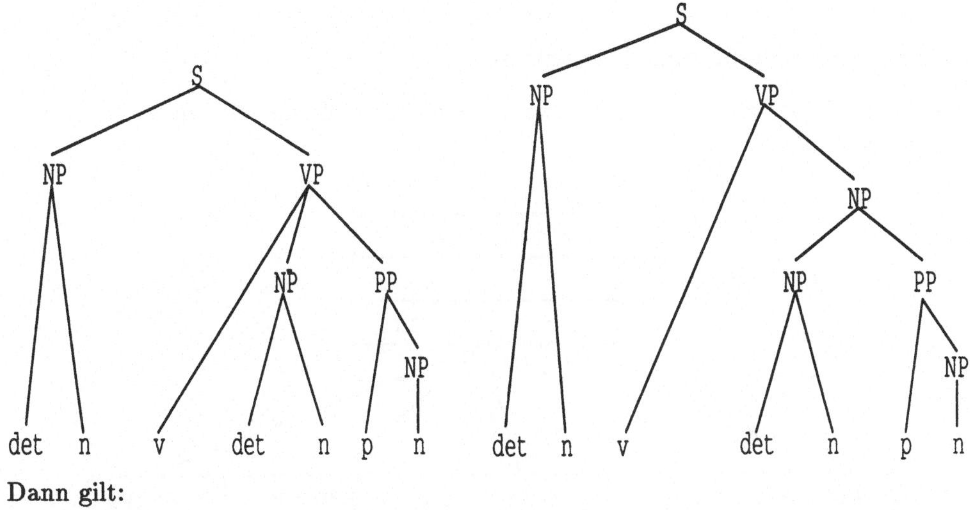

Dann gilt:

- Die Nominalphrasen und die Präpositionalphrase haben dieselbe Struktur.
- Die S-Knoten und die VP-Knoten lassen sich zusammenfassen.

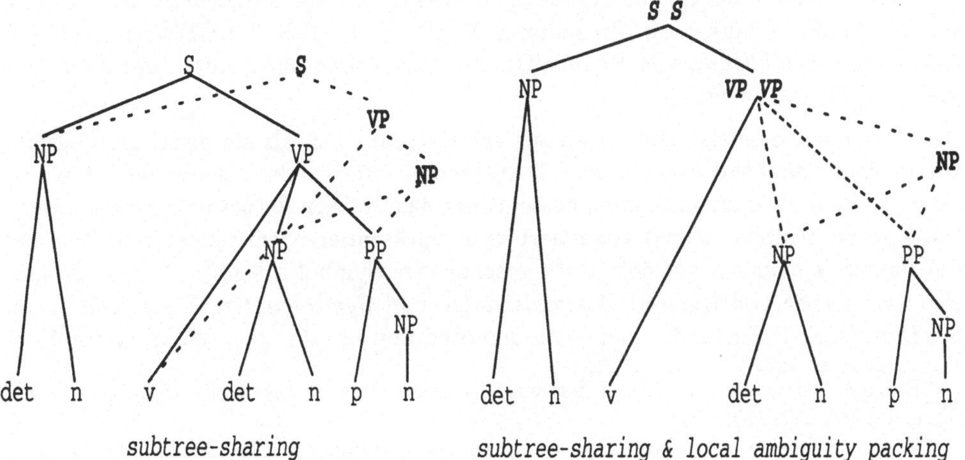

subtree-sharing *subtree-sharing & local ambiguity packing*

11.2 Der Algorithmus

Wir entwickeln Tomitas Algorithmus in zwei Schritten: Zunächst formulieren wir ihn als Erkennungsalgorithmus für beliebige kontextfreie Syntaxen[5] (inklusive Tilgungsregeln) und erweitern ihn dann zu einem Parsingalgorithmus, der *gepackte* Strukturbeschreibungen generiert[6].

11.2.1 Der Erkennungsalgorithmus

Abbildung (11-1) gibt einen Überblick über die Prozeduren, die wir im folgenden definieren werden:

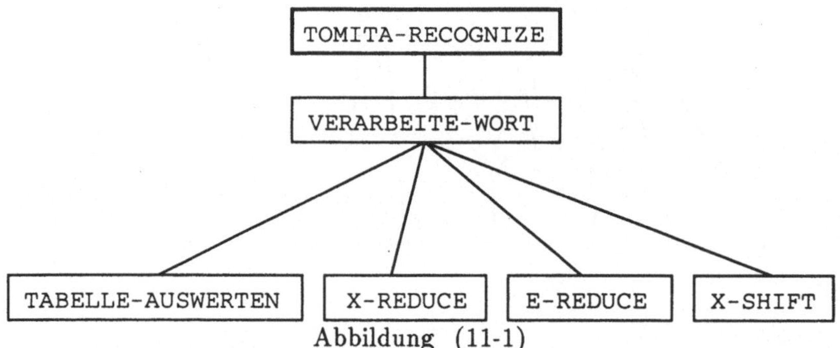

Abbildung (11-1)

Die Prozedur VERARBEITE-WORT steuert die Verarbeitung des Satzes: Sie stellt sicher, daß alle Analysemöglichkeiten verfolgt werden und daß das nächste Wort erst dann in den Stack übertragen wird (X-SHIFT), wenn keine Reduce-Operation mehr ausgeführt werden kann. TABELLE-AUSWERTEN bestimmt anhand eines Eintrags in der Parsingtabelle die Menge der Aktionen, die im nächsten Schritt ausgeführt werden können; die Prozeduren X-REDUCE, E-REDUCE und X-SHIFT steuern die Ausführung von Reduce-Operationen (ohne bzw. mit Tilgungsregeln) und Shift-Operationen.

Der Stack, mit dem der Tomita-Parser arbeitet, läßt sich als ein gerichteter azyklischer Graph (*directed acyclic graph* - DAG) repräsentieren, der nach seiner Initialisierung aus dem Terminalknoten v_0 besteht, der das Stackende (*bottom*) repräsentiert. Die Knoten des Stacks sind etikettiert und repräsentieren entweder einen Zustand des Parsers z oder ein auf den Stack geschobenes Symbol $s \in (V_N \cup V_T)$. Es gibt also zwei Typen von Knoten: *Zustandsknoten* und *Symbolknoten*. Da sich in einem Pfad im Stack Γ Zustands- und Symbolknoten abwechseln, gilt: Wenn v_i ein Kno-

[5]Einzige Ausnahme bilden unbegrenzt ambige bzw. zyklische Syntaxen; vgl. [Tomita 1986, S.72/73].

[6]Wir orientieren uns eng an Tomitas eigener Darstellung; vgl. [Tomita 1986, S.49-69].

ten vom Typ **X** ist, dann ist jeder Knoten, zu dem von v_i ein Pfad der Länge 2 * n führt, auch ein Knoten vom Typ **X**. Wenn v_i ein Knoten mit dem Etikett s_i ist, dann notieren wir das als: „$s_i(v_i)$".

Wenn G eine kontextfreie Syntax G ist, die Tilgungsregeln enthält, und $w = w_1 \ldots w_n$ $(n \geq 0)$ ein beliebiger Satz aus L(G) ist, dann können bei der Analyse von w vor w_1 und nach w_n und zwischen allen w_i, w_{i+1} $(1 \leq i < n)$ eine beliebige, endliche Zahl von *e* Symbolen erzeugt werden; d.h. w kann notiert werden als:

$$e_{01} \ldots e_{0j}\ w_1\ e_{11} \ldots e_{1k}\ w_2 \ldots\ldots w_n\ e_{n1} \ldots e_{nl}\ (j, k, l \geq 0).$$

Um eine transparente Formulierung des Algorithmus zu erhalten, werden die Zustandsknoten von Γ in einer Folge

$$U = U_{00}, \ldots, U_{0j}, \ldots, U_{n0}, \ldots, U_{nl}\ (j,l \geq 0)$$

von Mengen zusammengefaßt, wobei U_{i0} die Menge der Zustandsknoten ist, die nach Verarbeitung des i-ten Symbols der Eingabe erzeugt wurden, und U_{ij} $(j > 0)$ ist die Menge der Zustandsknoten, die nach Verarbeitung des j-ten *e*, das auf das i-te Eingabesymbol folgt, generiert wurden.

Für die Darstellung der Prozeduren werden folgende Variablen und Funktionen verwendet:

Variablen

Γ - Der graph-strukturierte Stack.

$U_{i,j}$ - Eine Menge von Zustandsknoten (s.o.).

A - Die Menge der momentan *aktiven Knoten*; d.h. die Knoten, die am Anfang eines Pfades liegen, der durch eine Reduce- oder Shift-Operation modifiziert werden kann.

Q - Eine Menge von Paaren <v, s>, die aus einem aktiven (Zustands-)Knoten v und einem Zustand s bestehen. v ist der Anfangsknoten eines Pfades, der durch eine Shift-Operation zu erweitern ist, und s der Zustand des Parsers nach dieser Operation.

R - Eine Menge von Tripeln <v, x, p>, die aus einem Zustandsknoten x, einem Symbolknoten v, mit v ∈ *NACHFOLGER*(x), und einem Regelindex p bestehen. Sie verweisen auf einen Pfad, der mit der Kante <v, x> beginnt und der durch Anwendung der Regel p zu reduzieren ist.

R_e - Eine Menge von Paaren <v, p>, die aus einem aktiven Zustandsknoten v und dem Index einer Tilgungsregel p bestehen und die auf den Startknoten eines Pfades verweisen, der durch die Regel p zu reduzieren ist.

Funktionen

(a) für die Parsingtabelle P:

- *GOTO(Zustand, Symbol)* liefert als Wert den Inhalt des so bezeichneten Feldes der GOTO-Tabelle von P.

- *ACTION(Zustand, Symbol)* liefert den Inhalt des so bezeichneten Feldes der ACTION-Tabelle von P.

(b) für den Stack:

- *NACHFOLGER(v)* nimmt einen Knoten von Γ als Argument und liefert als Wert die Menge aller Knoten in Γ, zu denen von v eine Kante führt.
- *ZUSTAND(v)* nimmt einen Zustandsknoten von Γ als Argument und liefert sein Etikett.
- *SYMBOL(v)* nimmt einen Symbolknoten von Γ als Argument und liefert sein Etikett.

(c) für Regeln aus G:

- *LINKS(p)* liefert für eine Regel p die linke Seite von p als Wert.
- *RECHTS(p)* liefert für eine Regel p die rechte Seite von p als Wert.
- $|p|$ bezeichnet die Länge (d.h. Zahl der Symbole) der Regel p.

TOMITA-RECOGNIZE. Der graph-strukturierte Stack wird initialisiert. Er besteht zunächst nur aus dem Knoten, der den Startzustand des Parsers repräsentiert (s_0 bezeichnet diesen Startzustand). $U_{0,0}$ ist die Menge der Knoten, die vor Beginn der Analyse des Satzes gebildet werden. Die Analyse des Satzes wird durch die Prozedur VERARBEITE-WORT gesteuert.

ALGORITHMUS TOMITA-RECOGNIZE

DATEN: Eine kontextfreie Syntax $G = <V_N, V_T, S, R>$ und eine Parsingtabelle P_G.
EINGABE: Ein Satz $w = w_1 \ldots w_n$ $(n \geq 0)$.
AUSGABE: *True/False*.
ARBEITSSTRUKTUREN:
Γ - Ein graph-strukturierter Stack.
Anfangswert: leer
$U_{0,0}$ - Eine Menge von Knoten aus Γ.
Anfangswert: leer
METHODE:
$w_{n+1} \Leftarrow \$$.
$\Gamma \Leftarrow s_0(v_0)$.
RESULTAT ⇐ *False*.
$U_{0,0} \Leftarrow \{v_0\}$.
Für i = 0 bis n:
<<u>*Verarbeite-Wort*</u>(i)>
<RETURN(RESULTAT)>

VERARBEITE-WORT. Zunächst werden die globalen Variablen A, R, R_e und Q initialisiert: Die Menge der aktiven Knoten besteht aus der Menge aller durch die im letzten Schritt ausgeführten Shift-Operationen[7] gebildeten Knoten (bzw. für i = 0 aus dem den Startzustand repräsentierenden Knoten). R, R_e und Q sind leer.

PROZEDUR VERARBEITE-WORT
(* Verarbeitet das nächste Wort *)

EINGABE: Eine Zahl i, die auf das im letzten Schritt verarbeitete Wort des Satzes verweist.

METHODE:

$A \Leftarrow U_{i,0}$.
R, R_e, Q $\Leftarrow \emptyset$.
Wiederhole bis: $A = \emptyset \wedge R = \emptyset \wedge R_e = \emptyset$
    Wenn <$A \neq \emptyset$>
    Dann <*Tabelle-Auswerten(A)*>
    Sonst
        Wenn <$R \neq \emptyset$>
        Dann <*X-Reduce(R)*>
        Sonst
            Wenn <$R_e \neq \emptyset$>
            Dann <*E-Reduce(R_e)*>
<*X-Shift(Q)*>

TABELLE-AUSWERTEN. Diese Prozedur nimmt eine Menge von aktiven (Zustands-) Knoten als Argument und wertet für jeden durch sie repräsentierten Zustand z und das nächste Wort der Eingabe w_{i+1} den Eintrag in der Parsingtabelle (ACTION(z, w_{i+1})) aus: Sie bereitet Reduce- bzw. Shift-Aktionen vor und kann den Wert der booleschen Variable RESULTAT verändern.

Die Prozedur TABELLE-AUSWERTEN sorgt dafür, daß für jeden aktiven Knoten alle Einträge des relevanten Feldes der Parsingtabelle ausgewertet werden; d.h. es werden in R, R_e und Q die für die Ausführung der Operationen notwendigen Informationen gespeichert. Anschließend werden alle Reduce-Operationen (ohne/mit Tilgungsregeln) ausgeführt, was zu neuen aktiven Knoten führen kann. Erst wenn keine Reduce-Operationen mehr ausgeführt werden können, werden die in dieser Situation möglichen Shift-Operationen ausgeführt.

[7] Da mehrere Knoten aktiv sein können, ist es auch möglich, daß mehr als eine Shift-Operation ausgeführt wird.

```
                 PROZEDUR TABELLE-AUSWERTEN
             (* Berechnen der nächsten Operationen *)

EINGABE:    Eine Menge von aktiven Knoten A.
METHODE:
  Entferne ein Knoten v ∈ A.
  Für alle α ∈ Action(Zustand(v), w_{i+1}):
    Wenn  <α = accept>
    Dann  <RESULTAT ⇐ True>
    Wenn  <α = shift s>
    Dann  <Q ⇐ Q ∪ {<v, s>}>
    Wenn  <α = reduce p>
    Dann
          Wenn   <p ist keine e-Regel>
          Dann
                 Für alle x, mit x ∈ Nachfolger(v):
                   <R ⇐ R ∪ {<v, x, p>}>
          Sonst  <R_e ⇐ R_e ∪ {<v, p>}>
```

X-SHIFT. Für jeden Zustand, in den der Parser durch Ausführung einer Shift-Operation übergehen kann, wird ein Knoten in Γ gebildet, von dem aus eine Kante zu einem das nächste Wort der Eingabe (w_{i+1}) repräsentierenden Knoten führt. Dieser Knoten wiederum wird durch Kanten mit allen Knoten verbunden, die den Zustand des Parsers vor dieser Shift-Operation repräsentieren.

```
                       PROZEDUR X-SHIFT
            (* Durchführen aller zulässigen Shift-Operationen *)

EINGABE:    Eine Menge Q von Paaren <v, z>.
METHODE:
  U_{i+1,0} ⇐ ∅.
  Für alle z, mit <v, z> ∈ Q:
    <Erzeuge zwei Knoten z(k) und w_{i+1}(k') in Γ.>
    <Erzeuge eine Kante von k nach k' in Γ.>
    <U_{i+1,0} ⇐ U_{i+1,0} ∪ {k}.>
    Für alle v, mit <v, z> ∈ Q:
      <Erzeuge eine Kante von k' nach v in Γ.>
```

Beispiel (11-6)
Wenn Q = {< 7, 9>, < 8, 9>} und der graph-strukturierte Stack Γ die folgende Teilstruktur enthält:

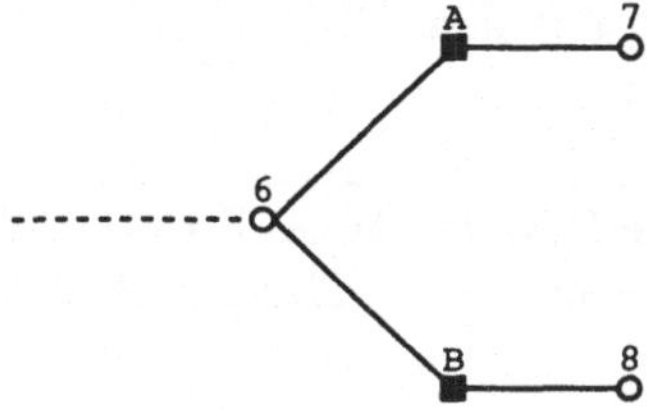

dann erhalten wir nach Ausführung der Shift-Operationen die Struktur:

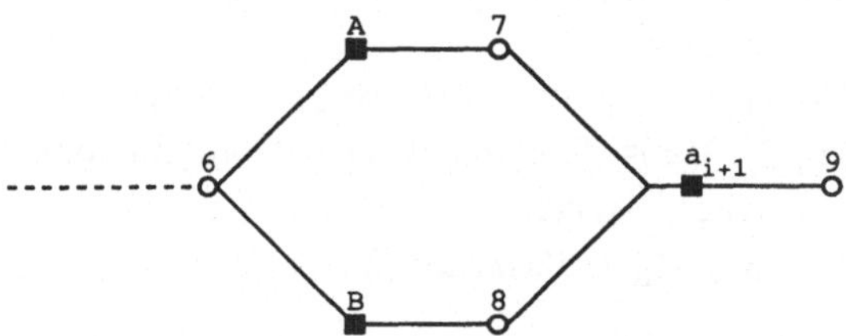

Wenn aber gilt: Q = {< 7, 9>, < 8, 10>}, dann ergibt sich die folgende Struktur:

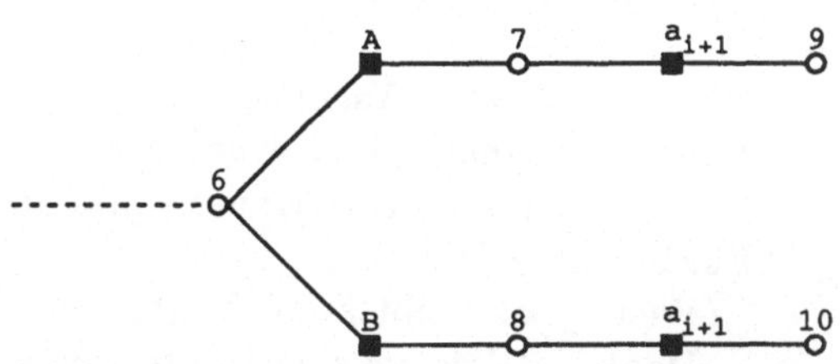

X-REDUCE. Bei der Ausführung einer Reduce-Operation in einem einfachen LR-Parser werden zuerst 2 * n Symbole aus dem Stack entfernt, mit n als der Länge der rechten Regelseite der zum Reduzieren verwendeten Regel p. Anschließend werden das Symbol der linken Regelseite von p und der aus dem GOTO-Teil der Parsingtabelle berechnete neue Zustand auf den Stack geschoben.

Bei Verwendung eines graph-strukturierten Stacks ist eine etwas komplexere Reduce-Operation erforderlich: Wenn s ein Wurzelknoten von Γ ist, der einen Zustand des Parsers repräsentiert, in dem eine Reduce-Operation mit einer Regel p durchzuführen ist, dann sei Z die Menge aller Zustandsknoten, zu denen von s ein Pfad der Länge 2 * |*RECHTS*(p)| führt.

Z_i sei eine Teilmenge von Z, die alle Knoten aus Z zusammenfaßt, die einen gemeinsamen Vorgänger (letzter bei der Reduktion zu entfernender Symbolknoten) besitzen, und von denen aus nach der Reduktion derselbe Zustand z erreicht wird. Für jedes derartige $Z_i \subseteq Z$ werden, (soweit notwendig) ein Knoten v_i mit dem Etikett *LINKS*(p) und ein Knoten v_j mit dem Etikett z erzeugt und dann v_j mit v_i und v_i mit allen Knoten aus Z_i verbunden.

PROZEDUR X-REDUCE
(* Durchführen aller zulässigen Reduktionen *)

```
METHODE:
  Entferne ein Element <v, x, p> aus R.
  N ⇐ Links(p).
  Für alle k ∈ {k | es gibt einen Pfad der Länge 2 * |Rechts(p)|-2 von x nach k}:
    Für alle z ∈ {z | ∃(y)(y ∈ Nachfolger(k) ∧ Goto(Zustand(y), N) = z)}:
      Z ⇐ {z' | z' ∈ Nachfolger(k) ∧ Goto(Zustand(z'), N) = z}.
      Wenn   <∃(u)(u ∈ U_ij ∧ Zustand(u) = z)>
      Dann
             Wenn  <es gibt keinen Knoten N(w) ∈ Nachfolger(u) ∧
                     Nachfolger(w) = Z>
             Dann
                   Wenn  <N(w) ∉ Nachfolger(u)>
                   Dann  <Erzeuge einen Knoten N(w) in Γ>
                         <Erzeuge eine Kante von u nach w in Γ>
                   Für alle z' ∈ Z:
                      Wenn  <Es gibt keine Kante von w nach z' in Γ>
                      Dann  <Erzeuge eine Kante von w nach z'>
                   Wenn  <u ∉ A>
                   Dann
                      Für alle q, mit reduce q ∈ Action(Zustand(u), w_i+1) ∧
                      |Rechts(q)| > 0:
                         <R ⇐ R ∪ {<u, w, q>}>
      Sonst
             <Erzeuge zwei Knoten s(u) und N(w) in Γ.>
             <Erzeuge eine Kante von u nach w in Γ.>
             Für alle z' ∈ Z:
                <Erzeuge eine Kante von w nach z' in Γ.>
             A ⇐ A ∪ {u}.
             U_ij ⇐ U_ij ∪ {u}.
```

Beispiel (11-7)
Wenn Γ die folgende Form hat und es gilt:

(a) R = {<6, y, p>}

(b) $p = X \rightarrow \alpha$

(c) GOTO(1, X) = 6

(d) GOTO(2, X) = GOTO(3, X) = GOTO(4, X) = GOTO(5, X) = 7

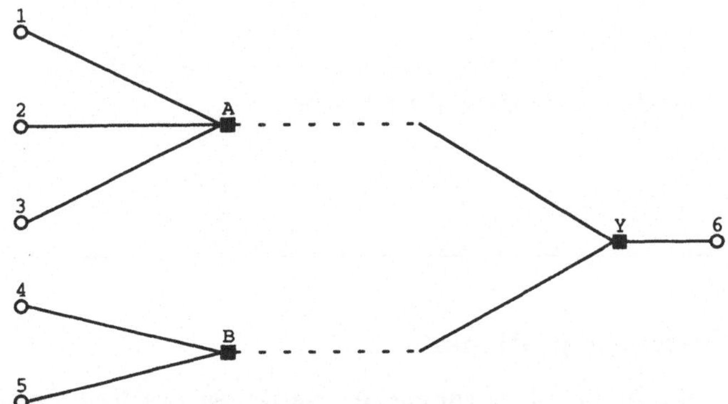

und die Länge des Pfades von A bzw. B nach Y sei $2 * \mid \alpha \mid$, dann erhalten wir:

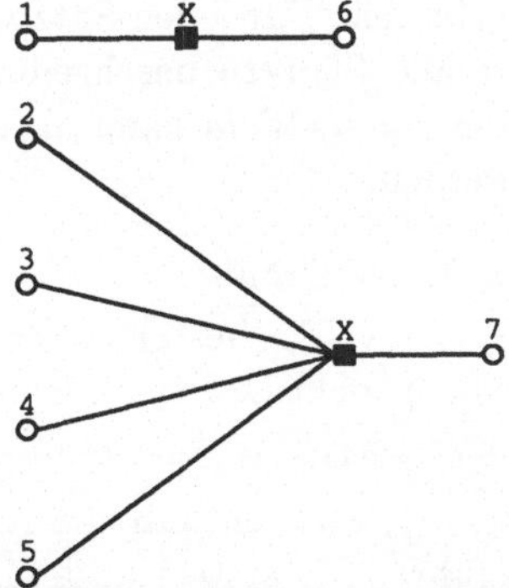

E-REDUCE. Durch die Ausführung einer Reduce-Operation mit einer Tilgungsregel werden keine Knoten aus Γ entfernt, sondern ähnlich wie bei Shift-Operationen neue Knoten generiert: Für jeden Zustand, in den der Parser durch Ausführung einer Reduce-Operation mit einer Tilgungsregel p übergehen kann, wird ein Knoten in Γ gebildet, von dem aus eine Kante zu einem neuen, die linke Seite von p repräsentierenden Knoten führt. Dieser Knoten wird mit allen Knoten verbunden, die Zustände des Parsers vor dieser Reduce-Operation repräsentieren.

PROZEDUR E-REDUCE
(* Durchführen aller zulässigen Reduktionen mit *e*-Regeln *)

METHODE:

$U_{i,j+1} \Leftarrow \emptyset$.
Für alle Zustände z, für die es ein <v, p> $\in R_e$ gibt,
mit Goto(*Zustand*(v), *Links*(p)) = z:
<N $\Leftarrow$ *Links*(p)>
<Erzeuge zwei Knoten z(k) und N(k') in Γ>
<Erzeuge eine Kante von k nach k' in Γ>
<$U_{i,j+1} \Leftarrow U_{i,j+1} \cup \{k\}$>
Für alle <v, p> $\in R_e$ mit Goto(*Zustand*(v), *Links*(p)) = z:
<Erzeuge eine Kante von k' nach v in Γ>
$R_e \Leftarrow \emptyset$.
$A \Leftarrow U_{i,j+1}$.
$j \Leftarrow j+1$.

11.2.2 Der Parsingalgorithmus

Wir verwenden die in 11.1.4 beschriebenen Verfahren des *local ambiguity packing* und *subtree sharing*, um eine möglichst effiziente Repräsentation für die Strukturbeschreibungen eines Satzes zu erhalten: Für jeden Satz wird ein *Parse-Wald* („shared packed forest") generiert, der alle Strukturbeschreibungen des Satzes in komprimierter Form repräsentiert. Ein *Parse-Wald* kann als ein generalisierter geordneter gerichteter Graph aufgefaßt werden.

Definition (11-1) *gerichteter Graph*

Ein gerichteter Graph D_g = <V, E> besteht aus einer Menge von Knoten V und aus einer Menge von Tupeln E. Jedes Element aus E hat die Form:

$$<v, <w_1, \ldots, w_n>>, \text{ mit } v, w_i \in V.$$

Die *Nachfolgerliste* <$w_1, \ldots, w_n$> enthält die Knoten des Graphen, zu denen von v eine Kante führt. Die erste Kante führt nach w_1, die zweite nach w_2, ...etc.

In einem (einfachen) geordneten gerichteten Graphen gibt es für jeden Knoten höchstens eine Nachfolgerliste; in einem generalisierten geordneten gerichteten Graphen dagegen kann es für einen Knoten mehr als eine Nachfolgerliste geben.

Neben einer globalen Variablen T zur Verwaltung des *Parse-Waldes* benötigen wir zwei Funktionen auf generalisierten geordneten gerichteten Graphen:

- *NACHFOLGER_LISTEN(v)* nimmt einen Knoten v von T als Argument und liefert die Liste aller Nachfolgerlisten von v in T als Wert.
- *NEUE_NACHFOLGER(v, L)* nimmt einen Knoten v von T und eine Liste von Nachfolgern L als Argumente und ergänzt T mit <v, L>.

Beispiel (11-8)
Wenn P = {<a, <b, c>>, <a, <d, e>>, <b, <f, g>>}, dann gilt:

(a) NACHFOLGER(a) = {<a, <b, c>>, <a, <d, e>>} und

(b) NEUE_NACHFOLGER(a, <f, h>) führt dazu, daß P = {<a, <b, c>>, <a, <d, e>>, <a, <f, h>>, <b, <f, g>>}.

Die Erweiterung des Erkennungsalgorithmus zu einem Parsingalgorithmus legt es nahe, als Etiketten der Symbolknoten des Stacks nicht mehr Kategoriensymbole der Syntax zu verwenden, sondern die Knoten des *Parse-Waldes*, die Wurzeln der mit ihnen korrespondierenden Strukturbeschreibungen sind. Trotz der neuen Etikettierung der Symbolknoten sind (außer bei der Prozedur X-REDUCE) nur geringe Änderungen der im letzten Abschnitt definierten Prozeduren erforderlich:

1. In TOMITA_PARSE ist neben dem Stack Γ auch der *Parse-Wald* T zu initialisieren ($T \Leftarrow \emptyset$) und nach erfolgreicher Analyse eines Satzes statt eines booleschen Wertes der *Parse-Wald* zurückzugeben.

2. VERARBEITE-WORT kann unverändert übernommen werden.

3. Wenn ein Feld der Parsingtabelle das ausgezeichnete Symbol *accept* enthält, ist RESULTAT die Wurzel des *Parse-Waldes* zuzuweisen (VERARBEITE_TABELLE):
   Wenn $<\alpha = accept>$
   Dann $<RESULTAT \Leftarrow v>$.

4. Bei Ausführung von Shift-Operationen (X-SHIFT) wird in T ein mit dem nächsten Wort des Satzes etikettierter Knoten erzeugt, der als Etikett für alle zu generierenden Symbolknoten verwendet wird:
   Erzeuge einen Knoten n mit dem Etikett w_{i+1} *in T*
   Für alle z, mit <v, z> ∈ Q:
   Erzeuge zwei Knoten z(k) und n(k') in Γ.

5. In E-REDUCE sind nach „N ⇐ *LINKS*(p)“ die folgenden Zeilen einzufügen:
   Erzeuge in T einen Knoten n mit dem Etikett N
   NEUE_NACHFOLGER(n,<>)
   Erzeuge zwei Knoten z(k) und n(k') in Γ.

Beispiel (11-9)

Ausgehend von der Syntax aus Beispiel (11-1) und einem geeigneten Lexikon erhalten wir für den Satz „Sie fand ein Haar in der Suppe" folgenden Trace:

```
Stack                                                        Parse-Wald

0  [s 4]

0 0 4  [r 3]                                                 0 : <n sie>

0 1 2  [s 7]                                                 0 : <n sie>
                                                             1 : <NP (0)>

0 1 2 2 7  [s 3]                                             :     :
                                                             2 : <v fand>

0 1 2 2 7 3 3  [s 10]                                        :     :
                                                             3 : <det ein>

0 1 2 2 7 3 3 4 10  [r 4]                                    :     :
                                                             4 : <n Haar>

0 1 2 2 7 5 12  [r 7]/[s 6]                                  :     :
                                                             5 : <NP (3 4)>

0 1 2 2 7 5 12  [s 6]                                        :     :
        6 8  [r 1]                                           6 : <VP (2 5)>

0 1 2 2 7 5 12  [s 6]                                        :     :
  7 1  [s 6]                                                 7 : <S (1 6)>

0 1 2 2 7 5 12 8 6  [s 3]                                    :     :
  7 1                                                        8 : <prep in>

0 1 2 2 7 5 12 8 6 9 3  [s 10]                               :     :
  7 1                                                        9 : <det der>

0 1 2 2 7 5 12 8 6 9 3 10 10                                 :     :
  7 1                                    [r 4]               10 : <n Suppe>

0 1 2 2 7 5 12 8 6 11 11  [r 6]                              :     :
  7 1                                                        11 : <NP (9 10)>

0 1 2 2 7 5 12 12 9  [r 5]                                   :     :
  7 1 12 5  [r 2]                                            12 : <PP (8 11)>
```

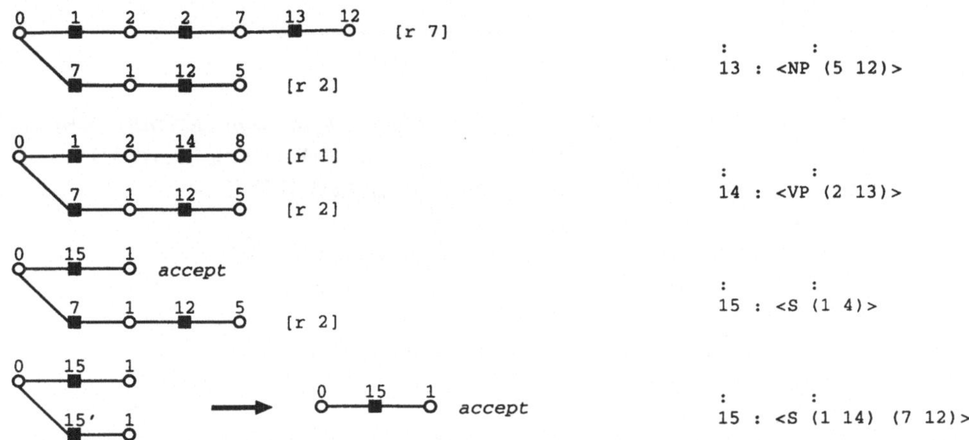

Da die Änderung in X-REDUCE etwas umfassenderer Art sind, geben wir die geänderte Prozedur vollständig an:

PROZEDUR X-REDUCE*

METHODE:

Entferne ein Element <v, x, p> aus R.

N $\Leftarrow$ *Links*(p).

Für alle k $\in$ {k | es gibt einen Pfad der Länge 2 * |*Rechts*(p)|-2 von x nach k}:

  L $\Leftarrow$ <*Symbol*(r_1),..., *Symbol*($r_{|Links(p)|}$)>, mit z_1 = x, $z_{|Links(p)|}$ = y und $z_2, \ldots, z_{|Links(p)|-1}$ sind die Symbolknoten des Pfades von x nach y.

  Für alle z $\in$ {z| $\exists$(y)(y $\in$ *Nachfolger*(k) $\wedge$ *Goto*(*Zustand*(y), N) = z)}:

    Z $\Leftarrow$ {z' | z' $\in$ *Nachfolger*(k) $\wedge$ *Goto*(*Zustand*(z'), N) = z}.

    Wenn <$\exists$(u)(u $\in$ U_{ij} $\wedge$ *Zustand*(u) = z)>

    Dann

      Wenn <$\exists$(N(w))(N(w) $\in$ *Nachfolger*(u) $\wedge$ *Nachfolger*(w) = Z>

      Dann <*Neue_Nachfolger(Symbol(w), L)*>

      Sonst <Erzeuge einen Knoten n mit dem Etikett N in T.>

        <*Neue_Nachfolger(n, L).*>

        Wenn <N(w) $\notin$ *Nachfolger*(u)>

        Dann <Erzeuge einen Knoten n(w) in Γ>

          <Erzeuge eine Kante von u nach w in Γ>

        Für alle z' $\in$ Z:

          Wenn <Es gibt keine Kante von w nach z' in Γ>

          Dann <Erzeuge eine Kante von w nach z'>

Wenn <u $\notin$ A>
Dann
Für alle q, mit *reduce q* $\in$ *Action*(*Zustand*(u), w_{i+1}) $\wedge$ |*Rechts*(q)| > 0: <R $\Leftarrow$ R $\cup$ {<u, w, q>}>
Sonst <Erzeuge einen Knoten n mit dem Etikett N in T.>
<*Neue_Nachfolger(n, L)*.>
<Erzeuge zwei Knoten s(u) und n(w) in Γ.>
<Erzeuge eine Kante von u nach w in Γ.>
Für alle z' $\in$ Z:
<Erzeuge eine Kante von w nach z' in Γ.>
A $\Leftarrow$ A $\cup$ {u}.
$U_{ij} \Leftarrow U_{ij} \cup \{u\}$.

11.3 Komplexität

Tomitas Parsingalgorithmus basiert auf Knuths Parsingalgorithmus für LR(k)-Syntaxen. Knuths Algorithmus ist äußerst effizient: Er erlaubt eine Verarbeitung von LR(k)-Syntaxen in linearer Zeit ($O(n^3|G|)$, mit |G| als der Zahl der Symbole von G). M. Johnson hat gezeigt [Johnson 1991], daß der Tomita-Algorithmus in seiner ursprünglichen Form nicht, wie von Tomita angenommen, die gleiche Zeitkomplexität besitzt wie der Earley-Algorithmus ($O(n^3|G|^2)$) bzw. in vielen Fällen sich effizienter verhält als der Earley-Algorithmus, sondern es Grammatiken gibt, die er exponentiell langsamer verarbeitet. J. R. Kipps hat eine Modifikation des Tomita-Algorithmus vorgeschlagen [Kipps 1991], die sicherstellt, daß die Zeitkomplexität des Algorithmus für beliebige Grammatiken $O(n^3|G|^2)$ beträgt.

11.4 Implementierung

Wir beschränken uns auf eine Implementierung des Erkennungsalgorithmus in Lisp.

Deklarationen

Wir setzen voraus, daß auf alle zum Parsen erforderlichen Informationsquellen (Syntax, Lexikon und Parsingtabelle) über globale Variablen zugegriffen werden kann:

```
(defvar *syntax*)        (defvar *action*)
(defvar *lexikon*)       (defvar *goto*)
```

Die beiden anderen von uns verwendeten globalen Variablen dienen zur Verwaltung des Stacks und eines Zeigers auf den zuletzt generierten Knoten:

```
(defvar *stack*)         (defvar *stack-zaehler*)
```

Zur Repräsentation des graph-strukturierten Stacks verwenden wir einen Vektor, in dessen Feldern sukzessive die neu generierten Knoten des Stacks eingetragen werden. Ein Eintrag K = <Etikett, Nachfolger> besteht aus dem Etikett des generierten Knotens (ein Zustands- oder Kategoriensymbol) und der Menge der Indizes der Tochterknoten des neu generierten Knotens. Zunächst besteht der Graph nur aus dem Knoten, der den Startzustand des Parsers repräsentiert: Das Feld mit dem Index 0 des Vektors enthält den Eintrag <0, ∅>. Da nur neue Einträge hinzugefügt und keine alten Einträge gelöscht werden, läßt sich aus den im Vektor gespeicherten Informationen die Verarbeitungsgeschichte des Parsers rekonstruieren.

Selektoren & Prädikate

```
; für die Parsingtabelle⁸:

;;; STARTZUSTAND
;;; Liefert den Startzustand des Parsers.
(defmacro startzustand ()
  '(caar *action*))

; für den Stack:

;;; ETIKETT
;;; Liefert das Etikett eines Knotens.
(defmacro etikett (knoten)
  '(first (aref *stack* ,knoten)))

;;; NACHFOLGER
;;; Liefert die Liste aller Knoten, zu denen vom Knoten KNOTEN eine Kante führt.
(defmacro nachfolger (knoten)
  '(second (aref *stack* ,knoten)))

;;; GENERIERE-KNOTEN
;;; Erzeugt einen neuen Zustands-/Symbolknoten mit dem Etikett k und (optional)
;;; einen Verweis auf alle Tochterknoten.
(defmacro generiere-knoten (k &optional nachfolger)
  '(setf *stack-zaehler* (1+ *stack-zaehler*)
         (aref *stack* *stack-zaehler*)
         (list ,k (or ,nachfolger (list (1- *stack-zaehler*))))))

; für die Syntax:

;;; E-REGEL-P
;;; Das Prädikat testet, ob REGEL eine Tilgungsregel ist.
(defmacro e-regel-p (regel)
  '(endp (rest ,regel)))
```

[8] ACTION und GOTO: vgl. Kaptitel 10

```
;;; ITE-REGEL
;;; Liefert die Regel mit dem Index I.
(defmacro ite-regel (i)
  `(nth (1- ,i) (regeln)))
```

Hauptfunktionen

```
;;; TOMITA-RECOGNIZE
;;; Hauptfunktion
;;; Die Variablen EINGABE, RESULTAT, U, A, R, Re und Q sind special-Variablen.
;;; EINGABE    - Liste von Listen lexikalischer Kategorien;
;;; RESULTAT   - boolesche Variable;
;;; U          - Menge der nach der Verarbeitung des letzten Wortes erzeugten
;;;              Knoten;
;;; A          - Menge der aktiven Knoten und
;;; R, Re, Q   - Menge von Einträgen, die die Reduktionsoperationen ohne/mit Til-
;;;              gungsregeln und Shift-Operationen steuern.
(defun tomita-recognize (satz)
  (progv '(eingabe resultat u a r re q)
         `(,(kategorien-zuweisen satz) nil (0) nil nil nil nil)
    (initialisiere-stack)
    (dotimes (i (length eingabe) resultat)
      (verarbeite-wort))))

;;; VERARBEITE-WORT
(defun verarbeite-wort ()
  (setq a u r nil re nil q nil)
  (loop
   (when (and (endp a) (endp r) (endp re)) (return (shift)))
   (cond (a (tabelle-auswerten))
         (r (reduce))
         (re (e-reduce)))))

;;; TABELLE-AUSWERTEN
;;; Für jeden aktiven Knoten und jede dem nächsten Wort zugeordnete lexikalische
;;; Kategorie werden alle Einträge des korrespondierenden Feldes der Action-Tabelle
;;; ausgewertet.
(defun tabelle-auswerten ()
  (loop
   (when (endp a) (return))
   (auswerten (pop a) (first eingabe))))
```

```
;;; AUSWERTEN
(defun auswerten (knoten kategorien)
  (dolist (kategorie kategorien)
    (dolist (aktion (action (etikett knoten) kategorie))
       (cond ((eq aktion 'accept) (setq resultat t))
             ((eq (first aktion) 's)
              (setq q (neue-shift-zustaende (second aktion) knoten kategorie)))
             ((and (eq (first aktion) 'r) (not (e-regel-p (ite-regel (second aktion)))))
              (dolist (x (nachfolger knoten))
                (push `(,knoten ,x ,(second aktion)) r)))
             (t (push `(,knoten ,(second aktion)) re))))))

;;; SHIFT
;;; Jeder Eintrag in Q hat das Format:
;;; <neuer-Zustand (alter-Zustand-Index*) lexikalische Kategorie>.
(defun shift ()
  (setq u nil)
  (dolist (eintrag q)
    (generiere-knoten (third eintrag) (second eintrag))
    (generiere-knoten (first eintrag))
    (push *stack-zaehler* u))
  (setq q nil eingabe (rest eingabe)))

;;; NEUE-SHIFT-ZUSTAENDE
;;; Erzeugt neue Einträge in Q.
(defun neue-shift-zustaende (neu alt kat)
  (let ((eintrag (assoc neu q)))
    (if (and eintrag (eq (third eintrag) kat))
       (cons (list neu (adjoin alt (second eintrag)) kat)
             (remove eintrag q :test #'equal))
       (cons (list neu (list alt) kat) q))))

;;; E-REDUCE
;;; Format der Einträge in Re: <neuer-Zustand (alter-Zustand-Index*) Regelindex>.
(defun e-reduce ()
  (setq u nil)
  (dolist (eintrag re)
    (generiere-knoten (third eintrag) (second eintrag))
    (generiere-knoten (first eintrag))
    (push *stack-zaehler* u))
  (setq re nil a u))
```

```
;;; NEUE-E-REDUCE-KNOTEN
;;; Erzeugt in Re neue Einträge.
(defun neue-e-reduce-knoten (alt regelindex)
  (let* ((n (first (ite-regel regelindex)))
         (neu (goto (etikett alt) n))
         (eintrag (assoc neu re)))
    (if (and eintrag (eq (third eintrag) n))
       (cons (list neu (adjoin alt (second eintrag)) n)
             (remove eintrag re :test #'equal))
       (cons (list neu (list alt) n) re))))

;;; REDUCE
;;; Jeder Eintrag in R hat das Format:
;;; <alter-Zustand-Index Symbolknoten-Vorgänger-Index Regel-Index>
;;; Es werden folgende lokale Variablen verwendet:
;;; N     - linke Seite der zur Reduktion verwendeten Regel;
;;; K     - letzter zu entfernender Symbolknoten;
;;; PAAR  - (Zustand-nach-Reduktion (Zustände-vor-Reduktion)) und
;;; V     - ein Knoten aus U.
(defun reduce ()
  (let ((n nil))
    (dolist (eintrag r)
      (setq n (first (ite-regel (third eintrag))))
      (dolist (k (reduce-knoten (list (second eintrag))
                                (reduce-laenge (third eintrag))))
        (dolist (paar (neue-reduce-zustaende (nachfolger k) n))
          (let ((v (finde-knoten (first paar) u)))
            (cond (v (reduce1 v n paar))
                  (t (generiere-knoten n (second paar))
                     (generiere-knoten (first paar))
                     (setq a (adjoin *stack-zaehler* a)
                           u (adjoin *stack-zaehler* u)))))))))
  (setq r nil))

;;; REDUCE1
;;; Verarbeitet den Fall, daß es bereits einen Knoten gibt, dessen Etikett mit dem zu
;;; generierenden Knoten identisch ist.
(defun reduce1 (v n paar)
  (let ((w (finde-knoten n (nachfolger v))))
    (unless (and w (equal (nachfolger w) (second paar)))
      (cond (w (setf (second (aref *stack* w))
                     (union (nachfolger w) (second paar))))
```

```
          (t (generiere-knoten n (second paar))
             (setf (second (aref *stack* v))
                   (adjoin *stack-zaehler* (nachfolger v)))))
    (unless (member v a)
      (dolist (kategorie (first eingabe))
        (dolist (eintrag (action (first paar) kategorie))
          (when (and (eq (first eintrag) 'r)
                     (not (e-regel-p (ite-regel (second eintrag)))))
            (push (list v n (second eintrag)) r))))))))
```

Hilfsfunktionen

```
;;; INITIALISIERE-STACK
;;; Generiert den Stack und trägt einen mit dem Startzustand des Parsers korrespon-
;;; dierenden Knoten ein.
(defun initialisiere-stack ()
  (setf *stack* (make-array 100 :initial-element nil)
        (aref *stack* 0) (list (startzustand) nil) *stack-zaehler* 0))

;;; KATEGORIEN-ZUWEISEN
;;; Liefert eine Liste, die für jedes Wort aus Satz die Liste aller ihm durch das Lexikon
;;; zugewiesenen Kategorien enthält.
(defun kategorien-zuweisen (satz)
  (let ((resultat nil) (kategorien nil))
    (dolist (wort satz (append resultat '(($))))
      (if (setq kategorien (eintrag-kategorien wort))
          (setf resultat (append resultat (list kategorien)))
          (return (format t "~%Fuer das Wort: ~a existiert kein Lexikoneintrag!~%"
                          wort))))))

;;; FINDE-KNOTEN
;;; Sucht in K-MENGE nach einem Knoten mit dem Etikett NAME.
(defun finde-knoten (name k-menge)
  (cond ((endp k-menge) nil)
        ((eq name (etikett (first k-menge))) (first k-menge))
        (t (finde-knoten name (rest k-menge)))))

;;; REDUCE-KNOTEN
;;; Liefert die Menge aller Symbolknoten, die bei einer Reduce-Operation im letzten
;;; Schritt noch entfernt werden müssen.
(defun reduce-knoten (knoten laenge)
  (if (= laenge 0) knoten
      (reduce-knoten (berechne-neue-knoten knoten) (- laenge 2))))
```

```
;;; BERECHNE-NEUE-KNOTEN
;;; Berechnet alle von den Symbolknoten SKNOTEN aus erreichbaren Symbolknoten.
;;; (Nachfolger der von ihnen dominierten Zustandsknoten)
(defun berechne-neue-knoten (sknoten)
  (let ((z-nachfolger nil) (s-nachfolger nil))
    (dolist (s sknoten)
      (setq z-nachfolger (union z-nachfolger (nachfolger s))))
    (dolist (z z-nachfolger s-nachfolger)
      (setq s-nachfolger (union s-nachfolger (nachfolger z))))))

;;; REDUCE-LAENGE
;;; Berechnet die Zahl der aus dem Stack zu entfernenden Knoten.
(defun reduce-laenge (i)
  (- (* (length (rest (ite-regel i))) 2) 2))

;;; NEUE-REDUCE-ZUSTAENDE
;;; Berechnet eine Liste von Paaren:
;;; erstes Element  - Zustand Z,
;;; zweites Element - Liste von Zuständen, die durch Reduktion zu Z führen.
(defun neue-reduce-zustaende (knoten symbol)
  (let ((paare nil) (zustand nil))
    (dolist (k knoten paare)
    (if (assoc (setf zustand (goto (etikett k) symbol)) paare)
       (push k (second (assoc zustand paare)))
       (when zustand (push '(,zustand (,k)) paare))))))
```

Aufgaben

11.1 Warum können mit dem Tomita-Algorithmus keine unbeschränkt ambigen und keine zyklischen Syntaxen verarbeitet werden?

11.2 Erweitern Sie den in Lisp implementierten Tomita-Recognizer zu einem Parser.

11.3 Implementieren Sie den Tomita-Algorithmus in Prolog.

11.4 Entwickeln Sie einen tomita-basierten On-line-Parser. Ein On-line-Parser ist ein Parser, der mit der Analyse eines Satzes beginnt, sobald ein Wort eingelesen wurde, und nicht erst wartet, bis die Eingabe des Satzes abgeschlossen wurde.

11.5 Modifizieren Sie den Tomita-Algorithmus so, daß er auch komprimierte Parsingtabellen, die **any**-Einträge enthalten, verarbeiten kann.

Teil V

Unifikationsbasierte Grammatikformalismen

Alle der in den ersten drei Teilen dieses Buchs beschriebenen Algorithmen wurden ursprünglich für die Verarbeitung einfacher kontextfreier Syntaxen konzipiert. Es stellt sich aus Sicht der (Computer-)Linguistik die Frage, ob Syntaxen dieses Typs sich nicht nur zur Beschreibung formaler Sprachen wie z.B. Programmiersprachen, sondern auch zur Beschreibung natürlicher Sprachen eignen. Unter dem Stichwort der „Kontextfreiheit natürlicher Sprache" sind in den letzten 40 Jahren zwei Fragen heftig diskutiert worden[1]:

1. Lassen sich alle Konstruktionen, die natürliche Sprachen aufweisen, *prinzipiell* durch kontextfreie Syntaxen beschreiben?

2. Ist es möglich, für alle diese Konstruktionen *linguistisch adäquate Analysen* mit kontextfreien Syntaxen zu formulieren?

Die erste der beiden Fragen kann als immer noch offen betrachtet werden, auch wenn z.Z. die Meinung überwiegt, durch Arbeiten wie die von [Culy 1985], [Shieber 1985a] und [Huybregts 1984] sei endgültig belegt worden, daß es zumindest in einigen natürlichen Sprachen Konstruktionen gäbe, die sich grundsätzlich nicht durch kontextfreie Syntaxen beschreiben ließen. Diese Überzeugung motiviert das Interesse an *mild kontextsensitiven* Grammatikformalismen, wobei der Begriff der milden Kontextsensitivität charakterisiert wird durch die folgenden drei Eigenschaften[2]:

1. begrenzte Fähigkeit zur Beschreibung sich überschneidender Abhängigkeitsbeziehungen („cross-serial dependencies"),

2. lineares Wachstum der Satzlänge[3] und

3. Verfügbarkeit polynomialer Parsingalgorithmen.

Die zweite Frage dagegen wird seit geraumer Zeit von der überwiegenden Zahl aller (Computer-)LinguistInnen verneint. Dieser relativ deutliche Konsens basiert auf der Beobachtung, daß kontextfreie Syntaxen nicht in der Lage sind, die in natürlichen Sprachen bestehenden Kookkurrenzrestriktionen adäquat abzubilden. Als in dieser Hinsicht besonders problematische Fälle gelten:

1. Kongruenz und Rektion;

2. Wortstellung und

3. nicht-lokale Abhängigkeiten (s.o.).

---

[1]Die Diskussion litt z.T. erheblich unter dem Versäumnis, diese beiden Fragen nicht klar voneinander zu trennen.

[2]Vgl. [Joshi 1985, S.225].

[3]Wenn man die Sätze einer kontextfreien bzw. mild kontextsensitiven Sprache der Länge nach sortiert, dann zeigt sich, daß die Länge der Sätze linear wächst: Sprachen, die diese Eigenschaft nicht aufweisen, wie z.B. $L_1 = \{a^{n^2} | n \geq 0\}$ und $L_2 = \{a^{2^n} | n \geq 0\}$, sind nicht mild kontextsensitiv.

Betrachten wir, um dieses Argument besser zu verstehen, die Restriktionen, die die Verwendung kontextfreier Regeln der Analyse natürlicher Sprache auferlegt: Aus linguistischer Perspektive können kontextfreie Regeln als Kriterien für die Zulässigkeit von Konstituenten betrachtet werden; d.h. eine Regel $X \rightarrow Y_1 \ldots Y_n$ $(n \geq 0)$ sanktioniert Konstituenten der Form:

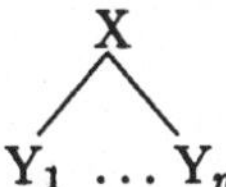

Welche Eigenschaften sind für kontextfreie Regeln charakteristisch?

1. Jede Regel legt fest, aus welchen Kategorien eine Konstituente besteht $(X, Y_1, \ldots, Y_n)$.
2. Es wird eine Kategorie (X) ausgezeichnet, die die übrigen Kategorien (*direkt*) dominiert.
3. Die Reihenfolge der von X dominierten Kategorien wird fixiert (Y_i vorY_j, mit $j > i$).
4. Kategorien werden als *atomare*, nicht weiter analysierbare Objekte behandelt.

Diese Eigenschaften sind dafür verantwortlich, daß sich in einfachen kontextfreien Syntaxen weder Generalisierungen bzgl. des Vorkommens von Kategorien innerhalb einer Konstituente (Kongruenz und Rektion) bzw. verschiedener Konstituenten (nicht-lokale Abhängigkeiten) noch Generalisierungen bzgl. der linearen Abfolge von Kategorien (Wortstellung) explizit repräsentieren lassen[4]:

1. Kongruenz und Rektion

(a) $NP \rightarrow det\ n$ $\Longrightarrow$ der Baum, *die Baum, *das Baum

$$\Downarrow$$

$$\left\{ \begin{array}{l} NP \rightarrow det_{mas}\ n_{mas} \\ NP \rightarrow det_{fem}\ n_{fem} \\ NP \rightarrow det_{neu}\ n_{neu} \end{array} \right\}$$

(b) $PP \rightarrow p\ NP$ $\Longrightarrow$ auf [dem Baum], *auf [der Baum], *auf [des Baums], auf [den Baum]

$$\Downarrow$$

$$\left\{ \begin{array}{l} PP \rightarrow p_{gen}\ NP_{gen} \\ PP \rightarrow p_{dat}\ NP_{dat} \\ PP \rightarrow p_{akk}\ NP_{akk} \end{array} \right\}$$

[4] Vgl. [Langer/Naumann 1992].

2. Wortstellung
Für das Deutsche ist es charakteristisch, daß die nominalen Kategorien relativ frei positionierbar sind („partial ordering freedom"). So sind z.B. die folgenden Sätze syntaktisch wohlgeformt[5]:

Der Minister hat dem Syntaktiker das Bundesverdienstkreuz verliehen.
$(S \rightarrow NP_{nom}\ VP,\ VP \rightarrow V\ NP_{dat}\ NP_{akk})$
Der Minister hat das Bundesverdienstkreuz dem Syntaktiker verliehen.
$(S \rightarrow NP_{nom}\ VP,\ VP \rightarrow V\ NP_{akk}\ NP_{dat})$
Das Bundesverdienstkreuz hat der Minister dem Syntaktiker verliehen.
$(S \rightarrow NP_{akk}\ VP,\ VP \rightarrow V\ NP_{nom}\ NP_{dat})$
Das Bundesverdienstkreuz hat dem Syntaktiker der Minister verliehen.
$(S \rightarrow NP_{akk}\ VP,\ VP \rightarrow V\ NP_{dat}\ NP_{nom})$
Dem Syntaktiker hat der Minister das Bundesverdienstkreuz verliehen.
$(S \rightarrow NP_{dat}\ VP,\ VP \rightarrow V\ NP_{nom}\ NP_{akk})$
? Dem Syntaktiker hat das Bundesverdienstkreuz der Minister verliehen. $(S \rightarrow NP_{dat}\ VP,\ VP \rightarrow V\ NP_{akk}\ NP_{nom})$

3. Nicht-lokale Abhängigkeiten

(a) Im morpho-syntaktischen Bereich: trennbare Verbpräfixe

kontinuierliche Vorkommen

..., weil die Post heute keine Paketsendungen zustellt.
Heute werden von der Post keine Paketsendungen zugestellt.

diskontinuierliche Vorkommen

Die Post stellt heute keine Paketsendungen zu.
(*Verbstamm und Präfix klammern den Verbalkomplex*)
Stellt die Post heute keine Paketsendungen zu?
(*Verbstamm und Präfix klammern den Satz*)

(b) Im syntaktischen Bereich: periphrastische Konstruktionen

kontinuierliche Vorkommen

..., weil die Post Frau M. ein Paket zustellen wird.
(*Verbale Kategorien nicht getrennt*)
Die Post wird Frau M. ein Paket zustellen.
(*Verbale Kategorien durch nominale getrennt*)

diskontinuierliche Vorkommen

Frau M. wird die Post ein Paket zustellen.
(*Topikalisierte* NP_{dat})
Wird die Post Frau M. ein Paket zustellen?
(*Invertierung von* V_{aux} *und* NP_{nom})

---

[5]Frei nach [Uszkoreit 1986b, S.887]. Zur Beschreibung dieser Sätze geeignete kontextfreie Regeln folgen in Klammern.

Auch wenn eine Beschreibung dieser Phänomene mit einfachen kontextfreien Regeln prinzipiell möglich ist, so kann sie aus naheliegenden Gründen nicht als adäquat betrachtet werden:

1. Sie führt zu einer Syntax mit einer sehr großen Zahl von Regeln, die sich beim Parsen negativ auf die Verarbeitungszeit (und den Speicherbedarf) auswirkt.

2. Sie verdeckt die den Phänomenen zugrundeliegenden sprachlichen Regularitäten: So werden u.a. die für das Deutsche geltenden Kongruenzprinzipien (z.B. die Übereinstimmung von Artikel und Nomen hinsichtlich Genus, Numerus und Kasus) nicht *explizit* formuliert, sondern *implizit* durch eine große Zahl gleichartiger Regeln abgebildet.

Eine Möglichkeit, diese deskriptiven Schwächen einfacher kontextfreier Syntaxen zu beseitigen, besteht in der **systematischen Nutzung** solcher syntaktischen Merkmale, wie sie im vorangegangenen Beispiel zur Indizierung der Kategoriensymbole verwendet wurden. Merkmale zur Bezeichnung linguistischer Objekt zu verwenden, ist kein neuer Gedanke, wie ein Blick in die Geschichte der modernen Linguistik zeigt:
Phonologie. Die von Jakobson, Fant und Halle [Jakobson et al. 1951] entwickelte **Theorie der distinktiven Merkmale** verwendet zur Repräsentation von Phonemen binäre Merkmale. Ein Phonembezeichner wie z.B. /b/ wird als Abkürzung für die folgende Menge von Merkmalsspezifikationen aufgefaßt:

$$\left\{\begin{array}{l} +konsonantisch \\ -durativ \\ +anterior \\ -koronal \\ -nasal \\ -lateral \\ +stimmhaft \\ -verzögert \end{array}\right\}$$

Syntax. In der **Standardtheorie** [Chomsky 1965] verwendete Chomsky ebenfalls binäre (syntaktische[6]) Merkmale zur Bezeichnung lexikalischer Kategorien und zur Formulierung von *Selektionsregeln*, die unter Verwendung von Merkmalen den kategorialen Rahmen spezifizieren, innerhalb dessen eine Kategorie auftreten kann:

- $N \rightarrow [+N, \pm Common]$
  $[+Common] \rightarrow [\pm Count]$
  $\vdots \quad \vdots$ [Chomsky 1965, S.82]

[6]Die meisten der von ihm als „syntaktisch“ klassifizierten Merkmale würden heute eher als *semantische* Merkmale betrachtet werden.

- $[+V] \rightarrow CS/ \left\{ \begin{array}{l} [+\text{Abstract}]\ \text{Aux}\_ \\ [-\text{Abstract}]\ \_ \\ \_\text{Det}\ [+\text{Animate}] \\ \_\text{Det}\ [-\text{Animate}] \end{array} \right\}$ [Chomsky 1965, S.95]

Die von Kratzer, Pause & Stechow Mitte der siebziger Jahre formulierte „normale Syntax in komplexer Notation für einen Teil des Deutschen"[7] dagegen nutzt syntaktische Merkmale, um gleichartige kontextfreie Regeln durch komplexe Regeln zusammenzufassen:

> Die Numerus-, Genus- und Kasus-Kongruenz von Artikel und Nomen werden zunächst durch die folgenden Regeln ausgedrückt[8]:
>
> $$NP_{num(1)gen(1)kas(1)} \rightarrow det_{num(1)gen(1)kas(1)}\ n_{num(1)gen(1)kas(1)}$$
> $$NP_{num(1)gen(2)kas(1)} \rightarrow det_{num(1)gen(2)kas(1)}\ n_{num(1)gen(2)kas(1)}$$
> $$\vdots \qquad\qquad \vdots \qquad\qquad \vdots$$
>
> Diese Regeln lassen sich zu einer komplexen Regel zusammenfassen:
>
> $$NP_{num\ gen\ kas} \rightarrow det_{num\ gen\ kas}\ n_{num\ gen\ kas} \qquad (1,1,1)(2,2,2)(3,3,3)$$
>
> Die Zahlentripel der Form (i, j, k) legen fest, daß das i-te Merkmal der ersten Kategorie, das j-te Merkmal der zweiten und das k-te Merkmal der dritten Kategorie gleich spezifiziert sein müssen.

Diese Syntax kann als als Vorläufer der unifikationsbasierten Formalismen betrachtet werden, die seit Ende der siebziger Jahre die Entwicklung der (Computer-)Linguistik entscheidend beeinflußten.

Unifikationsgrammatiken. Für die Grammatiktheorien und -formalismen, die unter der Bezeichnung „Unifikationsgrammatiken" zusammengefaßt werden, ist charakteristisch, daß sie Merkmalsstrukturen als zentrales deskriptives Mittel verwenden (z.B. zur Repräsentation von Kategorien, syntaktischen Regeln, funktionalen Strukturen, etc.). Zu den wichtigsten Typen von Unifikationsgrammatiken gehören u.a. PATR-II [Shieber et al. 1983], die **F**unctional **U**nification **G**rammar [Kay 1979], die **L**exical-**F**unctional **G**rammar [Bresnan 1982], die **G**eneralized **P**hrase-**S**tructure **G**rammar [Gazdar et al. 1985], die **H**ead-Driven **P**hrase-**S**tructure **G**rammar [Pollard/Sag 1987], die **C**ategorial **U**nification **G**rammar [Uszkoreit 1986a] und die **U**nification **C**ategorial **G**rammar [Zeevat et al. 1987]. Außer den kategorialgrammatischen Formalismen (CUG und UCG) besitzen sie alle einen *kontextfreien Kern* bzw. ein *kontextfreies Rückgrat* („context-free backbone"). Sie verwenden entweder

[7] In: [Kratzer et al. 1974, Bd.II, S.3-136]

[8] Wir haben die von Kratzer, Pause & Stechow verwendete Notation den von uns in diesem Buch verwendeten Konventionen angepaßt

- annotierte kontextfreie Regeln (LFG) oder

- verschiedene Regeltypen, die sich in kontextfreie Regeln kompilieren lassen (GPSG: ID/LP-Regeln) oder

- spezielle Merkmale bzw. spezielle Merkmale und Regeln, mit denen sich syntaktische Hierarchie- und lineare Abfolgebeziehungen ähnlich wie durch kontextfreie Regeln beschreiben lassen (FUG: *cset/pattern*; HPSG: *subcat*/LP-constraints).

Aus diesem Grund liegt es nahe, zum Parsen von Syntaxen dieses Typs dieselben Algorithmen zu verwenden, die sich für das Parsen einfacher kontextfreier Syntaxen bewährt haben.

Merkmalsstrukturen. Einfache Merkmalsstrukturen[9] können als gerichtete azyklische Graphen interpretiert werden. Normalerweise werden sie in Form von Attribut-Wert Matrizen (AWMs) notiert:

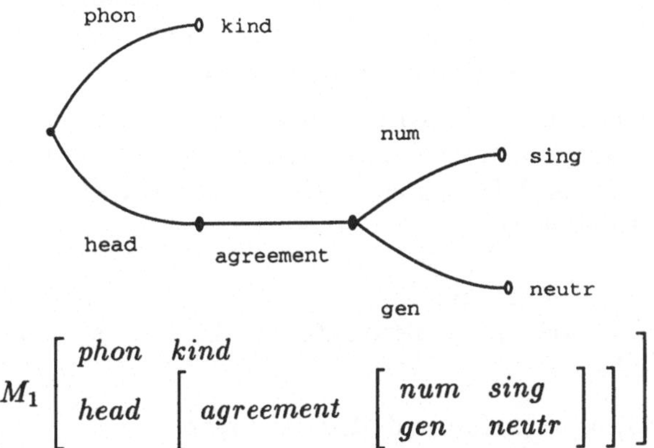

Wenn mehrere Attribute einen *gemeinsamen Wert* haben („re-entrancies"), wird dieser Wert bei Verwendung der AWM-Notation indiziert und nur einmal explizit angegeben. Bei den übrigen Attributen, die diesen Wert aufweisen, wird er durch diesen Index repräsentiert:

[9]Wenn, wie innerhalb der meisten unifikationsbasierten Formalismen gefordert, logische Verknüpfungen wie Disjunktion und Negation in Merkmalsstrukturen zugelassen werden, ist dieser graphentheoretische Ansatz problematisch und eine logikorientierte Rekonstruktion vorzuziehen (vgl. [Wedekind 1991]).

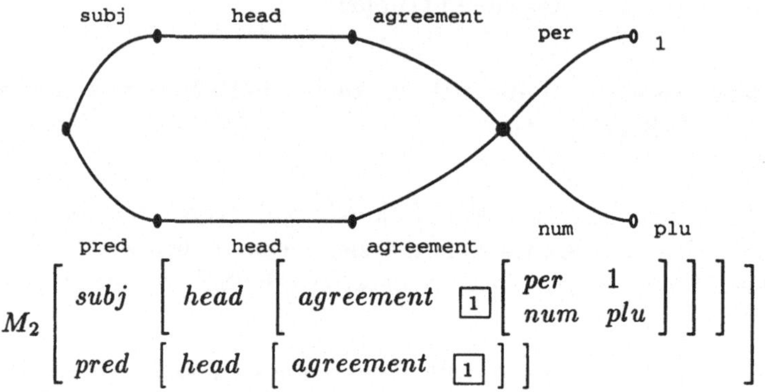

$$M_2 \left[\begin{array}{ll} subj & \left[head \left[agreement \; \boxed{1} \left[\begin{array}{ll} per & 1 \\ num & plu \end{array}\right]\right]\right] \\ pred & \left[head \left[agreement \; \boxed{1} \right]\right] \end{array}\right]$$

Die Verwendung von *re-entrancies* ermöglicht es z.B., die im Deutschen zwischen Artikel und Nomen bestehenden Kongruenzbeziehungen mit einer Regel zu beschreiben:

$$\left[\begin{array}{ll} cat & NP \\ head & \boxed{1}\left[agreement \; \boxed{2} \right] \end{array}\right] \longrightarrow \left[\begin{array}{ll} cat & det \\ agreement & \boxed{2} \end{array}\right] \left[\begin{array}{ll} cat & n \\ head & \boxed{1} \end{array}\right]$$

Wie diese Beispiele zeigen, gibt es zwei Typen von Attributen: Attribute mit *atomaren* Werten (*phon, num, per, gen, ...*) und Attribute, deren Werte selbst wieder Merkmalsstrukturen sind (*subj, pred, head, agreement, ...*).

Merkmalsstrukturen können als partielle Beschreibungen bestimmter Objekte wie z.B. lexikalischer und syntaktischer Kategorien betrachtet werden. Über der Menge aller Merkmalsstrukturen läßt sich eine reflexive partielle Ordnung durch die Subsumtionsrelation definieren[10]:

Definition *Subsumtion*

Gegeben seien zwei Merkmalsstrukturen M_i, M_j. M_i subsumiert M_j ($M_i \preceq M_j$) gdw.

(i). M_i und M_j atomar sind und $M_i = M_j$ oder

(ii). M_i und M_j komplex sind und es gilt:

(a) Jeder Pfad in M_i ist auch ein Pfad in M_j. Der Wert eines Pfades in M_i subsumiert den Wert des mit ihm in M_j korrespondierenden Pfades.

(b) Alle Pfade, die sich in M_i einen gemeinsamen Wert teilen, teilen sich auch in M_j einen Wert.

Intuitiv betrachtet kann man sagen, daß wenn $A \preceq B$ gilt, die Merkmalsstruktur A weniger Informationen enthält als die Merkmalsstruktur B. Die Merkmalsstruktur

[10]Die zugehörige duale Relation wird als *Extension* bezeichnet.

mit dem geringstmöglichen Informationsgehalt ist die leere Merkmalsstruktur [ ]. Es gilt u.a.:

$$[\,] \preceq \begin{bmatrix} phon & kind \end{bmatrix} \preceq \begin{bmatrix} phon & kind \\ head & \begin{bmatrix} agreement & [\,] \end{bmatrix} \end{bmatrix} \preceq M_1$$

Merkmalsstrukturen, die kompatible Informationen repräsentieren, können miteinander verknüpft werden. Das Resultat ist eine Merkmalsstruktur, die alle Informationen und nur die Informationen enthält, die in den beiden kombinierten Merkmalsstrukturen enthalten sind.

$$M_1 \sqcup M_3 \begin{bmatrix} cat & NP \\ head & \begin{bmatrix} agreement & \begin{bmatrix} kas & nom \end{bmatrix} \end{bmatrix} \end{bmatrix}$$

$$= M_4 \begin{bmatrix} cat & NP \\ phon & kind \\ head & \begin{bmatrix} agreement & \begin{bmatrix} num & sing \\ gen & neutr \\ kas & nom \end{bmatrix} \end{bmatrix} \end{bmatrix}$$

Die Operation, durch die zwei Merkmalsstrukturen miteinander verknüpft werden, wird als *Unifikation* bezeichnet:

Definition *Unifikation*

Die Unifikation zweier Merkmalsstrukturen M_i, M_j ist definiert als die Kategorie M_k ($M_i \sqcup M_j = M_k$), für die gilt:

(i). $M_i \preceq M_k$;

(ii). $M_j \preceq M_k$ und

(iii). es gibt keine Merkmalsstruktur M'_k, die die ersten beiden Bedingungen erfüllt und für die gilt: $M'_k \preceq M_k$.

Enthalten die beiden Merkmalsstrukturen inkompatible Informationen, scheitert der Versuch, sie zu unifizieren, bzw. führt zur inkonsistenten Merkmalsstruktur, die zumeist als '$\perp$' notiert wird.

Da die Unifikation zweier azyklischer Graphen zu einem zyklischen Graphen führen kann, müssen Parsingalgorithmen für Unifikationsgrammatiken in der Lage sein, auch zyklische Merkmalsstrukturen korrekt zu verarbeiten. Anderenfalls muß in jedem Schritt die Wohlgeformtheit der durch Unifikation neu gebildeten Merkmalsstrukturen geprüft werden:

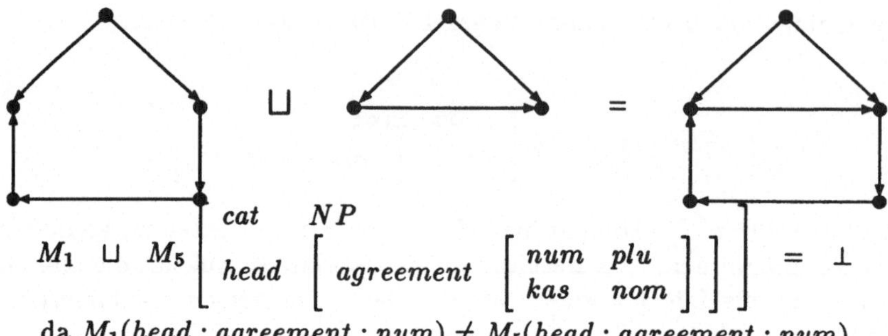

$$M_1 \sqcup M_5 \begin{bmatrix} cat & NP \\ head & \begin{bmatrix} agreement & \begin{bmatrix} num & plu \\ kas & nom \end{bmatrix} \end{bmatrix} \end{bmatrix} = \bot$$

da $M_1(head : agreement : num) \neq M_5(head : agreement : num)$

In den folgenden drei Kapiteln beschreiben wir die Grundzüge verschiedener unifikationsbasierter Grammatikformalismen und skizzieren zwei verschiedene Strategien zum Parsen von Unifikationsgrammatiken, die als *direktes* bzw. *indirektes* Parsen von Unifikationsgrammatiken bezeichnet werden können.

12 Definite Clause Grammatiken

Definite Clause Grammatiken (DCGs) sind historisch und systematisch eng mit der Programmiersprache Prolog verbunden, die u.a. zu Zwecken der Verarbeitung natürlicher Sprache entwickelt wurde. DCGs sind im Sprachumfang der meisten Prolog-Implementierungen bereits enthalten, können aber auch leicht mit anderen Prolog-Sprachmitteln vom Benutzer definiert werden. Wegen dieser engen Verzahnung von DCGs und Prolog werden wir darauf verzichten, die Repräsentation und Verarbeitung von DCGs in Lisp zu diskutieren.

12.1 Syntaktische Regeln als logische Ausdrücke

Wir zeigen zunächst, wie sich kontextfreie Regeln durch Hornklauseln repräsentieren lassen, und erläutern anschließend die Beziehung zwischen kontextfreien Regeln und DCG-Regeln, sowie zwischen DCG-Regeln und Hornklauseln.

Eine *Hornklausel* ist eine Disjunktion von Termen, die höchstens einen nicht-negierten Term enthält:

$$\neg y_1 \vee \neg y_2 \ldots \vee \neg y_n \vee x \quad \equiv \quad y_1 \wedge y_2 \ldots \wedge y_n \Rightarrow x$$

Hornklauseln bilden die Grundlage der Programmiersprache Prolog. Prolog-Regeln sind nichts anderes als eine bestimmte Repräsentationsform für Hornklauseln:

$$y_1 \wedge y_2 \ldots \wedge y_n \Rightarrow x \quad \equiv \quad x \ :- \ y_1,\ y_2,\ \ldots,\ y_n$$

Ein Prolog-Interpreter kann als Theorembeweiser für Hornklausellogik betrachtet werden. Kontextfreie Regeln lassen sich relativ direkt in Hornklauseln übersetzen: Wenn Sätze durch Listen von Prolog-Atomen repräsentiert werden, dann kann jedes nicht-terminale Symbol durch ein einstelliges Prädikat und jedes terminale Symbol durch eine Liste, die dieses Symbol enthält, repräsentiert werden.

Beispiel (12-1)

(a) syntaktische Regeln:

$S \rightarrow NP\ VP$ $\qquad\qquad$ $s(S)$:-
$\qquad np(NP)$, $vp(VP)$,
$\qquad append(NP, VP, S)$.

Das *Append*-Ziel in der Prolog-Klausel legt die korrekte lineare Abfolge fest.

(b) lexikalische Regeln:

$pro \rightarrow wir$ $\qquad$ $pro(X)$:- $X = [wir]$. bzw.
$pro([wir])$.

Repräsentiert man kontextfreie Regeln durch Hornklauseln, dann übernimmt ein Theorembeweiser für Hornklausellogik (z.B. der Prolog-Interpreter) die Funktion eines Recognizers bzw. Parsers: Statt nach einer Ableitung für einen Satz $\alpha = w_1 \ldots w_n$ $(n \geq 0)$ relativ zu einer gegebenen Syntax G zu suchen ($S^* \Rightarrow \alpha$), wird nach einem Beweis für das Theorem $s([w_1, \ldots, w_n])$ aus der Menge der Axiome G' gesucht, die aus der Übersetzung der kontextfreien Regeln von G in Hornklauseln resultiert ($G' \vdash s([w_1, \ldots, w_n])$). Übernimmt man die Beweisstrategie des Prolog-Interpreters unverändert, so ist das Resultat ein von links nach rechts arbeitender Top-down-Recognizer/Parser mit Backtracking. Um andere Kontrollstrukturen zu realisieren, ist entweder ein anderer Compiler für DCG-Regeln zu verwenden (vgl. Matsumotos BUP-System, Kapitel 5) oder die Prolog-Beweisstrategie (z.B. via Meta-Interpreter) zu modifizieren.

Welche Beziehung besteht zwischen DCGs bzw. zwischen kontextfreien Syntaxen und DCGs und Hornklauseln? Vom semantischen Gesichtspunkt aus betrachtet sind die Regeln einer DCG nichts anderes als eine spezielle Notation für eine bestimmten Klasse von Hornklauseln. Sie orientiert sich stark an der für kontextfreie Regeln verwendeten Notation, von der sie sich nur in folgenden beiden Punkten unterscheidet:

- Anstelle einfacher Symbole können in DCG-Regeln komplexe Terme als nichtterminale Symbole verwendet werden, z.B.:

  $$s(X),\ s(s(NP, VP)),\ \ldots$$

- Zu jeder Regel können zusätzliche Bedingungen angegeben werden, die erfüllt sein müssen, bevor die Regel angewendet werden kann:

  $$np(X) \rightarrow det(Y),\ n(X),\ \{common\_noun(X)\}$$

12.2 Differenzlisten

DCG-Regeln werden von den meisten Prolog-Interpretern automatisch in äquivalente Hornklauseln übersetzt. Aus Gründen der Effizienz werden die Teillisten nicht durch *Append*-Ziele explizit miteinander verknüpft, sondern es werden statt dessen *Differenzlisten* verwendet.

Üblicherweise werden in kontextfreien Phrasenstrukturgrammatiken die folgenden beiden Regeltypen unterschieden:

- syntaktische Regeln der Form $c_0 \rightarrow c_1\ c_2\ \ldots\ c_n$ und
- lexikalische Regeln der Form $c_0 \rightarrow w$, mit $w \in V_T$ und $c_i \in V_N$.

Diese Regelschemata lassen sich mit Differenzlistenvariablen wie folgt darstellen:

(a) $c_0(X_0, X_n)$: –
$c_1(X_0, X_1)$,
$c_2(X_1, X_2)$,
...
$c_n(X_{n-1}, X_n)$.

(b) $c_0([w|X], X)$.

Die Kategorien werden als Prädikate für Ketten aufgefaßt, die hier durch Paare von Differenzlistenvariablen (X_0, X_1, ..., X_n) repräsentiert werden. Dabei bezeichnet X_0 die Position unmittelbar vor dem ersten Wort und X_n die Position unmittelbar hinter dem letzten Wort einer Kette. Diese durch Anfangs- und Endpunkt angegebene Kette fällt unter ein Prädikat c_0, wenn sie sich vollständig in Teilketten zerlegen läßt, die einen Anfangspunkt X_i und einen Endpunkt X_{i+1} haben und der Kategorie c_{i+1} angehören:

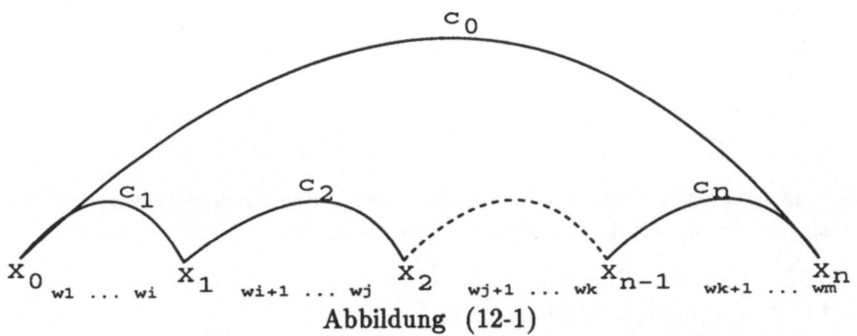

Abbildung (12-1)

So bezeichnet z.B. das Differenzlistenpaar X_1, X_2 in der obigen Abbildung die Teilkette $[w_{i+1} \ldots w_j]$ und das Paar X_0, X_n die Liste $[w_1 \ldots w_m]$. Generell gilt, daß jedem n-stelligen Term einer DCG-Regel ein n+2-stelliges Prolog-Prädikat entspricht:

Beispiel (12-2)

(a) *s —> np, vp.*
s(S0, S2) : – np(S0, S1), vp(S1, S2).

(b) *s(s(NP, VP)) —> np(NP), vp(VP).*
s(s(NP, VP), S0, S2) : – np(NP, S0, S1), vp(VP, S1, S2).

(c) *pro —> [wir].*
pro([wir|S0], S0).

12.3 Vom Recognizer zum Parser

Eine interessante Asymmetrie zwischen kontextfreien Syntaxen und DCGs besteht darin, daß der Übergang vom Satzerkennen zur Satzanalyse bei kontextfreien Syntaxen mit der Verwendung unterschiedlicher Prozeduren (*gleiche Daten / verschiedene Prozeduren*) verbunden ist, während bei DCGs dieselbe Beweisstrategie für das Erkennen bzw. Parsen von Sätzen verwendet werden kann, andererseits aber die Grammatik zu modifizieren ist (*unterschiedliche Daten / gleiche Prozedur*).

Der Grund für diese Asymmetrie liegt darin, daß im ersten Fall die für den Aufbau von Strukturbeschreibungen notwendigen „bookkeeping"-Operationen explizit innerhalb des Parsingalgorithmus spezifiziert werden müssen, bei DCGs dagegen die Regel nur durch zusätzliche Variablen zu erweitern sind und der Aufbau der Strukturbeschreibung via Unifikation keiner weiteren prozeduralen Spezifikation bedarf. In der folgenden Beispiel-DCG werden Strukturbeschreibungen in Form von Bäumen erzeugt, die als Klammerausdrücke repräsentiert werden:

Beispiel (12-3)
Gegeben sei die folgende einfache DCG:

```
s(S0, S2, [s, [NP, VP]]) :-              % S → NP VP
    np(S0, S1, NP),
    vp(S1, S2, VP).
np([hans|R], R, [np, hans]).             % NP → hans
vp([schlaeft|R], R, [vp, schlaeft]).     % VP → schlaeft
```

Die folgende Ableitung zeigt, wie diese DCG durch den Prolog-Interpreter top-down und depth-first verarbeitet wird und die Variablen instantiiert werden:

```
CALL:  s([hans, schlaeft], [ ], X).
CALL:  np([hans, schlaeft], _1, _2).
EXIT:  np([hans, schlaeft], [schlaeft], [np, hans]).
CALL:  vp([schlaeft], [ ], _3).
EXIT:  vp([schlaeft], [ ], [vp, schlaeft]).
EXIT:  s([hans, schlaeft], [ ], [s, [[np, hans], [vp, schlaeft]]]).
```

12.4 Nicht-kontextfreie Erweiterungen

DCGs bilden eine adäquate und naheliegende Möglichkeit, um einen Top-down-Parser mit Depth-first-Suchstrategie für kontextfreie Syntaxen in Prolog zu realisieren. Darüber hinaus erlauben DCGs jedoch auch Erweiterungen, die über die Möglichkeiten von einfachen kontextfreien Syntaxen hinausgehen. Zu den für uns interessantesten Erweiterungsmöglichkeiten zählen:

- Der Aufbau von Strukturbeschreibungsvarianten: Die Strukturbeschreibungen sind prinzipiell unabhängig von der Konstituentenstruktur, wie sie durch das kontextfreie Skelett einer DCG definiert wird.
- Die Einführung von zusätzlichen constraints, die z.B. die Behandlung von Kongruenz, Rektion und semantische Restriktionen erlauben.

Beide Typen von Erweiterungen sollen kurz anhand von einfachen Beispielen skizziert werden.

(a) Zunächst zeigen wir, wie es möglich ist, die Strukturbeschreibungen der DCG aus dem letzten Beispiel ohne Veränderung der Erfüllbarkeitsbedingungen so zu verändern, daß sich differenziertere Strukturbäume ergeben (Beispiel (12-4)), und

(b) in Beispiel (12-5) wird ein zusätzlicher Test auf Numeruskongruenz eingeführt, der mit einer reinen kontextfreien PSG nicht in dieser Form ausgedrückt werden kann.

Beispiel (12-4)

```
s(S0, S2, [s, [NP, VP]]) :-                   % S → NP VP
    np(S0, S1, NP),
    vp(S1, S2, VP).
np([hans|R], R, [np, [n, hans]]).             % NP → n, n → hans
vp([schlaeft|R], R, [vp, [v, schlaeft]]).     % VP → v, v → schlaeft
```

Beispiel (12-5)

```
s(S0, S2, [s, [NP, VP]]) :-
    np(S0, S1, NP, NUM),
    vp(S1, S2, VP, NUM).
np([hans|R], R, [np, hans], sing).
vp([schlaeft|R], R, [vp, schlaeft], sing).
np([hunde|R], R, [np, hunde], plu).
vp([bellen|R], R, [vp, bellen], plu).
```

Durch die beiden Vorkommen derselben Variable NUM in der ersten Klausel wird sichergestellt, daß die NP und die VP eines Satzes hinsichtlich des Merkmals *Numerus* kongruent sind. Dadurch werden ungrammatische Ketten wie „hans bellen" usw. ausgeschlossen.

Wenn auf diese Weise weitere Merkmale eingeführt werden sollen, dann muß die Stelligkeit der relevanten Prädikate in der im vorangegangenen Beispiel illustrierten

Weise angepaßt werden. Da Prolog-Terme mit unterschiedlicher Stelligkeit nicht unifizieren (Termunifikation[1]), ist es notwendig, diese Änderungen in allen Vorkommen der betroffenen Prädikate vorzunehmen; d.h. selbst in den Regeln, in denen diese Merkmale streng genommen irrelevant sind, müssen sie spezifiziert werden. Die Verwendung von Termunifikation hat in diesem Zusammenhang verschiedene Nachteile:

1. DCG-Regeln in großen und differenzierten Grammatiken werden wegen der hohen Stelligkeit unübersichtlich und fehlerträchtig.

2. Modifikationen an einzelnen Regeln haben u.U. erhebliche Modifikationen der Gesamtgrammatik zur Folge.

3. Einzelne Regeln enthalten Redundanzen und sind deshalb in geringerem Maße explizit: Sie enthalten z.B. anonyme Variablen an den Merkmalspositionen, die für die jeweilige Regel irrelevant sind.

4. Die Schnittstellen zu anderen Komponenten (z.B. zum Lexikon) müssen an die Termstruktur der jeweils verwendeten DCG angepaßt werden. Modifikationen der Grammatik oder des Lexikons haben dann Seiteneffekte auf die jeweils andere Komponente, die eine neue Spezifikation der Schnittstelle zur Folge haben können.

Eine Möglichkeit, die Vorteile von DCGs ohne die inhärenten Probleme, die mit der Beschränkung auf Termunifikation verbunden sind, ausnutzen zu können, besteht darin, die Merkmalsverarbeitung auszugliedern und in *extra-predicates* zu verlagern, die Baum- oder Graphunifikation verwenden. Auf diese Weise lassen sich auch andere Formalismen wie z.B. GPSG und HPSG als DCGs implementieren (vgl. [Langer 1990b], [Oliva 1990]).
Ein weiterer Kritikpunkt, der in Diskussionen über die Adäquatheit von DCGs immer wieder genannt wird, ist das Problem, daß linksrekursive Regeln nicht terminieren, wenn die Standard-Parsingstrategie für DCGs (Top-down-depth-first-Suche mit Backtracking) verwendet wird. Diese Kritik betrifft jedoch nicht DCGs als einen deklarativen Gramatikformalismus, sondern die Verarbeitungsstrategie des verwendeten Parsers. In Kapitel 5 haben wir die Prolog-Implementierung eines Left-corner-Parsers für kontextfreie PSGs vorgestellt, der sich auch für DCGs verwenden läßt. Der folgende Abschnitt beschreibt eine Prolog-Implementierung eines earley-basierten Parsers für DCGs.

[1]Zwei Prolog-Terme T_1, T_2 unifizieren nur dann, wenn sie denselben Funktor und dieselbe Stelligkeit besitzen und für alle ihre Argumente gilt: Das i-te Argument von T_1 unifiziert mit dem i-tem Argument von T_2.

12.5 Ein earley-basierter Parser für DCGs

Die Implementierung basiert auf der Implementierung eines Earley-Recognizers in C-Prolog von [Dörre 1987]. Die wichtigsten Erweiterungen dieses Systems sind:

- inkrementeller Strukturaufbau (kein Recognizer, sondern Parser)
- auch als Parser für DCGs verwendbar
- Bildschirmdarstellung von Bäumen in lesbarer Grafik (auch für DCGs)

Operatorendefinitionen und Hilfsprädikate:

```
:- op(1100, xfx, '-->').

retractall(X) :-
    retract(X), fail.
retractall(_).

islist([ ]).
islist([_| _]).

:- op(700, xfy, '\—').

copy_term(X, Y) :-
    retractall(term_copy(_)),
    assert(term_copy(X)),
    term_copy(Y).
```

Hauptprädikate

Für den DCG-Parser benötigen wir folgende Prädikate: parse/1, parse_recursive/2, shift/3, closure/5, neue_kante/5, complete/4, expand/2, skanten/5, finde_alle_skanten/4, finde_skante/4, auswerten/1 regel/2 und lexikon_eintrag/2.

```
% parse/1
% Mit diesem Prädikat wird die Analyse eines Satzes gestartet. Der Satz wird durch
% eine Liste von Prolog-Atomen repräsentiert.
parse(_) :-
    abolish(kante/5),            % „Aufräumen“ der Datenbasis.
    abolish(skante/3),
    start_symbol(S),
    (S --> RHS),                 % Initialisierung der Chart.
    closure(0, 0, S, [ ], RHS),  % Hüllenbildung.
    fail.                        % Sofern mehrere Startsymbole und/oder
                                 % Startregeln definiert sind: Backtracking.

parse(Satz) :-
    parse_recursive(0, Satz).    % Initialisierung abgeschlossen

% parse_recursive/2
parse_recursive(Ende, [ ]) :-    % Satz ist vollständig abgearbeitet.
    auswerten(Ende).
```

```
parse_recursive(Start, [Word | Rest]) :-
    Ende is Start + 1,            % Inkrementierung des Index.
    shift(Start, Ende, Word),     % Aufruf der Shift-Prozedur.
    parse_recursive(Ende, Rest).  % Rekursion mit Restsatz.

% shift/3
% Einlesen der Lexikoneinträge für Word und Aufruf von CLOSURE für jeden ge-
% fundenen Eintrag.
shift(Start, Ende, Word) :-
    lexikon_eintrag(Word, Category),    % Lexikonzugriff.
    assertz(skante(Start, Ende, [Category, [Word]])),
    closure(Start, Ende, Category, [Word], [ ]), fail.
shift(_, _, _).

% closure/5
% Hüllenbildung durch Vorwärtsverkettung.
% Verarbeitung einer passiven Kante: Aufruf von complete/4.
closure(Start, Ende, LHS, Geschlossen, [ ]) :-
    neue_kante(Start, Ende, LHS, Geschlossen, [ ]),
    complete(Start, Ende, LHS, Geschlossen).
closure(Start, Ende, LHS, Geschlossen, [Next | Rest]) :-
    neue_kante(Start, Ende, LHS, Geschlossen, [Next | Rest]),
    expand(Ende, Next).

% neue_kante/5
% Es wird geprüft, ob die Kante von einer anderen Kante in der Chart subsumiert
% wird. Ist das nicht der Fall, wird sie in die Chart eingetragen.
neue_kante(Start, Ende, LHS, Geschlossen, Offen) :-
    copy_term(kante(Start, Ende, LHS, Geschlossen, Offen), KANTE),
    call(KANTE),
    KANTE =.. [_, _, LHS2, _, _ ],
    subsumes(LHS2, LHS), !, fail.
neue_kante(Start, Ende, LHS, Geschlossen, Offen) :-
    assertz(kante(Start, Ende, LHS, Geschlossen, Offen)).
% complete/4

complete(Start, Ende, B, Cats) :-
    kante(Start0, Start, LHS, Geschlossen0, [B | Offen]),
    append(Geschlossen0, [B], Geschlossen),
    finde_alle_skanten(Start, Ende, B, Cats),
    closure(Start0, Ende, LHS, Geschlossen, Offen), fail.
    complete(_, _, _, _).
```

```
% expand/2
expand(Node, Next) :-
    (Next —> RHS),
    closure(Node, Node, Next, [ ], RHS),
    fail.
expand(_, _).
```

Verwaltung von Strukturkanten:

```
% skanten/5
skanten(Start, Ende, LHS, [D1 | Ds], [D1, D1s | X]) :-
    finde_skante(Start, Ende1, D1, D1s),
    skanten(Ende1, Ende, LHS, Ds, X).
    skanten(X, X, _, [ ], [ ]).
% finde_alle_skanten/4
finde_alle_skanten(Start, Ende, LHS, [D1 | Ds]) :-
    skanten(Start, Ende, LHS, [D1 | Ds], X),
    not(skante(Start, Ende, [LHS, X])),
    assertz(skante(Start, Ende, [LHS, X])), fail.
    finde_alle_skanten(_, _, _, _).
% finde_skante/4
finde_skante(Start, Ende, C1, TREE) :-
    skante(Start, Ende, [C1, TREE]).
% auswerten/1
auswerten2(Ende) :-
    start_symbol(S),
    kante(0, Ende, S, _, [ ]),
    printstructures(0, E).
% regel/2
regel(LHS, RHS) :-
    (LHS —> X),
    X =.. RHS.
```

Wir verwenden in dem DCG-Parser eine sehr einfache Definition des Begriffs *lexikalische Kategorie*, die an die jeweils verwendeten Grammatiken und Lexika angepaßt werden kann:

```
% lexikon_eintrag/2
% W ist eine terminale Kategorie gdw. es als einziges Element auf der rechten
% Regelseite einer Regel vorkommt und es keine Regel gibt, die W expandiert.
lexikon_eintrag(W, C) :-
    (C —> [W]),
    not(regel(W, _)).
```

Termunifikation

Die folgende Definition von Term-Subsumtion beruht auf folgendem Prinzip:

1. T_1 subsumiert T_2, wenn $T_1 == T_2$;
2. T_1 subsumiert T_2, wenn die folgenden Bedingungen erfüllt sind:
   (a) T_1 und T_2 unifizieren zu T_3
   (b) die Substitution aller Variablen in T_3 durch Atome der Form var1, var2, usw. führt zu einem Term T_3', der identisch ist mit dem Term T_2', der dadurch entsteht, daß alle Variablen in T_2 in derselben Reihenfolge durch die Atome var1, var2 etc. ersetzt werden.

```
% var_bind/2 ersetzt alle Variablen in einer Liste oder in einem Term durch Atome
% der Form varX (wobei X für eine natürliche Zahl steht).
var_bind(A, B) :-
    set_counter(0),
    copy_term(A, X),
    var_bind2(X, B).

% var_bind2/2
var_bind2(X, X) :-                    % Variable
    var(X), !, gensym(X).
var_bind2([ ], [ ]) :- !.             % Leere Liste
var_bind2(A, A):- atomic(A), !.       % Atom, Ziffer
var_bind2([X | R], [XN | RN]) :-      % Liste
    var_bind2(X, XN),
    var_bind2(R, RN), !.
var_bind2(Term, TermN) :-             % Term
    Term =.. ALIST, !,
    var_bind2(ALIST, ALISTN),
    TermN =.. ALISTN, !.

% gensym/1
% Das Prädikat erzeugt ein Atom der Form varX (X ist eine Ziffer).
gensym(X) :-
    current_counter(NUM), !,
    retract(current_counter(NUM)),
    NEW is NUM + 1,
    assertz(current_counter(NEW)),
    name(NEW, NEWLIST),
    append([118, 97, 114], NEWLIST, XLIST),
    name(X, XLIST).
```

```
gensym(var0) :-
    assertz(current_counter(0)), !.
% set_counter/1
set_counter(X) :-
    retractall(current_counter(_)),
    assertz(current_counter(X)).

% subsumes/2
% Das Prädikat testet, ob Term A den Term B subsumiert.
subsumes(A, B) :- A == B, !.²
subsumes(A, B) :-
    unify(A, B, C),
    var_bind(B, B1),
    var_bind(C, C1),
    B1 == C1.

% unify/3
% Das Prädikat unifiziert Kopien der Terme A und B und gibt als Resultat deren
% Unifikation C aus.
unify(A, B, A1) :-
    copy_term(A, A1),
    copy_term(B, B1),
    A1 = B1.
```

Semi-graphische Strukturausgabe

```
% structures/0
% Das Prädikat zeigt alle von COMPLETE entdeckten Teilbäume.
structures :-
    skante(_, _, C),
    treeprint(C, ''), nl, nl, nl, get0_noecho(_),
    fail.
structures.
% printstructures/2
printstructures(F, T) :-
    skante(F, T, X),
    treeprint(X, ''), nl, nl, nl, fail.
printstructures(_, _).
```

[2]Der Test auf Identität ist logisch nicht erforderlich, weil der Fall der Identität auch durch die zweite Definition erfaßt wird. Da Identität jedoch relativ häufig vorkommt, wird aus Effizienzgründen zunächst mit % "==" geprüft.

Die folgenden Prädikate wandeln Terme in Atome um. Der Zweck dieser Umwandlung ist es, die Bildschirmdarstellung mit treeprint/2 zu ermöglichen: pred2atom/2 bildet einen Term $p(a_1, \ldots, a_n)$ auf p ab; d.h. es reduziert für die Bildschirmdarstellung durch treeprint/2 einen komplexen DCG-Term auf ein Atom.

```
% pred2atom
pred2atom(TERM, ATOM) :-
    TERM =.. [ATOM | _].
pred2atom(NUM, ATOM) :-
    number(NUM),
    name(NUM, NAME),
    name(ATOM, NAME).
% showitems/0
% Das Prädikat zeigt alle vollständigen Kanten in Baumdarstellung.
showitems :-
    skante(_, _, D),
    treeprint(D, ''), nl, nl, nl, get0_noecho(101).
```

Es folgen die Prädikate für den Pretty-Printer für Bäume.

```
% treeprint/2
% Hauptprädikat des Pretty-Printers.
treeprint([M, [T]], TAB) :-                % Lexikalische Kategorie.
    nolist(M), nolist(T),
    pred2atom(M, M2), pred2atom(T, T2),
    !, write(M2), write('—'), write(T2), nl, !.
treeprint([M, [T1, T2 | R]], TAB) :-       % Linke Tochter.
    nolist(M), nolist(T1), nolist(T2), !,  % Lexikalische Kategorie.
    pred2atom(M, M2), pred2atom(T1, T12),
    pred2atom(T2, T22),
    write(M2), write('—'), write(T12), nl, !, % Weitere Töchter.
    mehrzweige([T22 | R], TAB), !.
treeprint([Mutter, [A, B | R]], TAB) :-    % Erste Verzweigung.
    !, pred2atom(Mutter, Mutter2),
    write(Mutter2), write('—'),
    name(Mutter2, MN), length(MN, ML2),
    ML3 is ML2 + 2, makestr(ML3, MS), !,
    ((R \= [ ], !, strappend('|', MS, MS2));
     (strappend(' ', MS, MS2))),
    strappend(TAB, MS2, NTAB), !,
    treeprint([A, B], NTAB), !,
    mehrzweige(R, TAB), !.
```

```
% mehrzweige/2
mehrzweige([A, B, C, D | R], TAB) :- % Eine Verzweigung.
    nolist(A), islist(B),           % Syntaktische Kategorie.
    !, write(TAB),
    write('\—'),
    strappend(TAB, '| ', NT), !,
    treeprint([A, B], NT), !,
    mehrzweige([C, D | R], TAB), !.
mehrzweige([A, B | R], TAB) :-      % Letzte Verzweigung.
    nolist(A), islist(B), !,        % Syntaktische Kategorie.
    write(TAB),
    write('\—'),
    strappend(TAB, ' ', NT),
    treeprint([A, B], NT),
    mehrzweige(R, TAB), !.
mehrzweige([A],TAB) :-              % Letzte Verzweigung.
    nolist(A), !,                   % Lexikalische Kategorie.
    write(TAB),
    write('\—'),
    pred2atom(A, A2),
    write(A2), nl, !.
mehrzweige([A, B | R], TAB) :-      % Verzweigung lex. Kategorien.
    nolist(A), nolist(B),
    !, write(TAB),
    write('\—'),
    pred2atom(A, A2),
    write(A2), nl,
    mehrzweige([B | R], TAB), !.
mehrzweige([ ],_) :- !.
```

Hilfsprädikate für den Pretty-Printer:

```
% nolist/1
nolist(X) :- not(islist(X)).

% strappend/3
strappend('', X, X) :- !.
strappend(A, B, C) :-
    !, name(A, A2),
    name(B, B2),
    append(A2, B2, C2),
    name(C, C2), !.
```

```
% makestr/3
makestr(- 1, _) :- !, fail.
makestr(0, '') :- !.
makestr(X, Y) :-
    !, X2 is X - 1,
    makestr(X2, Y2),
    strappend(Y2, ' ', Y), !.
```

Aufgaben

12.1 Schreiben Sie jeweils eine DCG für die Sprachen:

(a) $a^n\ b^m\ c^n\ d^m$ und

(b) $a^n\ b^n\ c^n$.

12.2 In [Shieber 1986] wird eine lexikalistische Lösung für die Beschreibung von Komplementstrukturen in Verbalphrasen gegeben. Statt verschiedener VP-expandierender Regeln für Verben mit unterschiedlichen Subkategorisierungsrahmen wie unter (a) gibt Shieber nur genau eine VP-Regel im PATR-II-Formalismus an (b), durch die die Komplemente des Verbs instantiiert werden:

(a) VP → V[lesen] NP
VP → V[stellen] NP PP
VP → V[schlafen]
VP → V[behaupten] S
...

(b) VP → V[subcat: X] X

Schreiben Sie eine DCG, die nach diesem Prinzip einige deutsche Verben (z.B. lesen, stellen, schlafen) behandelt. Diese DCG sollte Sätze wie die folgenden beschreiben können:

sie schläft
sie liest ein buch
sie legt ein buch auf ein buch

Die Subkategorisierungsinformationen für die einzelnen Verben sollten dabei nur in den Lexikoneinträgen, nicht jedoch in den Regeln, festgelegt werden.

13 Ein Chart-Parser für unifikationsbasierte Syntaxen

Grundsätzlich lassen sich alle der von uns vorgestellten Parsingalgorithmen so erweitern, daß sie zum Parsen unifikationsbasierter Syntaxen verwendet werden können, die einen *kontextfreien Kern* enthalten. Wir werden anhand des Earley-Algorithmus die Schritte skizzieren, die ein solcher Adaptionsprozeß erfordert. Wir beschränken uns auf die Implementierung eines earley-basierten Recognizers in Lisp.

13.1 Indirektes Parsen

Ähnlich wie bei den ID/LP-Syntaxen (vgl. Kapitel 9) lassen sich auch bei den unifikationsbasierten Syntaxen zwei unterschiedliche Strategien verfolgen, die wir im folgenden als „direktes" bzw. „indirektes" Parsen bezeichnen werden. Charakteristisch für das indirekte Parsen mit unifikationsbasierten Syntaxen ist, daß die Syntax entweder vollständig in eine einfache kontextfreie Syntax kompiliert wird oder zum Parsen nur der kontextfreie Kern der Syntax verwendet wird.

Eine unifikationsbasierte Syntax G kann unter bestimmten Voraussetzungen als eine komprimierte kontextfreie Syntax betrachtet werden; d.h. jede Regel wird als „Abkürzung" für eine Menge kontextfreier Regeln interpretiert.

Beispiel (13-1)
Wenn man voraussetzt, daß das Merkmal *agreement* als Wert eine Merkmalsstruktur nimmt, in der die Merkmale *gen*[3], *kas*[4], *num*[2][1] spezifiziert sind, und die Merkmale vernachlässigt, die außerdem noch als *head*-Merkmale von Nomen auftreten können, dann kann die folgende Regel

$$\begin{bmatrix} cat & NP \\ head & \boxed{1}\begin{bmatrix} agreement & \boxed{2} \end{bmatrix} \end{bmatrix} \longrightarrow \begin{bmatrix} cat & det \\ agreement & \boxed{2} \end{bmatrix} \begin{bmatrix} cat & n \\ head & \boxed{1} \end{bmatrix}$$

als Zusammenfassung von 24 kontextfreien Regeln aufgefaßt werden:

[1]Die in Klammern angegebene Ziffer gibt die Anzahl der verschiedenen Werte dieses Merkmals an.

$$
\begin{array}{lll}
NP_{num(1)gen(1)kas(1)} & \rightarrow det_{num(1)gen(1)kas(1)} & n_{num(1)gen(1)kas(1)} \\
NP_{num(1)gen(2)kas(1)} & \rightarrow det_{num(1)gen(2)kas(1)} & n_{num(1)gen(2)kas(1)} \\
\vdots & \vdots & \vdots \\
NP_{num(2)gen(3)kas(4)} & \rightarrow det_{num(2)gen(3)kas(4)} & n_{num(2)gen(3)kas(4)}
\end{array}
$$

Zum Parsen wird G in eine einfache kontextfreie Syntax G' kompiliert, für die dann ein beliebiger, für kontextfreie Syntaxen geeigneter Parsingalgorithmus verwendet werden kann. Der entscheidende Nachteil dieses Verfahrens liegt in der kombinatorischen Explosion, zu der die Expandierung der unifikationsbasierten Quellsyntax in eine kontextfreie Objektsyntax führt. Angenommen, zur Bildung von Kategorien stehen 20 binäre Merkmale zur Verfügung, dann gibt es unter der Voraussetzung, daß alle Merkmale in jeder Kategorie vorkommen können

- $2^{20} = 1048576$ Kategorien, sofern jedes Merkmals in jeder Kategorie spezifiziert wird bzw.

- $3^{20} = 3486784401$ Kategorien, wenn Kategorien nicht für alle Merkmale spezifiziert sein müssen.

Da die Größe der Grammatik den Zeit- und Raumbedarf eines Parsers direkt beeinflußt, ist dieses Verfahren nicht praktikabel. Außerdem gibt es unifikationsbasierte Formalismen, in denen – anders als in der GPSG – die Menge der lexikalischen und syntaktischen Kategorien nicht endlich ist:

Beispiel (13-2)
Wenn ein beliebiges Merkmal f als Wert eine Kategorie akzeptiert, in der f selbst wieder spezifiziert sein kann und prinzipiell keine Obergrenze für diese Art der rekursiven Selbsteinbettung gesetzt wird, ist die Menge der auf diese Weise erzeugbaren Kategorien abzählbar unendlich (vgl. [Shieber 1986]):

$$
\begin{bmatrix}
\ldots & \\
f & \begin{bmatrix} \ldots & \\ f & [\ldots] \\ \ldots & \end{bmatrix} \\
\ldots &
\end{bmatrix}
$$

Eine Möglichkeit, diese Probleme zu lösen, die es außerdem noch erlaubt, die Standard-Parsingalgorithmen unmodifiziert auch für die Analyse von unifikationsbasierten Syntaxen zu verwenden, besteht darin, zum Parsen nur den kontextfreien Kern dieser Syntaxen zu verwenden. Dieses Verfahren ist allerdings nur dann anwendbar, wenn sichergestellt ist, daß alle Merkmalsstrukturen Informationen darüber enthalten, welchen Typ von Kategorie sie repräsentieren. Wenn z.B. das Merkmal *cat* mit den Werten S, NP, $VP, \ldots, det$, n, $v, \ldots$ verwendet wird, um kategoriale Informationen zu kodieren, ist zu fordern, daß dieses Merkmal in jeder Merkmalsstruktur spezifiziert ist. Alle übrigen in den Merkmalsstrukturen spezifizierten Merkmale werden zunächst ignoriert und nach dem Parsen eines Satzes dazu verwendet, die Strukturbeschreibungen auszufiltern, die Merkmalsstrukturen mit inkompatiblen Informationen enthalten.

Der Nachteil dieses typischen „Generate-and-test"-Ansatzes besteht darin, daß eine u.U. nicht unerhebliche Übergenerierung in Kauf genommen wird, da beim Parsen nicht alle verfügbaren Informationen dazu verwendet werden, um zu einem möglichst frühen Zeitpunkt alle Analysen zu verwerfen, die nicht erfolgreich zu Ende geführt werden können. Anders formuliert: Dieses Verfahren ist weder elegant (sequentielle Ausführung koordinierbarer Aktionen) noch effizient (Übergenerierung). Auch für Formalismen wie die LFG, die ein derartiges zweistufiges Verfahren nahezulegen scheint, da sie jedem wohlgeformten Satz eine Konstituentenstruktur und eine Merkmalsstruktur (*funktionale Beschreibung*) zuordnet, sind effiziente Parser entwickelt worden, die beide Strukturen parallel berechnen (vgl. [Wedekind 1988]).

Beispiel (13-3)

G sei eine einfache Syntax, die u.a. die folgenden Regeln enthält:

Syntaktische Regeln:

$$\begin{bmatrix} \mathit{cat} & S \\ \mathit{head} & \boxed{1}\begin{bmatrix} \mathit{subject} & \boxed{2} \end{bmatrix} \end{bmatrix} \longrightarrow \begin{bmatrix} \mathit{cat} & NP \\ \mathit{head} & \boxed{2} \end{bmatrix} \begin{bmatrix} \mathit{cat} & VP \\ \mathit{head} & \boxed{1}\begin{bmatrix} \mathit{vform} & \mathit{finite} \end{bmatrix} \end{bmatrix}$$

NP-Regel: s. Beispiel (12-1)

Lexikalische Informationen:

$$\begin{bmatrix} \mathit{cat} & \mathit{det} \\ \mathit{head} & \begin{bmatrix} \mathit{agreement} & \begin{bmatrix} \mathit{num} & \mathit{sing} \\ \mathit{gen} & \mathit{fem} \end{bmatrix} \end{bmatrix} \end{bmatrix} \longrightarrow \mathit{die}_1$$

$$\begin{bmatrix} \mathit{cat} & \mathit{det} \\ \mathit{head} & \begin{bmatrix} \mathit{agreement} & \begin{bmatrix} \mathit{num} & \mathit{plu} \\ \mathit{kas} & \mathit{nom} \end{bmatrix} \end{bmatrix} \end{bmatrix} \longrightarrow \mathit{die}_2$$

$$\begin{bmatrix} \mathit{cat} & n \\ \mathit{head} & \begin{bmatrix} \mathit{agreement} & \begin{bmatrix} \mathit{gen} & \mathit{mas} \\ \mathit{kas} & \mathit{nom} \end{bmatrix} \end{bmatrix} \end{bmatrix} \longrightarrow \mathit{schüler}$$

$$\begin{bmatrix} cat & v \\ head & \begin{bmatrix} vform & finite \\ subject & \begin{bmatrix} agreement & \begin{bmatrix} num & plu \\ per & 3 \end{bmatrix} \end{bmatrix} \end{bmatrix} \end{bmatrix} \longrightarrow pfeifen_1$$

$$\begin{bmatrix} cat & v \\ head & \begin{bmatrix} vform & infinite \end{bmatrix} \end{bmatrix} \longrightarrow pfeifen_2$$

Wenn $\alpha =$ *Die Schüler pfeifen*, dann werden für α $2 * 1 * 2 = 4$ Strukturbeschreibungen generiert, von denen nur eine wohlgeformt ist:

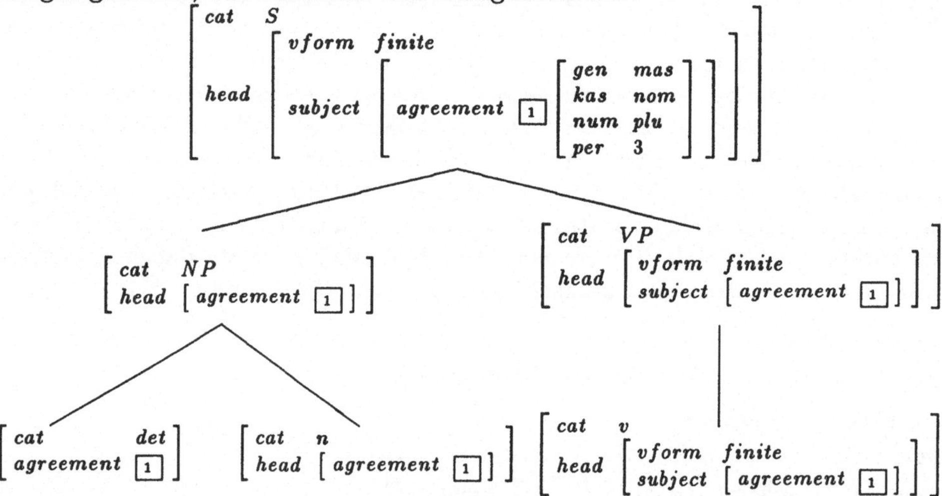

Die Strukturbeschreibungen, die auf dem die_1-Eintrag basieren, fordern verschiedene Werte für das *gen*-Merkmal der Nominalphrase; $pfeifen_2$ führt zu einem *vform*-Konflikt in der Verbalphrase.

Ein weiteres Problem bildet die Forderung, daß jede Merkmalsstruktur kategoriale Informationen enthalten soll. Die Mehrzahl der unifikationsbasierten Formalismen erlaubt die Verwendung stark unterspezifizierter Merkmalsstrukturen, die u.a. zur Beschreibung des Subkategorisierungsrahmens von Verben und zur Behandlung von diskontinuierlichen Konstituenten verwendet werden.

Beispiel (13-4)

(a) PATR-II

$VP_1 \rightarrow VP_2\ X$

$< VP_1\ head > = < VP_2\ head >$

$< VP_2\ subcat\ first > = < X >$

$< VP_2\ subcat\ rest > = < VP_1\ subcat >$ [Shieber 1986, S.33]

Das *Subcat*-Merkmal, durch das der Subkategorisierungsrahmen von Ausdrücken spezifiziert wird, hat die folgende Struktur:

$$subcat \begin{bmatrix} first & Komplement_n \\ rest & \begin{bmatrix} first & Komplement_{n-1} \\ rest & \begin{bmatrix} \ldots & \begin{bmatrix} first & Komplement_1 \\ rest & end \end{bmatrix} \end{bmatrix} \end{bmatrix} \end{bmatrix}$$

Die Indizes dienen dazu, die verschiedenen Vorkommen des VP-Symbols zu unterscheiden; X ist eine Variable. Die Regel legt fest, daß eine Verbalphrase (VP_1) aus einer anderen Verbalphrase (VP_2) und der Kategorie (X) bestehen kann, die an erster Position des Subkategorisierungsrahmens von VP_2 verzeichnet ist (*subcat first*), und der Subkategorisierungsrahmen von VP_2 aus den übrigen Kategorien besteht (*subcat rest*).

(b) GPSG

$S \rightarrow X^2,\ H/X^2$

$VP[+it] \rightarrow H[44],\ X^2,\ S[FIN]/X^2$ [Gazdar et al. 1985, S.248]

Beide Regeln sind motiviert durch (englische) Sätze, in denen die Objekt-NP topikalisiert wird. Sie führen sogenannte *SLASH*-Kategorien ein (H/X^2 bzw. $S[FIN]/X^2$), die dazu verwendet werden, Konstituenten zu repräsentieren, in denen eine Subkonstituente fehlt. „H" bezeichnet die *head*-Kategorie der Konstituente und „H[44]" die lexikalische Kategorie, die das Verb *be* enthält. „X^2" steht für eine beliebige phrasale Kategorie, d.h. eine Kategorie mit dem *bar-level* 2, wie z.B. VP, NP, AP, PP und in der GPSG auch S. Die Analysen basieren in beiden Fällen auf der Annahme, daß die Objekt-NP von ihrer Position am Satzende vor die Subjekt-NP 'bewegt' wird und diese Bewegung eine *Spur* (e) zurückläßt, wobei in der GPSG allerdings auf Bewegungstransformationen (wie *Move-α* im GB-Modell) verzichtet wird.

[Gazdar et al. 1985, S.145]

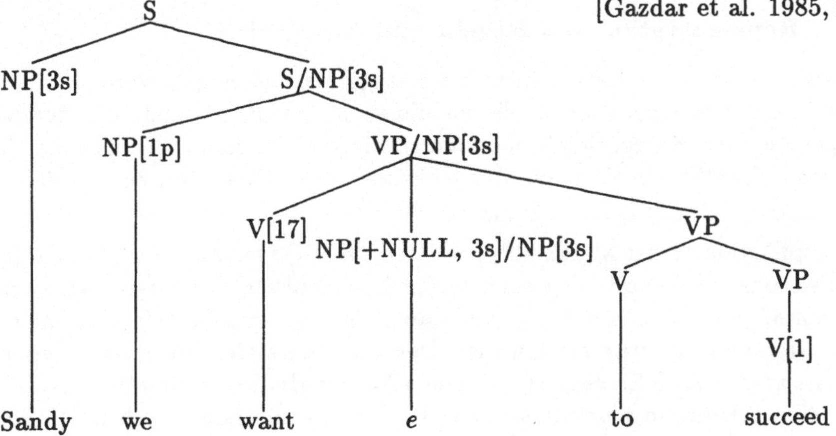

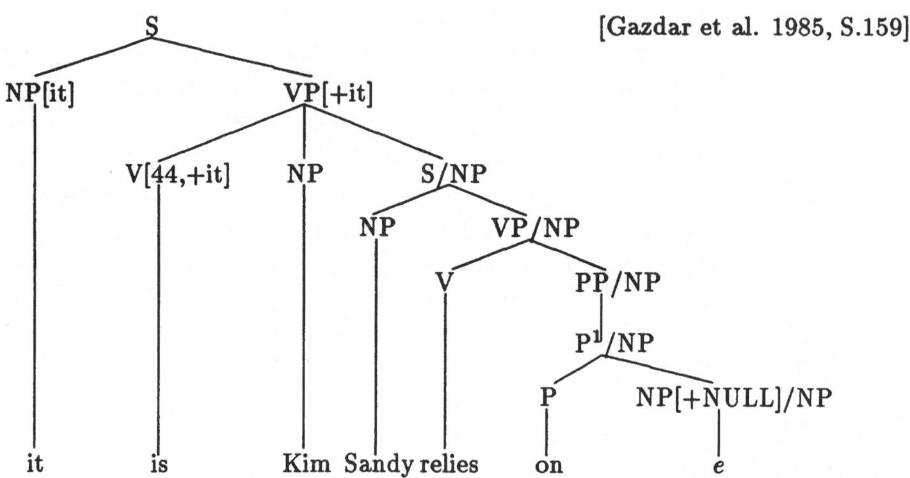

Die Verwendung von Merkmalsstrukturen dieses Typs läßt die Reduzierung einer unifikationsbasierten Syntax auf ihren kontextfreien Kern zu einem nicht-trivialen Problem werden.

13.2 Direktes Parsen

Verzichtet man darauf, eine unifikationsbasierte Syntax in eine kontextfreie Syntax zu expandieren bzw. sie auf ihren kontextfreien Kern zu reduzieren, ist es erforderlich, den Parser so zu modifizieren, daß er die durch Merkmalsstrukturen repräsentierten (komplexen) Symbole korrekt verarbeiten kann. Wir beschreiben zunächst die von uns verwendete Repräsentation für Kategorien und Regeln und gehen dann auf die notwendigen Änderungen des Earley-Algorithmus ein.

13.2.1 Repräsentation von Regeln und Kategorien

Die Wahl einer Repräsentationsform für Kategorien und Regeln wird entscheidend beeinflußt von den Operationen, die auf ihnen zu definieren sind. Die fundamentale Operation auf Kategorien in merkmalsbasierten Grammatikformalismen ist die Unifikation. Es gibt verschiedene Möglichkeiten, diese Operation zu realisieren:

1. *Unifikation als generativer Prozeß*
   Die Unifikation zweier Merkmalsstrukturen M_1, M_2, kann als Verfahren aufgefaßt werden, das zur Generierung einer neuen Merkmalsstruktur M_3 führt: sukzessiv werden M_1 und M_2 abgearbeitet und dabei alle notwendigen Informationen in die neue Merkmalsstruktur M_3 kopiert. Der Nachteil dieses Vorgehens liegt darin, daß die schrittweise Erzeugung der neuen Merkmalsstruktur relativ aufwendig ist und dieser Aufwand besonders dann als unverhältnismäßig erscheint, wenn sich M_1 und M_2 nur geringfügig unterscheiden.

2. *Destruktive Unifikation*
Statt eine neue Merkmalsstruktur zu erzeugen, kann eine der beiden Merkmalsstrukturen so modifiziert werden, daß sie das Ergebnis der Unifikation beider Merkmalsstrukturen repräsentiert; d.h. $M_1 \sqcup M_2 = M_1'$ bzw. $M_1 \sqcup M_2 = M_2'$. Destruktive Realisierungen von Unifikationsalgorithmen sind in der Regel deutlich effizienter als nicht-destruktive Varianten. Allerdings sind destruktive Operationen auf Datenstrukturen grundsätzlich problematisch, da sie leicht nicht-intendierte Seiteneffekte mit ungeahnten Konsequenzen verursachen können, und außerdem geht eine der urspünglichen Merkmalsstrukturen verloren.

Eine Lösung, die häufig gewählt wird und die auch wir im folgenden verwenden werden, besteht darin, eine *Kopie* von M_1 bzw. M_2 so zu erweitern, daß sie *implizit* das Ergebnis der Unifikation von M_1 und M_2 repräsentiert[2]. Wir repräsentieren eine Merkmalsstruktur M_i als ein geordnetes Paar <*Pfadmenge, Bindungsmenge*>, mit *Pfadmenge* als die Menge aller Pfade von M_i und *Bindungsmenge* als die Menge aller Bindungen der Variablen, die in *Pfadmenge* vorkommen. Wir verwenden folgende Syntax:

Merkmalsstruktur := $< Pfadmenge, Bindungsmenge >$
Pfadmenge := $\{Pfad_1, \ldots, Pfad_n\}$
Bindungsmenge := $\{Bindung_1, \ldots, Bindung_m\}$
Pfad := $<$ *Attribut*, $Wert >$
Attribut := Symbol
Wert := Symbol|Variable|$Pfadmenge$
Bindung := <Variable, $Wert >$

Ausgehend von dieser Repräsentation liegt es nahe, eine Regel r der Form $X \rightarrow Y_1 \ldots Y_p$ $(p \geq 1)$ einfach als eine Folge von Kategorien, d.h. geordneten Paaren der gerade spezifizierten Form, darzustellen:

$$<< PM_X, BM_X >, < PM_{Y_1}, BM_{Y_1} >, \ldots, < PM_{Y_p}, BM_{Y_p} >>$$

Da aber in Regeln Variablen häufig verwendet werden um festzulegen, daß bestimmte Merkmale in verschiedenen Kategorien denselben Wert aufweisen müssen, wählen wir für Regeln folgendes Repräsentationsformat:

$$<< PM_X, PM_{Y_1}, \ldots, PM_{Y_p} >, BM_r >^3$$

---

[2]Eine andere, interessante Variante wird in [Gazdar/Mellish 1989] vorgestellt: Ihr Unifikationsalgorithmus liefert als Resultat eine *Substitution*, d.h. eine Menge von $<$ $Variable, Wert >$ Paaren, durch die sowohl M_1 und M_2 in eine Merkmalsstruktur überführt werden können, die die Unifikation beider Strukturen repräsentiert.

[3]In den folgenden Beispielen verwenden wir allerdings weiterhin die üblichen Attribut-Wert-Matrizen.

Beispiel (13-5)
Die folgenden drei Beispiele zeigen, wie sich die Repräsentation von Kategorien bzw. Regeln in unserer Notation von der Attribut-Wert-Matrizen-Notation unterscheidet:

(a) die leere Kategorie:

[ ]

(() ())

(b) eine Nominalphrase mit den Merkmalen Kasus = Nominativ und Person = 3:

$$\begin{bmatrix} cat & NP \\ head & \begin{bmatrix} per & 3 \\ kas & nom \end{bmatrix} \end{bmatrix}$$

(((cat NP) (head ((per 3) (kas nom)))) ())

(c) eine Regel S → NP VP:

$$\begin{bmatrix} cat & S \\ head & \boxed{1}\begin{bmatrix} agr & \boxed{2} \end{bmatrix} \end{bmatrix} \rightarrow \begin{bmatrix} cat & NP \\ head & \boxed{2} \end{bmatrix} \begin{bmatrix} cat & VP \\ head & \boxed{1}\begin{bmatrix} agr & \boxed{2} \end{bmatrix} \end{bmatrix}$$

((((cat S) (head _X1)) ((cat NP) (head _X2)) ((cat VP) (head _X1)))
((_X1 ((agr _X2)))))

Die Werte der *head*-Merkmale von S und VP müssen übereinstimmen und ebenso der Wert des *agr(eement)*-Merkmals von VP (und S) und der des *head*-Merkmals von NP (NP-VP-Kongruenz).

13.2.2 Parsen mit merkmalsbasierten Syntaxen

Es sind nur relativ geringe Änderungen erforderlich, um den Earley-Algorithmus zur Verarbeitung von Syntaxen mit komplexen Kategoriensymbolen verwenden zu können[4]:

Kanten. In den Kanten müssen neben den üblichen Angaben auch Informationen über die Variablenbindungen, die innerhalb der in ihnen vorkommenden Kategorien (DAGs) bestehen, gespeichert werden; d.h., die Kanten haben das folgende Format:

[*start*, *ende*, *kopf*, *geschlossen*, *offen*, **variablen**]

Berechnung der Chart. Die zur Berechnung der Chart notwendigen Operationen EXPAND, COMPLETE und SHIFT müssen an diese veränderte Kantenstruktur angepaßt werden. Außerdem ist in ihnen jede Bedingung, in der die Identität zweier Kategorien K_1, K_2 gefordert wird ($K_1 = K_2$), zu ersetzen durch die Bedingung, daß beide Kategorien unifizieren ($K_1 \sqcup K_2$). Wir erhalten so:

[4]Wir legen die Version des Earley-Algorithmus zugrunde, bei der die Chart durch *Vorwärtsverkettung* berechnet wird; vgl. RECOGNIZE-EARLEY-2, Kapitel 7.2.1.

PROZEDUR EXPAND$_{DAG}$

DATEN: Eine kontextfreie Syntax $G = <V_N, V_T, S, R>$ und eine Chart C.
EINGABE: Eine Kante k = [i, j, A, α, Bβ, θ].

METHODE:
Für alle B' $\rightarrow \tau \in$ R:
Wenn $< B \sqcup B' >$
Dann <*CLOSURE*([j, j, B*, nil, τ, θ'][5])>

PROZEDUR COMPLETE$_{DAG}$

DATEN: Eine Chart C.
EINGABE: Eine Kante k = [j, l, B, τ, nil, θ_1].

METHODE:
Für alle [i, j, A, α, B'β, θ_2] $\in$ C, mit $0 \leq i \leq j \leq l \leq n$:
Wenn $< B \sqcup B' >$
Dann <*CLOSURE*([i, l, A, αB*, β , $\theta_1 \sqcup \theta_2$])>

PROZEDUR SHIFT$_{DAG}$

DATEN: Ein Lexikon L.
EINGABE: Ein Symbol des zu analysierenden Satzes w_j, mit $1 \leq j \leq n$.

METHODE:
Für alle lexikalischen Kategorien B, mit $w_j \in$ B:
<*CLOSURE*([j-1, j, B, w_j, nil, θ])>

Die weitreichendsten Änderungen sind bei der Prozedur CLOSURE erforderlich, die die eigentliche Hüllenbildung realisiert; denn die Verwendung von Merkmalsstrukturen anstelle einfacher Kategoriensymbole führt zu zwei Problemen:

1. Die Frage, ob eine Kante neue Informationen repräsentiert, die noch nicht in der Chart enthalten sind, läßt sich nicht mehr so einfach beantworten wie bisher.

2. Verschiedene Kanten dürfen nicht Variablen enthalten, deren Namen identisch ist. Anderenfalls ist es möglich, daß die Unifikation von Kategorien zweier Kanten (z.B. beim Kombinieren dieser Kanten) zu fehlerhaften Ergebnissen führt.

[5] B* ist die Kategorie, die aus der Unifikation von B und B' resultiert; θ' die durch die Unifikation beider Kategorien möglicherweise modifizierte Menge von Variablenbindungen. „nil" bezeichnet eine leere Folge von Kategorien.

Für das zweite Problem gibt es eine naheliegende, wenn auch nicht besonders effiziente Lösung: Um sicherzustellen, daß verschiedene Kanten keine gemeinsamen Variablen enthalten, werden Kanten nicht direkt in die Chart eingetragen, sondern erst nachdem die in ihnen vorkommenden Variablen durch neue Variablen ersetzt wurden (Prozedur KOPIERE-KANTE s.u.).

Beispiel (13-6)
G sei eine merkmalsbasierte Syntax, die u.a. die folgenden Regeln enthält:

$$\begin{bmatrix} cat & S \\ head & \boxed{1} \end{bmatrix} \rightarrow \begin{bmatrix} cat & NP \\ head & \boxed{2} \end{bmatrix} \begin{bmatrix} cat & VP \\ head & \boxed{1} \begin{bmatrix} agr & \boxed{2} \end{bmatrix} \end{bmatrix}$$

$$\begin{bmatrix} cat & VP \\ head & \boxed{3} \end{bmatrix} \rightarrow \begin{bmatrix} cat & v \\ head & \boxed{3} \end{bmatrix} \begin{bmatrix} cat & NP \end{bmatrix}$$

$$\begin{bmatrix} cat & NP \\ head & \boxed{4} \end{bmatrix} \rightarrow \begin{bmatrix} cat & n \\ head & \boxed{4} \end{bmatrix}$$

$$\begin{bmatrix} cat & NP \\ head & \boxed{5} \end{bmatrix} \rightarrow \begin{bmatrix} cat & det \end{bmatrix} \begin{bmatrix} cat & n \\ head & \boxed{5} \end{bmatrix}$$

(a) Wird die Chart mit der Kante

$$[0, 0, \begin{bmatrix} cat & S \\ head & \boxed{14} \end{bmatrix}, \text{nil}, \left\langle \begin{bmatrix} cat & NP \\ head & \boxed{15} \end{bmatrix} \begin{bmatrix} cat & VP \\ head & \boxed{14} \end{bmatrix} \right\rangle,$$
$$\left\{ \begin{bmatrix} \boxed{14} & \begin{bmatrix} agr & \boxed{15} \end{bmatrix} \end{bmatrix} \right\}]$$

initialisiert, erzeugt EXPAND$_{DAG}$ die Kanten:

$$[0, 0, \begin{bmatrix} cat & NP \\ head & \boxed{16} \end{bmatrix}, \text{nil}, \left\langle \begin{bmatrix} cat & n \\ head & \boxed{16} \end{bmatrix} \right\rangle, \{\ \}] \text{ und}$$

$$[0, 0, \begin{bmatrix} cat & NP \\ head & \boxed{17} \end{bmatrix}, \text{nil}, \left\langle \begin{bmatrix} cat & det \end{bmatrix}, \begin{bmatrix} cat & n \\ head & \boxed{17} \end{bmatrix} \right\rangle, \{\ \}]$$

(b) Wenn die Chart die Kanten

$$[2, 2, \begin{bmatrix} cat & VP \\ head & \boxed{22} \end{bmatrix}, \text{nil}, \left\langle \begin{bmatrix} cat & v \\ head & \boxed{22} \end{bmatrix}, \begin{bmatrix} cat & NP \end{bmatrix} \right\rangle, \{\ \}] \text{ und}$$

$$[2, 3, \begin{bmatrix} cat & v \\ head & \begin{bmatrix} per & 3 \\ tmp & präs \\ num & sg \end{bmatrix} \end{bmatrix}, \text{schläft, nil}, \{\ \}]$$

enthält, dann erzeugt COMPLETE$_{DAG}$ die Kante:

$$[2, 3, \begin{bmatrix} cat & VP \\ head & \boxed{23} \end{bmatrix}, \begin{bmatrix} cat & v \\ head & \boxed{23} \end{bmatrix}, \left\langle \begin{bmatrix} cat & NP \end{bmatrix} \right\rangle, \text{nil},$$

$$\left\{\left[\boxed{23}\ \begin{bmatrix} per & 3 \\ tmp & präs \\ num & sg \end{bmatrix}\right]\right\}]$$

Das zur Lösung des ersten Problems übliche Verfahren besteht darin zu fordern, daß eine Kante k nur dann in die Chart eingetragen wird, wenn es keine Kante k' ∈ Chart gibt, die k *subsumiert.*

Definition (13-1) *Kantensubsumtion*
Eine Kante k' subsumiert eine Kante k (k' $\preceq$ k) gdw. gilt:

(i). *start*(k') = *start*(k)
(ii). *ende*(k') = *ende*(k)
(iii). *kopf*(k') = *kopf*(k)
(iv). *offen*(k') = $x_1' \ldots x_n'$, *offen*(k) = $x_1 \ldots x_n$ ($0 \leq n$) und für alle x_i, $x_{i'}$ ($1 \leq i \leq n$) gilt: $x_i' \preceq x_i$
(v). *geschlossen*(k') = $x_1' \ldots x_m'$, *geschlossen*(k) = $x_1 \ldots x_m$ ($0 \leq m$) und für alle x_j, $x_{j'}$ ($1 \leq j \leq m$) gilt: $x_j' \preceq x_j$

Durch die Forderung, daß es keine Kante geben darf, die die einzutragende Kante subsumiert, wird ausgeschlossen, daß Kanten eingetragen werden, die sich nur dadurch von bereits eingetragenen Kanten unterscheiden, daß sie zusätzliche Informationen bzw. Merkmalsspezifikationen enthalten.

Beispiel (13-7)
Betrachten wir die folgende, sehr einfache Syntax[6]:

$$\begin{bmatrix} cat & S \end{bmatrix} \rightarrow \begin{bmatrix} cat & X \\ f & \boxed{1} \end{bmatrix}$$

$$\begin{bmatrix} cat & X \\ f & \boxed{2} \end{bmatrix} \rightarrow \begin{bmatrix} cat & X \\ f & \begin{bmatrix} f & \boxed{2} \end{bmatrix} \end{bmatrix} \begin{bmatrix} cat & Y \end{bmatrix}$$

$$\begin{bmatrix} cat & X \end{bmatrix} \rightarrow \begin{bmatrix} cat & Y \end{bmatrix}$$

Die Regel S → X führt zu Generierung der Kante

$$k_1 = [0, 0, \begin{bmatrix} cat & S \end{bmatrix}, \text{nil}, \left\langle \begin{bmatrix} cat & X \\ f & \boxed{11} \end{bmatrix} \right\rangle, \{\ \}].$$

Im nächsten Schritt generiert EXPAND$_{DAG}$ die Kante

$$k_2 = [0, 0, \begin{bmatrix} cat & X \\ f & \boxed{12} \end{bmatrix}, \text{nil}, \left\langle \begin{bmatrix} cat & X \\ f & \begin{bmatrix} f & \boxed{12} \end{bmatrix} \end{bmatrix}, \begin{bmatrix} cat & Y \end{bmatrix} \right\rangle, \{\ \}].$$

[6] Frei nach [Shieber 1985b]

die auch in die Chart eingetragen wird. Sie aktiviert erneut EXPAND$_{DAG}$:

$$k_3 = [0, 0, \begin{bmatrix} cat & X \\ f & \boxed{13} \end{bmatrix}, ((\text{cat X}) (\text{f} ((\text{f \_X4})))), \text{nil},$$

$$\left\langle \begin{bmatrix} cat & X \\ f & \begin{bmatrix} f & \boxed{13} \end{bmatrix} \end{bmatrix}, \begin{bmatrix} cat & Y \end{bmatrix} \right\rangle, \left\{ \begin{bmatrix} \boxed{13} & \begin{bmatrix} f & \boxed{14} \end{bmatrix} \end{bmatrix} \right\}].$$

Da $k_2 \preceq k_3$, wird k_3 nicht in die Chart eingetragen. Ohne die Subsumtions-Bedingung dagegen würde EXPAND$_{DAG}$ eine infinite Folge von Kanten generieren und die Berechnung der Chart nicht terminieren.

PROZEDUR CLOSURE$_{DAG}$

DATEN: Eine kontextfreie Syntax G, ein Lexikon L und eine Chart C.
EINGABE: Eine aktive/passive Kante k = [i, j, A, α, β, θ].

SEITENEFFEKT: Berechnung der Chart C.

METHODE:

Wenn <k wird von keiner Kante k' $\in$ C subsumiert>
Dann <K $\Leftarrow$ <u>*KOPIERE-KANTE*</u>(k)>
<Trage K in C ein>
Wenn <K ist eine *passive* Kante>
Dann <<u>*COMPLETE$_{DAG}$*</u>(K)>
Sonst <<u>*EXPAND$_{DAG}$*</u>(K)>

Leider stellt die Subsumtionsbedingung nicht sicher, daß die Berechnung der Chart in jedem Fall terminiert.

Beispiel (13-8)
Wenn wir in der Syntax des letzten Beispiel die erste Regel ersetzen durch:

$$\begin{bmatrix} cat & S \end{bmatrix} \rightarrow \begin{bmatrix} cat & X \\ f & \mathbf{a} \end{bmatrix},$$ dann terminiert die Berechnung der Chart nicht:

Die Regel S $\rightarrow$ X führt zu Generierung der Kante

$$k_{1'} = [0, 0, \begin{bmatrix} cat & S \end{bmatrix}, \text{nil}, \left\langle \begin{bmatrix} cat & X \\ f & a \end{bmatrix} \right\rangle, \{\ \}].$$

Im nächsten Schritt generiert EXPAND$_{DAG}$ die Kante

$$k_{2'} = [0, 0, \begin{bmatrix} cat & X \\ f & \boxed{12} \end{bmatrix}, \text{nil}, \left\langle \begin{bmatrix} cat & X \\ f & \begin{bmatrix} f & \boxed{12} \end{bmatrix} \end{bmatrix}, \begin{bmatrix} cat & Y \end{bmatrix} \right\rangle, \left\{ \begin{bmatrix} \boxed{12} & a \end{bmatrix} \right\}],$$

die auch in die Chart eingetragen wird. Diese Kante aktiviert erneut EXPAND$_{DAG}$:

$$k_{3'} = [0, 0, \begin{bmatrix} cat & X \\ f & \boxed{13} \end{bmatrix}, ((\text{cat X}) (\text{f} ((\text{f \_X4})))), \text{nil},$$

$$\left\langle \begin{bmatrix} cat & X \\ f & \begin{bmatrix} f & \boxed{13} \end{bmatrix} \end{bmatrix}, \begin{bmatrix} cat & Y \end{bmatrix} \right\rangle, \{ \begin{bmatrix} \boxed{13} & \begin{bmatrix} f & a \end{bmatrix} \end{bmatrix} \}].$$

Da a $\not\preceq$ (f a) gilt auch: $k_{2'} \not\preceq k_{3'}$; d.h. k_3 wird in die Chart eingetragen und der Berechnungsprozeß *ad infinitum* fortgesetzt.

Um die Terminierung des Berechnungsprozeßes in jedem Fall zu garantieren, wurde in [Shieber 1985b] vorgeschlagen, in Merkmalsstrukturen endliche Teilbereiche auszuzeichnen und nur diese Teilbereiche bei der Berechnung der Chart zu berücksichtigen. Endliche Teilbereiche werden durch die Formulierung von *Restriktoren* festgelegt. Ein Restriktor Φ kann als eine endliche Menge von Pfaden aufgefaßt werden.

Definition (13-2) *Beschränkte Merkmalsstruktur*

Die Beschränkung einer Merkmalsstruktur M auf einen Restriktor Φ ($M \uparrow \Phi$) ist die Merkmalsstruktur M' für die gilt:

1. $M' \preceq M$;
2. für jeden Pfad p gilt entweder
   (a) M'(p) ist undefiniert;
   (b) M'(p) ist atomar oder
   (c) jedes Merkmal m $\in$ *dom*(M'(p)) ist durch Φ legitimiert
   (d) es gibt keine andere Merkmalsstruktur, die Bedingung (1)-(2) erfüllt und von M' subsumiert wird.

Beispiel (13-9)

Wenn Φ durch die Pfadmenge {<a b>, <d e f>, <d i j f>} festgelegt ist (vgl. [Shieber 1985b, S.147f.]) und

$$D = \begin{bmatrix} a & \begin{bmatrix} b & c \end{bmatrix} \\ d & \begin{bmatrix} e & \boxed{1}\begin{bmatrix} f & \begin{bmatrix} g & h \end{bmatrix} \end{bmatrix} \\ i & \begin{bmatrix} j & \boxed{1} \end{bmatrix} \\ k & l \end{bmatrix} \end{bmatrix}$$

dann ist

$$D \uparrow \Phi = \begin{bmatrix} a & \begin{bmatrix} b & c \end{bmatrix} \\ d & \begin{bmatrix} e & \boxed{1}\begin{bmatrix} f & [\,] \end{bmatrix} \\ i & \begin{bmatrix} j & \boxed{1} \end{bmatrix} \end{bmatrix} \end{bmatrix}$$

Wie wir in den vorangegangenen Beispielen gesehen haben, bildet die Generierung der zyklischen Kanten den problematischen Fall; d.h., die Verwendung von Restriktoren ist nur innerhalb der Prozedur $\text{EXPAND}_{\text{DAG}}$ erforderlich:

PROZEDUR EXPAND$_{DAG}$'

DATEN: Eine kontextfreie Syntax G = <V_N, V_T, S, R> und eine Chart C.
EINGABE: Eine aktive Kante k = [i, j, A, α, Bβ, θ].

METHODE:
Für alle B' → τ ∈ R:
Wenn < B ⊔ B'>
Dann <*CLOSURE*([j, j, B' ⊔ B↑ Φ, nil, τ, θ'])>

Die Wahl eines geeigneten Restriktors hängt grundsätzlich von der verwendeten Syntax ab; d.h., es wird in diesem Fall grammatikspezifisches Wissen benötigt, um den Parser zu steuern.

13.3 Implementierung

Wir beschränken uns darauf, an dieser Stelle nur die Funktionen für den Recognizer anzugeben. Aus Platzgründen haben wir darauf verzichtet, eine vollständige Implementierung der Subsumtionsrelation und eines nicht-destruktiven Algorithmus zur DAG-Unifikation anzugeben. Diese Programme können wie die übrigen in dem Buch abgedruckten Programme über uns bezogen werden (s. Vorwort).

Selektoren und Prädikate

Die Selektoren START, ENDE, KOPF, GESCHLOSSEN und OFFEN können aus Kapitel 7.5.2. übernommen werden. Wegen der geänderten Kanten- und Regelstruktur benötigen wir folgende zusätzliche Selektoren:

```
(defun variablen (kante)
  (fifth kante))

(defun linke-seite (regel)
  (caar regel))

(defmacro rechte-seite (regel)
  (cdar regel))
```

```
;;; AKTIVE-KANTE-P
;;; Das Prädikat testet, ob KANTE eine aktive Kante ist.

(defun aktive-kante-p (kante)
  (offen kante))
```

```
;;; PASSIVE-KANTE-P
;;; Das Prädikat testet, ob KANTE eine passive Kante ist.

(defun passive-kante-p (kante)
  (not (offen kante)))


;;; MATCHING-KANTEN-P
;;; Das Prädikat testet, ob KANTE1 mit KANTE2 zu einer neuen Kante verbunden
;;; werden kann.

(defun matching-kanten-p (kante1 kante2)
  (and (aktive-kante-p kante1)
       (eql (ende kante1) (start kante2))
       (unify (list (first (offen kante1)) (variablen kante1))
              (list (kopf kante2) (variablen kante2)))))


;;; NEUE-KANTE-P
;;; Das Prädikat testet, ob KANTE von einer anderen in der Chart enthaltenen Kante
;;; subsumiert wird oder nicht.

(defun neue-kante-p (kante chart)
  (flet ((aehnliche-kante (x kante)
           (and (= (start x) (start kante))
                (= (ende x) (ende kante))
                (= (length (offen x)) (length (offen kante)))
                (= (length (geschlossen x)) (length (geschlossen kante))))))
    (dolist (k chart t)
      (if (and (aehnliche-kante k kante)
               (regel-subsumtion (cons (kopf k) (append (offen k) (geschlossen k)))
                                 (variablen k)
                                 (cons (kopf kante) (append (offen kante) (geschlossen kante)
                                 (variablen kante)))
          (return nil)))))


;;; REGEL-SUBSUMTION
;;; Die Funktion testet, ob jede Kategorie in REGEL1 von der mit ihr korrespondie-
;;; renden Kategorie in Kategorie2 subsumiert wird.

(defun regel-subsumtion (regel1 bindung1 regel2 bindung2)
  (every #'(lambda (x y) (subsumes1 x bindung1 y bindung2))
         regel1
         regel2))
```

Kantenkonstruktor

```
;;; BILDE-KANTE
;;; Diese Funktion bildet aus den beiden Kanten KANTE1 und KANTE2 eine neue
;;; Kante: KANTE1 wird durch KANTE2 ergänzt.
(defun bilde-kante (kante1 kante2 unifikator)
  (list (list (start kante1)
              (ende kante2))
        (kopf kante1)
        (append (geschlossen kante1) (list (first unifikator)))
        (rest (offen kante1))
        (second unifikator)))
```

Hauptfunktionen

```
;;; DAG-RECOGNIZE
;;; Earley-basierter Recognizer für merkmalsbasierte kontextfreie Syntaxen.
(defun dag-recognize (satz &key (symbol (list (startsymbol) nil)))
  (dolist (kante (generiere-chart satz symbol) (format t "~%Kein Parse gefunden !"))
    (when (and (passive-kante-p kante)
               (eq (start kante) 0)
               (eq (ende kante) (length satz))
               (unify (list (kopf kante) (variablen kante)) symbol))
      (pprint kante)
      (pprint-dag (cons (kopf kante) (geschlossen kante)) (variablen kante))
      (return))))

;;; GENERIERE-CHART
;;; Hauptfunktion zum Aufbau der Chart.
(defun generiere-chart (satz symbol &optional chart)
  (declare (special chart))
  (initialisiere-chart symbol)
  (dotimes (i (length satz) (progn (pprint chart) chart))
    (dolist (kante (lexikalische-kanten i (nth i satz)))
      (closure kante))))


;;; INITIALISIERE-CHART
;;; Diese Funktion generiert die Kanten für das Feld Chart(0, 0).
(defun initialisiere-chart (symbol)
  (dolist (regel (regeln))
    (when (unify (list (linke-seite regel) (second regel)) symbol)
      (closure `((0 0) ,(linke-seite regel) nil ,(rechte-seite regel) ,(second regel))))))
```

```
;;; LEXIKALISCHE-KANTEN
;;; Die Funktion generiert für ein Wort alle möglichen lexikalischen Kanten, d.h.
;;; jeweils eine pro zugeordneter lexikalischer Kategorie.
(defun lexikalische-kanten (start wort)
  (mapcar #'(lambda (x)
               (list (list start (+ start 1)) (first x) (list (list (list 'phon wort)))
                     nil (second x)))
          (eintrag-kategorien wort)))

;;; CLOSURE
;;; Diese Funktion sorgt für den Aufbau der Chart. Sie nimmt eine Kante als Argu-
;;; ment. Wenn sie noch nicht in der Chart enthalten ist, wird sie eingetragen. Ist
;;; sie aktiv, wird EXPAND aufgerufen, sonst COMPLETE.
(defun closure (kante)
  (declare (special chart))
  (when (neue-kante-p kante chart)
    (let ((neue-kante (kopiere-kante kante)))
      (push neue-kante chart)
      (if (aktive-kante-p neue-kante)
        (expand neue-kante)
        (complete neue-kante)))))

;;; KOPIERE-KANTE
;;; Diese Funktion erzeugt eine Kopie von KANTE, in der alle Vorkommen von Va-
;;; riablen in KANTE durch neue Variablen ersetzt wurden.
(defun kopiere-kante (kante)
  (let ((regel (kopiere-regel
                 (cons (kopf kante) (append (geschlossen kante) (offen kante)))
                 (variablen kante))))
    (list (first kante) (caar regel)
          (butlast (rest (first regel)) (length (offen kante)))
          (nthcdr (length (geschlossen kante)) (rest (first regel)))
          (second regel))))

;;; EXPAND
;;; EXPAND nimmt eine aktive Kante als Argument und generiert für jede Regel
;;; der Syntax, mit der das nächste Symbol der aktiven Seite der Kanten expandiert
;;; werden kann, eine neue Kante.
(defun expand (kante)
  (dolist (x (kompatible-regeln (list (first (offen kante)) (variablen kante))))
    (closure (list (list (ende kante) (ende kante)) (linke-seite x) nil
                   (rechte-seite x) (second x)))))
```

```
;;; KOMPATIBLE-REGELN
;;; SYMBOL ist eine nicht-terminale Kategorie der Syntax. Als Wert wird die Liste
;;; aller Regeln geliefert, deren linke Seite mit SYMBOL unifiziert.
(defun kompatible-regeln (symbol)
  (let ((resultat nil) (unifikator nil))
    (dolist (x (regeln) resultat)
      (setq unifikator (unify (list (linke-seite x) (second x)) symbol))
      (when unifikator
        (push (list (cons (first unifikator) (rechte-seite x)) (second unifikator))
          resultat)))))

;;; COMPLETE
;;; Die Funktion nimmt als Argument eine passive Kante und trägt in die Chart
;;; diejenigen Kanten ein, die sich durch Verbindung dieser Kante mit einer aktiven
;;; Kante der Chart bilden lassen.
(defun complete (c-kante)
  (declare (special chart))
  (let ((match nil))
    (dolist (kante chart)
      (setq match (matching-kanten-p kante c-kante))
      (when match (closure (bilde-kante kante c-kante match))))))
```

Aufgaben

13.1 Erweitern Sie den in diesem Kapitel vorgestellten Recognizer für merkmalsbasierte Syntaxen zu einem Parser, und implementieren Sie ihn in Lisp/Prolog.

13.2 Erweitern Sie den Parser aus diesem Kapitel zu einem Parser für ID/LP-Syntaxen mit komplexen Symbolen. Welche Probleme können beim Parsen mit Syntaxen dieses Typs auftreten?

13.3 Schreiben Sie eine Syntax für die Sprachen:

(a) $a^n\ b^m\ c^n\ d^m$ (n, m $\geq$ 1) und

(b) $a^n\ b^n\ c^n$ (n $\geq$ 1).

13.4 Implementieren Sie eine Variante des Algorithmus, die die Verwendung von *Restriktoren* erlaubt.

A Grundbegriffe der Syntaxtheorie

Definition (A-1) *Vokabular*
Ein Vokabular V ist eine endliche, nicht-leere Menge von Symbolen.

Durch Verkettung von Zeichen aus V entstehen Ketten oder Worte über V. V^* ist die (nicht-endliche) Menge aller Worte über V. Das leere Wort wird mit „e“ bezeichnet. “$| \alpha |$“ bezeichnet die Länge des Wortes α. Es gilt: $|e| = 0$.

Definition (A-2) *Kontextfreie Syntax*
Eine kontextfreie Syntax G = <V_N, V_T, S, R> besteht aus:

1. dem nicht-terminalen Vokabular V_N;
2. dem terminalen Vokabular V_T;
3. einer endlichen, nicht-leeren Menge von Regeln R der Form:
   $X \rightarrow \alpha$, mit $X \in V_N$ und $\alpha \in (V_N \cup V_T)^*$ und
4. dem Startsymbol $S \in V_N$.

$V = V_N \cup V_T$ ist das Gesamtvokabular von G. V_N und V_T sind disjunkt.

Definition (A-3) *Ableitbarkeit*
Wenn G = <V_N, V_T, S, R> eine kontextfreie Syntax ist, dann gilt für zwei beliebige $\alpha, \beta \in V^*$:

1. β ist aus α *direkt ableitbar* ($\alpha \Rightarrow \beta$) gdw. $\alpha = \alpha_1 X \alpha_2$, $\beta = \alpha_1 \delta \alpha_2$ und $X \rightarrow \delta \in R$;
2. β ist aus α *ableitbar* ($\alpha \stackrel{*}{\Rightarrow} \beta$) gdw. es eine Folge $A = \alpha_1, \alpha_2, \ldots, \alpha_n$ ($n \geq 1$) von Worten über V gibt, mit $\alpha = \alpha_1$, $\beta = \alpha_n$ und $\alpha_i \Rightarrow \alpha_{i+1}$, für alle α_i ($1 \leq i \leq n-1$)[1]. A wird als *Ableitung von β aus α* bezeichnet.

[1]Anders formuliert: "$\stackrel{*}{\Rightarrow}$" bezeichnet den reflexiven und transitiven Abschluß von $\Rightarrow$ und "$\stackrel{+}{\Rightarrow}$" bezeichnet den transitiven Abschluß dieser Relation.

Definition (A-4) *Sprache*

Wenn G = $<V_N, V_T, S, R>$ eine kontextfreie Syntax ist, dann ist die durch G festgelegte Sprache L(G) definiert als $\{w \in V_T^* \mid S \overset{*}{\Rightarrow} w\}$.

Definition (A-5) *Links-/Rechtsableitung*

Eine Ableitung A ist eine *Linksableitung* gdw. in jedem Ableitungsschritt das am weitesten links vorkommende nicht-terminale Symbol ersetzt wird. Eine Ableitung A ist eine *Rechtsableitung* gdw. in jedem Ableitungsschritt das am weitesten rechts vorkommende nicht-terminale Symbol ersetzt wird.

Definition (A-6) *Links-/Rechtssatzform*

Jedes α_i einer Links-/Rechtsableitung $\alpha = \alpha_1, \alpha_2, \ldots, \alpha_n$ wird *Linkssatzform/Rechtssatzform* genannt.

Definition (A-7) *Reduktion*

Wenn G = $<V_N, V_T, S, R>$ eine kontextfreie Syntax und $\alpha = \alpha_1, \alpha_2, \ldots, \alpha_n$ (n $\geq$ 1) eine Folge von Worten über V ist, mit $\beta = \alpha_1$ und $\gamma = \alpha_n$, dann ist α eine *Reduktion von β auf γ* gdw. $\alpha_{i+1} \Rightarrow \alpha_i$, für alle α_i $(1 \leq i < n)$.

Eine Reduktion A ist eine *Linksreduktion* gdw. in jedem Reduktionsschritt in $\alpha = w_1 \ldots w_n$ (n $\geq$ 1) ein Abschnitt $w_i \ldots w_j$ $(1 \leq i, j \leq n)$ ersetzt wird und in α kein $w_{i'} \ldots w_{j'}$ ersetzt werden kann, für das gilt: i' < i. Eine Reduktion A ist eine *Rechtsreduktion* gdw. in jedem Reduktionsschritt in $\alpha = w_1 \ldots w_n$ (n $\geq$ 1) ein Abschnitt $w_i \ldots w_j$ $(1 \leq i, j \leq n)$ ersetzt wird und in α kein $w_{i'} \ldots w_{j'}$ ersetzt werden kann, für das gilt: j < j'.

Definition (A-8) *Parse*

Wenn G =$<V_N, V_T, S, R>$ eine kontextfreie Syntax und I eine Indexmenge ist und jedem r $\in$ R eineindeutig ein Index i $\in$ I zugeordnet wird, dann ist $\pi = i_1\ i_2 \ldots i_n$ (n $\geq$ 1) ein *Linksparse/Rechtsparse* gdw. es in G eine Links-/Rechtsableitung gibt, die durch π beschrieben wird.

Definition (A-9) *Regeltypen*

Wenn $G = <V_N, V_T, S, R>$ eine kontextfreie Syntax ist und $r = X \rightarrow \alpha$ eine Regel aus R ist, dann ist r eine

1. *terminale* Regel gdw. $\alpha \in V_T$;
2. *unäre* Regel gdw. $|\alpha| = 1$;
3. *Tilgungsregel* gdw. $|\alpha| = 0$;
4. *linksrekursive* Regel gdw. $\alpha = X\alpha'$;
5. *rechtsrekursive* Regel gdw. $\alpha = \alpha' X$.

Definition (A-10) *e-freie und zyklenfreie Syntax*

Wenn $G = <V_N, V_T, S, R>$ eine kontextfreie Syntax ist, dann ist G *e*-frei gdw. R keine Tilgungsregel $X \rightarrow e$ enthält und zyklenfrei gdw. es kein $X \in V_N$ gibt, mit $X \overset{+}{\Rightarrow} X$.

Definition (A-11) *Rekursive Syntax*

Wenn $G = <V_N, V_T, S, R>$ eine kontextfreie Syntax ist, dann ist jedes $X \in V_N$ ein rekursives Symbol in G, für das gilt: $X \overset{+}{\Rightarrow} \alpha X \beta$. Wenn $\alpha = e$, dann ist X linksrekursiv. Wenn $\beta = e$, dann ist X rechtsrekursiv. Eine Syntax, die mindestens ein links-/rechtsrekursives Symbol enthält, wird *links-/rechtsrekursive* Syntax genannt.

Definition (A-12) *Reduzierte Syntax*

Wenn $G = <V_N, V_T, S, R>$ eine kontextfreie Syntax ist, dann ist ein Symbol $Y \in V_N$ X-erreichbar gdw. es $\alpha, \beta \in V^*$ gibt, so daß gilt:
$X \overset{*}{\Rightarrow} \alpha Y \beta$; ein Symbol $Y \in V_N$ terminierbar gdw. es ein $\alpha \in V_T^*$ gibt, so daß gilt:
$Y \overset{*}{\Rightarrow} \alpha$. Wenn in G für alle $X \in V_N - \{S\}$ gilt: X ist S-erreichbar und terminierbar, dann ist G eine *reduzierte* Syntax.

Definition (A-13) *Chomsky-Normalform*

Wenn $G = <V_N, V_T, S, R>$ eine kontextfreie Syntax ist, dann ist G in *Chomsky-Normalform* gdw. G nur Regeln der folgenden Form enthält:

1. $X \rightarrow Y\ Z$, mit $X, Y, Z \in V_N$;
2. $X \rightarrow a$, mit $X \in V_N$ und $a \in V_T$ und
3. $S \rightarrow e$, wenn $e \in L(G)$ und S in keiner Regel aus R auf der rechten Seite vorkommt.

Definition (A-14) *Äquivalenz von Syntaxen*

Wenn G, G' zwei kontextfreie Syntaxen sind, dann sind G und G'

1. ***schwach äquivalent* gdw. L(G) = L(G')**
2. ***stark äquivalent* gdw. L(G) = L(G') und beide Syntaxen allen Sätzen identische Strukturbeschreibungen zuordnen.**

Zu jeder kontextfreien Syntax G gibt es eine schwach äquivalente reduzierte Syntax G' und eine Syntax G" in Chomsky-Normalform.

Definition (A-15) *Lexikalische und syntaktische Ambiguität*

Wenn G = <V_N, V_T, S, R> eine kontextfreie Syntax ist, dann bezeichnet man als

(a) *„lexikalische Ambiguität“* den Fall, daß einem a $\in V_T$ verschiedene lexikalische Kategorien zugeordnet werden; d.h., es gibt in G zwei Regeln $X_1 \rightarrow$ a und $X_2 \rightarrow$ a und $X_1 \neq X_2$.

(b) Von *„syntaktischer Ambiguität“* eines Satzes α bzgl. einer Syntax G spricht man gdw. G α mehr als eine Strukturbeschreibung zuordnet; d.h., wenn es für α mehr als eine Links-/Rechtsableitung in G gibt.

Definition (A-16) *Ambiguität einer Syntax*

Wenn G = <V_N, V_T, S, R> eine kontextfreie Syntax ist, dann ist G *ambig* gdw. es mindestens ein $\alpha \in$ L(G) gibt, das syntaktisch ambig ist.

B Graphentheoretische Begriffe

Definition (B-1) *ungerichteter Graph*
Ein (endlicher) ungerichteter Graph G = <V, E> besteht aus zwei endlichen und disjunkten Mengen V, E und einer Abbildung δ:E → V & V[1]. Die Elemente von V werden *Knoten*, die Elemente von E *Kanten* genannt; δ wird als *Inzidenzabbildung* bezeichnet.
Wenn $\delta(e) = \{v, v'\}$, mit $e \in E$ und $v, v' \in V$, dann werden v und v' Endpunkte der Kante e genannt.

Wenn für verschiedene Kanten e_i, e_j eines Graphs G gilt: $\delta(e_i) = \delta(e_j)$, dann werden e_i und e_i *parallele Kanten* genannt.
Wenn es in G eine Kante $e \in G$ gibt, mit $\delta(e) = \{v, v\}$, dann wird e als eine *Schleife* bezeichnet.

Definition (B-2) *Weg*
Wenn G = <V, E> ein Graph ist und es eine Folge von n Knoten und n-1 Kanten $<v_1, e_1, v_2, e_2, v_3, \ldots, v_{n-1}, e_{n-1}, v_n>$ gibt, für die gilt:

1. $\delta(e_j) = \{v_j, v_{j+1}\}$ $(1 \leq j \leq n\text{-}1)$ und
2. für alle Knoten v_m, v_n, mit $n \neq m$, auch $v_n \neq v_m$ gilt,

dann wird der Teilgraph $G' = <\{v_1, \ldots, v_n\}, \{e_1, \ldots, e_{n-1}\}>$ ein Weg der Länge n-1 in G genannt.

Wenn der erste und der letzte Knoten identisch sind, sonst aber kein Knoten mehrfach in der Folge vorkommt, dann wird G' ein *geschlossener Weg* oder *Zyklus* genannt.
Ein Graph, in dem es für jeden Knoten einen Weg zu jedem anderen Knoten gibt, wird *zusammenhängender Graph* genannt.
Als *Knotengrad* eines Knotens bezeichnet man die Zahl der Kanten, die in diesen Knoten führen.

[1] V & V bezeichnet das ungeordnete Produkt der Menge V mit sich selbst. Es besteht aus der Menge aller ungeordneten Paare von Elementen aus V; d.h. $V \& V = \{\{v,v'\} | v, v' \in V\}$.

Definition (B-3) *Baum*

Ein Baum ist ein zusammenhängender Graph, der keine Zyklen enthält. Die Kanten des Baums werden *Äste* genannt; die Knoten, aus denen keine Kante herausführt, werden als *Blätter* bezeichnet.

Die *Tiefe* eines Baums B ist definiert als die Länge des längsten Wegs in B.

Definition (B-4) *gerichteter Graph*

Ein gerichteter Graph G = <V, A> besteht aus zwei endlichen und disjunkten Mengen V, A und einer Abbildung δ:A → V × V.

Die Elemente von V werden *Knoten*, die Elemente von A *gerichtete Kanten genannt; δ* wird als gerichtete *Inzidenzabbildung* bezeichnet.

Wenn δ(e) = <v, v'>, dann wird v der *Anfangsknoten* und v' der *Endknoten* der Kante e genannt und v als *Vorgänger* von v' bezeichnet.

Definition (B-5) *Gerichteter Baum*

Ein gerichteter Graph G = <V, A> wird ein *gerichteter Baum* genannt gdw. G folgende Bedingungen erfüllt:

1. Es gibt genau einen Knoten v ∈ V, der keinen Vorgänger hat. Dieser Knoten wird die *Wurzel* von G genannt.
2. Jeder andere Knoten hat genau einen Vorgänger.

Definition (B-6) *Lokaler Baum*

Ein (gerichteter) Baum der Tiefe 1 wird als *lokaler Baum* bezeichnet; d.h. er besteht aus einem Wurzelknoten und einer Anzahl von Tochterknoten.

Strukturbäume, die häufig zur Repräsentation von Strukturbeschreibungen verwendet werden, sind - formal betrachtet - gerichtete Bäume, deren Knoten mit Kategoriensymbolen etikettiert sind und in denen für die Tochterknoten der lokalen Bäume, aus denen sie sich zusammensetzen, (z.B. durch ein geeignetes Indizierungsverfahren) eine Abfolgebeziehung definiert ist.

C Datenstrukturen

Queue

Eine Queue ist eine eindimensionale Speicherstruktur, die eine geordnete Sammlung von Objekten enthält. Jede Queue hat einen **Anfang** und ein **Ende**. Es können immer nur die Objekte am Anfang der Queue entfernt werden und neue Objekte nur am Ende der Queue eingefügt werden. Wird ein Objekt X vor einem Objekt Y in eine Queue L eingefügt, dann muß X aus L entfernt werden, bevor Y aus L entfernt werden kann. Diese Eigenschaft von Queues bezeichnet man häufig als **Fifo-Prinzip** („first-in-first-out“).

Auf Queues gibt es drei Grundoperationen:

1. *Empty(Queue)* prüft, ob *Queue* leer ist oder nicht;
2. *Insert(Objekt, Queue)* fügt *Objekt* am Ende von *Queue* ein, und
3. *Remove(Queue)* entfernt das erste Objekt aus *Queue*.

Beispiel (C-1)

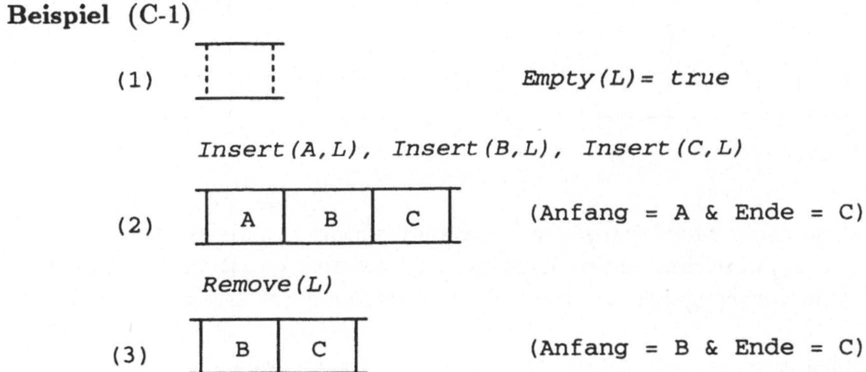

Stacks

Ein Stack ist eine eindimensionale Speicherstruktur, die eine linear geordnete Sammlung von Objekten enthält. Sie wird nach dem **Lifo-Prinzip** („last-in-first-out“) verwaltet: Wie bei einer Queue kann nur das erste Objekt („Top-Element“) eines Stacks entfernt werden; neue Objekte werden anders als bei einer Queue ebenfalls am Anfang des Stacks eingefügt.

Es gibt drei Grundoperationen auf Stacks:

1. *Empty_Stack(Stack)* prüft, ab *Stack* leer ist oder nicht;
2. *Push(Objekt, Stack)* schiebt *Objekt* auf *Stack* (*Objekt* wird zum neuen Top-Element), und
3. *Pop(Stack)* entfernt das Top-Element von *Stack*.

Beispiel (C-2)
Übertragung des Inhalts von Stack A auf Stack B

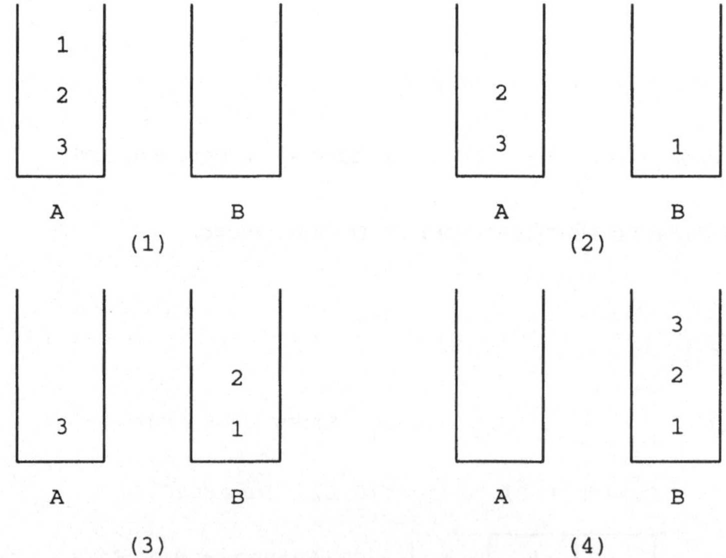

Häufig ist es sinnvoll, eine linearisierte Notation für Stacks zu verwenden: $[O_1, O_2, \ldots, O_n]$ bezeichnet einen Stack mit n Elementen; O_1 ist das Top-Element. Der Stack A im vorangegangenem Beispiel ist zu Beginn zu notierten als "[1, 2, 3]".

Wir verwenden also die Konvention, Stacks von links nach rechts zu notieren.

Digitale Suchbäume und Tries

Digitale Suchbäume bilden eine Datenstruktur, die es ermöglicht, eine Menge von Schlüsseln bzw. Symbolfolgen so zu repräsentieren, daß die Suche nach den so gespeicherten Ausdrücken einen minimalen Zeitaufwand erfordert. Jede Symbolfolge wird durch einen Pfad in dem Suchbaum repräsentiert. Das Ende einer Symbolfolge wird durch ein ausgezeichnetes Symbol (*Marke*) gekennzeichnet, das außerdem mit einem Verweis auf mit dieser Symbolfolge verknüpfte Daten verbunden sein kann.

Beispiel (C-3)
Wenn ein Lexikon Einträge für die Wortformen *Hase, Hasen, Hand, Hemd, Jacke, Jagd, Juwel, Wind* enthält, dann kann dieses Lexikon durch folgenden *Wald* (Menge von geordneten Bäumen) repräsentiert werden:

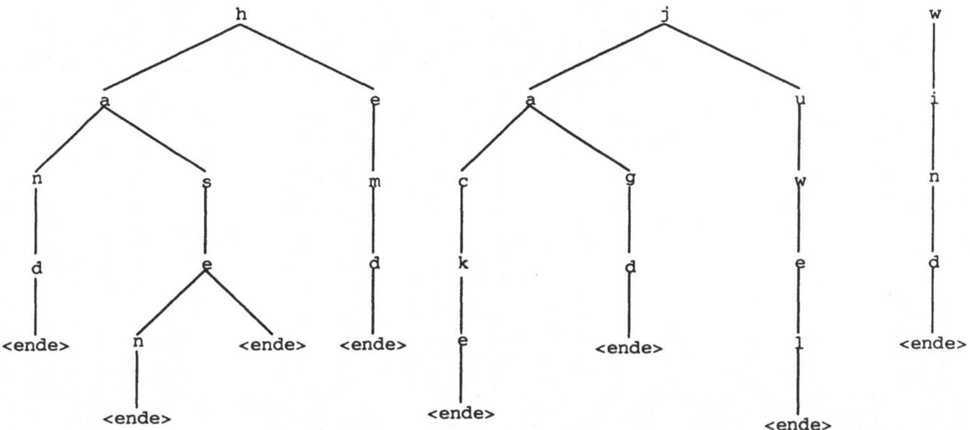

Die *<ende>*-Marken sind in diesem Fall mit Verweisen auf die mit diesen Wortformen im Lexikon assoziierten morphosyntaktischen und semantischen Merkmalen versehen.

Digitale Suchbäume können als binäre Bäume oder als *Tries* (von **Retrie**val) repräsentiert werden. Wenn V das Vokabular ist, über dem die in einem *Trie* zu speichernden Symbolfolgen gebildet werden, mit CARD(V) = n, dann hat der *Trie* die Form:

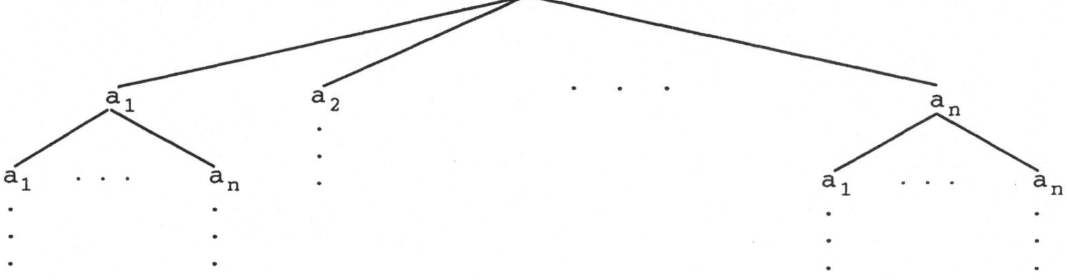

Wird die Pfadlänge dieses *Tries* nicht begrenzt, repräsentiert er V*.

Beispiel (C-4)
Das Lexikon aus dem vorangegangenen Beispiel könnte durch einen *Trie* dargestellt werden, der sich durch die Verknüpfung der einzelnen Bäume ergibt:

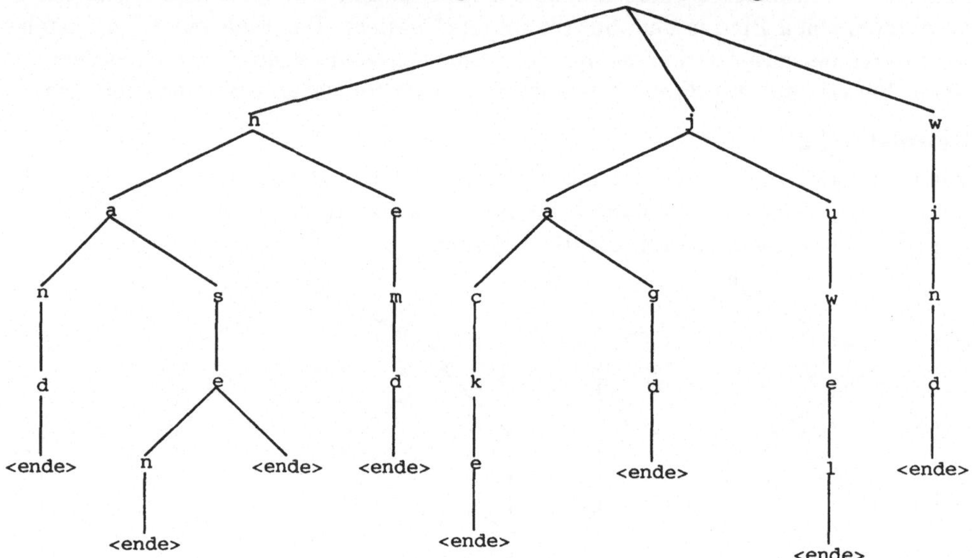

D Repäsentation von Syntax und Lexikon in LISP

Alle LISP-Programme in diesem Buch setzten voraus, daß die für einen Recognizer bzw. Parser benötigten linguistischen Daten den beiden *special* Variablen *SYNTAX* und *LEXIKON* zugewiesen werden.

Zur Repräsentation von Syntax und Lexikon wird (eine Ausnahme bildet Kapitel 13) folgendes Format verwendet:

SYNTAX := ((syntaktische Kategorien) (lexikalische Kategorien) Startsymbol
(REGEL$_1$ ... REGEL$_n$))

LEXIKON := (EINTRAG$_1$ ... EINTRAG$_m$)

Eine (kontextfreie) Regel wird durch eine Liste von Symbolen repräsentiert, von denen das erste die linke Seite und die übbrigen die rechte Seite der Regel bilden:

REGEL := (Symbol$_0$ Symbol$_1$ ... Symbol$_n$)

Ein Lexikoneintrag besteht aus einer Liste, die eine Wortform und weitere Listen mit jeweils einem Kategoriensymbol enthalten:

EINTRAG := (wortform (Kategorie$_1$) ... (Kategorie$_m$))

Beispiel (D-1)

Wenn G = <V_N, V_T, S, R> eine kontextfreie Syntax ist, mit

V_N = {S, NP, VP, det, n, v};
V_N = {die, frau, trank, einen, wein} und
R = {S → NP VP, NP → n, NP → det n, VP → v NP,
det → die, det → einen, n → frau, n → wein, n → trank, v → trank}

dann wird G in LISP auf folgende Weise repräsentiert:

```
*SYNTAX*  : ((S NP VP) (DET N V) S
             ((S NP VP) (NP N) (NP DET V) (VP V NP)))
*LEXIKON* : ((DIE (DET)) (EINEN (DET)) (FRAU (N)) (WEIN (N))
             (TRANK (V) (N)))
```

Selektoren

Die folgenden Selektoren, die den Zugriff auf einzelne Komponenten der Syntax und des Lexikons erlauben, werden in dieser Form fast allen LISP-Programmen in diesem Buch verwendet.

Syntaxselektoren

```
(defun syntaktische-kategorien ()
  (first *syntax*))
(defun lexikalische-kategorien ()
  (second *syntax*))
(defun startsymbol ()
  (third *syntax*))
(defun regeln ()
  (fourth *syntax*))
```

Lexikonselektoren

LEXIKON-EINTRAG liefert den vollständigen Eintrag für WORT; EINTRAG-KATEGORI die Liste aller in dem Eintrag für WORT enthaltenen lexikalischen Kategorien:

```
(defun lexikon-eintrag (wort)
  (assoc wort *lexikon*))
(defun eintrag-kategorien (wort)
  (apply #'append (rest (lexikon-eintrag wort))))
```

Prädikate

Die beiden Prädikate SYNKAT-P und LEXKAT-P prüfen, ob ein Symbol eine syntaktische bzw. eine lexikalische Kategorie bezeichnet.

```
(defun synkat-p (symbol)
  (member symbol (syntaktische-kategorien)))
(defun lexkat-p (symbol)
  (member symbol (lexikalische-kategorien)))
```

E Musterlösungen

2.5 Die Grenzen dieses einfachen Verfahrens sind spätestens dann erreicht, wenn Wortformen nicht wie in agglutinierenden Sprachen rein konkatenativ gebildet werden (z.B. in der Form {*Präfix*} + *Stamm* + {*Suffix*}*), sondern durch die Verbindung von Stamm und Suffixen Veränderungen des Stammes ausgelöst werden (z.B. 'Mutter' vs. ' Mütter').

3.4 Alle für die Lösung dieser Aufgabe erforderlichen Informationen und Definitionen können Sie jeder guten Einführung in die Theorie der formalen Sprachen entnehmen; so z.B. [Hopcraft/Ullman 1979, S.88f.].

3.5 Jeder der in Kapitel 3 präsentierten Algorithmen kann verwendet werden: Die Erkennungsalgorithmen lassen sich in Algorithmen für Satzgeneratoren, die Parsingalgorithmen in Algorithmen für Strukturgeneratoren umformulieren. Hinweis: Sie müssen sicherstellen, daß die auf Grundlage dieser Algorithmen entwickelten Programme auch dann terminieren, wenn die von der Syntax festgelegte Sprache nicht-endlich ist, da die Syntax rekursive Regeln enthält.

4.2 V_{Nu} sei die Menge aller nicht-terminalen Symbole, die auf der linken Seite einer unären Regel vorkommen. Um festzustellen, ob die Syntax Zyklen zuläßt, muß geprüft werden, ob es ein Symbol $X \in V_{Nu}$ gibt, mit $X \overset{*}{\Rightarrow} X$. Zu diesem Zweck wird für jedes Symbol $X \in V_{Nu}$ die Menge aller von ihm erreichbaren Symbole E_X berechnet und geprüft, ob $X \in E_X$. Zur Berechnung von E_X sind neben allen unären Regeln der Syntax alle Regeln der Form $X \rightarrow Y_1 \ldots Y_n$ $(n > 1)$ zu verwenden, die eine der folgenden beiden Bedingungen erfüllen:

- Alle Symbole der rechten Seite sind tilgbar, aber es gibt mindestens ein Y_i, mit $Y_i \overset{*}{\Rightarrow} \ldots Z \ldots$ und Z ist nicht tilgbar.
- Es gibt genau ein Y_i, das nicht tilgbar ist.

4.3 Eine mögliche Heuristik, die sich einfach realisieren läßt, besteht darin zu fordern, daß nur eine bestimmte (vorher festgelegte) Zahl von Tilgungsregeln direkt hintereinander angewendet werden darf. Zusätzlich kann auch die Regelmenge so geordnet werden, daß Tilgungsregeln nur dann angewendet werden, wenn keine anderen Regeln anwendbar sind.

4.4 Die Konvertierung der Syntax kann durch ein einfaches Prolog-Prädikat (*convert_rules*/0) geleistet werden:

```
convert_rules :-                    % Syntaxregeln
    (LHS ---> RHS),
    add_tail(RHS, RHS2),
    reverse(RHS2, RHS3),
    append(RHS3, RESTSTACK, RHS3b),
    assertz(regel(RHS3b, [[LHS|RHS2]|RESTSTACK])), fail.
convert_rules :-                    % Lexikoneintraege
    lex(W, CAT),
    assertz(regel([W|R], [[CAT, W]|R])), fail.
convert_rules.                      % catch-all Klausel

add_tail([ ], [ ]).
add_tail([A|R], [[A|A1]|R2]) :- add_tail(R, R2).

reverse([ ], [ ]).
reverse([A|R], X) :- reverse(R, R2), append(R2, [A], X).
```

4.5 Die Beschreibung eines Verfahrens zur Eliminierung von Tilgungsregeln findet sich u.a. in: [Hopcraft/Ullman 1979, S.90f.].

5.1 Die Musterlösung für Aufgabe 5.3 enthält auch die Definition des Prädikats *reachable*/0, das die Link-Relation für eine beliebige Syntax im DCG-Format berechnet. Es kann mit geringem Aufwand an Syntaxen in dem in diesem Kapitel verwendeten Format angepaßt werden.

5.3 Das folgende Prolog-Programm realisiert einen Konverter, der eine DCG in einen Left-Corner-Parser umwandelt. Der Left-corner-Parser entspricht im Grundaufbau dem BUP-System ([Matsumoto et al. 1983, S.145-58]). Als Eingabe akzeptiert das Programm eine Datei, die DCG-Regeln und Lexikoneinträge enthält. Die Lexikoneinträge haben die Form: *get_lex_entry(Wort, Kategorie).* Ausgabe ist eine Datei, die einen lauffähigen Left-Corner-Parser mit Link-Relation enthält.

```
:- op(1100, xfy, '--->').           % Operatordefinition

% dcg/lc_convert/2 ist das Hauptprädikat des Konvertierungsprogramms.
dcg/lc_convert(Infile, Outfile) :-
    consult(Infile),            % Die DCG-Klauseln werden geladen;
    tell(Outfile),              % die Datei Outfile zum Schreiben geöffnet.
    lex_convert,                % Konvertierung der Lexikoneinträge.
    rule_convert,               % Konvertierung der Regeln.
    corepreds,                  % Generierung des Parserkerns.
    reachability,               % Berechnung der Erreichbarkeitsrelation.
    told.                       % Schließen von Outfile.
```

% *corepreds*/0 enthält die Definitionen des Parserkerns.

```
corepreds :-
    write('lcp(START, INPUTSTR, STRUKT)
           :- goal(START, STRUKT, INPUTSTR, [ ]).'), nl, nl,
    write('goal(Goal, [Goal, [Wort]], [Wort|Rest], Rest) :-
           Goal =.. [Praedikat|Argumente],
           dict(Praedikat, Argumente, [Wort|Rest], Rest).'), nl, nl,
    write('goal(G, STRUC, [W|X], Z) :-
           dict(C, ARGS, [W|X], X),
           WCAT =.. [C|ARGS],
           P =.. [C, ARGS, [WCAT, [W]], STRUC, G, X, Z], call(P).'), nl, nl.
```

% Das Prädikat *lex_convert*/0 realisiert die Lexikon-Konvertierung.

```
lex_convert :-
    get_lex_entry(W, CAT),
    CAT =.. [PRED|ARGS],
    ( LE = dict(PRED, ARGS, [W|DIFF], DIFF)),
    writeq(LE), write('.'), nl, nl, fail.
lex_convert :- nl, nl, write('% Ende des Lexikons'), nl.
```

% Das Prädikat *rule_convert*/0 übernimmt die Regelkonvertierung.

```
rule_convert :-
    (M ---> Ts),
    M =.. [PRED|ARGS],
    M2 =.. [PRED, ARGS, STRUC, STRUC, M, DIFF, DIFF],
    writeq(M2), write('.'), nl, nl,
    rule_conv2(M, Ts), fail.
rule_convert :- nl, write('% Ende der Regeln'), nl, nl.
```

% Das Prädikat *rule_conv2*/2 führt die Konvertierung aus.

```
rule_conv2(M, [T]) :-              % Konvertierung einer unären Regel.
    !, T =.. [P|A],
    HEAD =.. [P, A, HSTRUC, STRUC, GOAL, D1, D2],
    M =.. [P2|A2],
    TAIL =.. [P2, A2, [M, HSTRUC], STRUC, GOAL, D1, D2],
    LCPTERM = (HEAD :- (link(M, GOAL), TAIL)),
    writeq(LCPTERM), write('.'), nl, nl.
rule_conv2(M, [T1|Ts]) :-          % Konvertierung einer nicht-unären Regel.
    T1 =.. [T1P|T1A], M =.. [MP|MA],
    HEAD =.. [T1P, T1A, [T1, HSTRUC], STRUC, GOAL, X, Z],
    goal_clauses(X, Y, Ts, GOALS, Structures),
```

```
    append([T1, HSTRUC], Structures, Allstrucs),
    MCLAUSE =.. [MP, MA, [M, Allstrucs], STRUC, GOAL, Y, Z],
    LCPTERM = (HEAD :- (link(M, GOAL), GOALS, MCLAUSE)),
    writeq(LCPTERM), write('.'), nl, nl.

% goal_clauses/5

goal_clauses(D1, D2, [T], CLAUSE, [T, TTREE]) :-
    !, CLAUSE =.. [goal, T, [T, TTREE], D1, D2].
goal_clauses(DIFFin, DIFFout, [T2|Ts], (T2CLAUSE, CLAUSES),
            [T2, T2TREE|Strucs]) :-
    T2CLAUSE =.. [goal, T2, [T2, T2TREE], DIFFin, DIFFinter],
    goal_clauses(DIFFinter, DIFFout, Ts, CLAUSES, Strucs).

% Berechnung der Link-Relation

reachable :-
    (M ---> [T1|_]),              % Von der Mutterkategorie aus
    not(alink(T1, M)),            % ist die linke Ecke einer
    writeq(link(T1, M)),          % Regel direkt erreichbar.
    write('.'), nl, assertz(alink(T1, M)).
reachable :-
    alink(A, B),alink(B,C),       % Transitivität
    not(alink(A, C)),
    writeq(link(A, C)), write('.'), nl, assertz(alink(A, C)).

reachability :- reachable, fail.
reachability :- write('link(X, X).'), nl. % Reflexivität
```

6.4 Siehe Hinweis zur Aufgabe 3.3.

7.1 Die FIRST-Relation kann als Erweiterung der Link-Relation (vgl. Lösungsvorschlag zu Aufgabe 4.3) betrachtet werden. Enthält die Syntax keine Tilgungsregeln, dann gilt: FIRST(X) = LINK(X), für jedes X $\in V_T$. Tilgungsregeln haben zur Folge, daß auch solche Symbole zur FIRST-Menge von X gehören können, die nicht als linke Ecke einer Regel vorkommen.

7.2 Die erforderlichen Änderungen betreffen die Initialisierung der Chart und die Prozeduren EXPAND bzw. COMPLETE:

(a) RECOGNIZE_EARLEY-2
Die Chart darf nur mit Kanten initialisiert werden, die die Look-ahead-Bedingung erfüllen:
Für alle $S \rightarrow \alpha \in R$, *mit* $w_1 \in FIRST(\beta)$*:*
<CLOSURE*([0, 0, S, e, α,])*>

(b) RECOGNIZE_EARLEY-3
Ebenso dürfen in KANTEN nur solche Kanten gespeichert werden, die der Look-ahead-Bedingung genügen:
$KANTEN \Leftarrow \{[0, 0, S, e, \alpha] \mid S \rightarrow \alpha \in R \wedge w_1 \in FIRST(\beta)\}$.

(c) EXPAND_{VK} und EXPAND_{PE} sind zu ergänzen durch:
Für alle $B \rightarrow \tau \in R$, *mit* $w_{j+1} \in FIRST(\tau)$:

(d) Auch in COMPLETE_{VK} und COMPLETE_{PE} muß eine entsprechende Bedingung eingefügt werden:

COMPLETE_{VK}:	...mit $w_{k+1} \in \text{FIRST}(\beta)$ ...
COMPLETE_{PE}:	...mit $w_{j+1} \in \text{FIRST}(\tau)$ ...
	...mit $w_{k+1} \in \text{FIRST}(\beta')$ ...

7.3 Drei Änderungen des Algorithmus sind erforderlich: Die ersten beiden betreffen die Initialisierung der Chart und die Generierung neuer Kanten durch die Prozeduren EXPAND und COMPLETE; die dritte Änderung beschränkt sich auf die Prozedur COMPLETE.

- *Behandlung fakultativer Symbole*
  Jedesmal, wenn eine neue Kante der Form [i, j, A, α, $\{B\}\beta$] generiert wird, dann wird sie ersetzt durch zwei Kanten der Form:

  [i, j, A, α, Bβ] (fakultatives Symbol realisiert) und
  [i, j, A, α, β] (fakultatives Symbol nicht realisiert).

- *Reduktion von B^* auf B^+*
  Jedesmal wenn eine neue Kante der Form [i, j, A, α, $B^*\beta$] generiert wird, dann wird sie ersetzt durch zwei Kanten der Form:

  [i, j, A, α, β] (0 Vorkommen von B) und
  [i, j, A, α, $B^+\beta$] (1 oder mehrere Vorkommen von B).

- *Verarbeitung von B^+*
  Wenn eine Kante k_1 = [i, j, A, α, $B^+\beta$] mit einer Kante k_2 = [j, k, B, τ, e] kombiniert wird, erhält man folgende beide Kanten:

  [i, k, A, αB, β] (keine weiteren Vorkommen von B) und
  [i, k, A, αB, $B^+\beta$] (1 oder mehrere Vorkommen von B).

8.5 Diese Aufgabe erlaubt eine Reihe ganz unterschiedlicher Lösungen: So kann die Worterkennungskomponente völlig unabhängig vom Parser arbeiten oder aber in den Parser integriert werden (Generierung neuer Worthypothesen bei Bedarf). Außerdem können verschiedene Suchalgorithmen verwendet werden. Wichtig ist in diesem Zusammenhang die Frage, ob der Parser eine oder alle Ableitungen für den aktuellen Input generieren soll.

In jedem Fall sollte das Lexikon als *Trie* repräsentiert werden (vgl. Kapitel 2.3 bzw. Appendix). m sei die Länge der kürzesten im Lexikon L gespeicherten Wortform und E_m die ersten m Zeichen des noch unsegmentierten Inputs. Zur Identifikation von Wortformen lassen sich u.a. folgende Verfahren verwenden:

(a) Es wird die kürzeste Wortform mit dem Präfix E_m aus L gewählt, die mit E kompatibel ist (*shortest-match*).

(b) Es wird die längste Wortform mit dem Präfix E_m aus L gewählt, die mit E kompatibel ist (*longest-match*).

(c) Es werden alle Wortformen mit dem Präfix E_m aus L gewählt, die mit E kompatibel sind.

Die Menge der für die Analyse des Satzes relevanten Worthypothesen besteht aus allen Wortformen, die eine vollständige Zerlegung des Inputs in einzelne im Lexikon verzeichnete Wortformen ermöglichen.

9.3 Die von der Syntax festgelegte Sprache L besteht nicht, wie man auf den ersten Blick glauben könnte, aus der Menge aller Ketten, die aus 2n Vorkommen von a gefolgt von 2n Vorkommen von b bestehen; d.h. es gilt nicht: $L = \{a^{2n}b^{2n} \mid n \geq 1\}$. Da die LP-Regel nur festgelegt, daß A in einer lokalen Struktur B vorangehen muß, nicht aber bestimmt, an welcher Position eine weitere durch S dominierte Teilstruktur eingefügt werden kann, besteht L aus der Menge aller Ketten, die sich durch die Verkettung beliebig vieler Ketten der Form $a^{2n}b^{2n}$ bilden lassen; d.h. $L = a^{2i}b^{2i}\ a^{2j}b^{2j}\ a^{2k}b^{2k} \ldots$.

10.3 Diese Aufgabe läßt sich am einfachsten in zwei Schritten lösen:

(a) Für die Grammatik wird die Folge aller LR(k)-Kantenmengen berechnet.

(b) Es wird geprüft, ob alle diese Kantenmengen *konsistent* sind. Eine LR(k)-Kantenmenge ist konsistent gdw. sie nicht zwei Kanten α_1, α_2 enthält, mit $\alpha_1 = [A \rightarrow \beta., u]$, $\alpha_2 = [B \rightarrow \beta_1.\beta_2, v]$ und $u \in FIRST^e(\beta_2 v)$. $FIRST^e$ bezeichnet die e-freie FIRST-Relation.

Eine Beschreibung des Verfahrens findet sich in [Aho/Ullman 1972, S.386-91].

11.1 Das Problem besteht darin, daß der Tomita-Algorithmus so konzipiert ist, daß er <u>alle</u> Strukturbeschreibungen einer Kette zu einer komprimierten Strukturbeschreibung zusammenfaßt. Gibt es unendlich viele Strukturbeschreibungen für einen Satz, terminiert dieser Prozeß nicht.

12.2 Die folgende DCG beschreibt einfache deutsche Aussagesätze unter Verwendung der von Shieber verwendeten unterspezifizierten VP-Regel:

```
s(A, B) :- np(A, C), vp(C, B).
pp(A, B) :- prep(A, C), np(C, B).
np(A, B) :- det(A, C), n(C, B).
vp(A, B) :- v(subcat(C), A, D),
    vcomp(subcat(C), D, B).
vcomp(subcat([ ]), X, X).
vcomp(subcat([F|R]), A, B) :-
    CAT =.. [F, A, C],
    call(CAT),
    vcomp(subcat(R), C, B).
v(subcat([ ]), [schlaeft|A], A).
v(subcat([np]), [liest|A], A).
v(subcat([np, pp]), [legt|A], A).
det([ein|A], A).                n([buch|A], A).
np([sie|A], A).                 prep([auf|A], A).
```

13.2 Das Problem besteht darin zu entscheiden, zu welchem Zeitpunkt LP-Regeln beim Parsen anzuwenden sind. Es ist naheliegend, die LP-Zulässigkeit einer Konstituente K *direkt* zu prüfen; d.h. unmittelbar nachdem die Konstituente K vollständig erkannt ist. Ist sie nicht LP-zulässig, kann diese Analysemöglichkeit für den Satz sofort verworfen werden. Allerdings kann die weitere Analyse des Satzes dazu führen, daß via *structure-sharing* bzw. durch die Merkmalsinstantiierungsprinzipien weitere Merkmale in den Kategorien von K instantiiert werden, so daß K sich nach der vollständigen Analyse des Satzes doch als nicht LP-zulässig erweisen kann. Es gibt verschiedene Möglichkeiten, diesem Problem zu begegnen:

- Die Überprüfung der LP-Zulässigkeit wird erst nach der vollständigen Analyse des Satzes durchgeführt.
- Es wird mehrfach getestet: z.B. nach Bildung einer Konstituente und am Ende der Analyse oder jedesmal, wenn neue Merkmale in den Kategorien von K instantiiert werden.
- Es wird *direkt* die LP-Zulässigkeit von K getestet und durch *constraints* sichergestellt, daß die Instantiierung weiterer Merkmale das Ergebnis dieses Tests nicht beeinflussen kann.

13.3 Für die folgende Grammatik G_1 gilt: $L(G_1) = \{a^n b^n c^n \mid n \geq 1\}$.

$$\begin{bmatrix} cat & S \\ head & \boxed{1} \end{bmatrix} \rightarrow \begin{bmatrix} cat & A \\ head & \boxed{1} \end{bmatrix} \begin{bmatrix} cat & X \\ head & \boxed{1} \end{bmatrix}$$

$$\begin{bmatrix} cat & A \\ head & 0 \end{bmatrix} \rightarrow \begin{bmatrix} cat & a \end{bmatrix}$$

$$\begin{bmatrix} \mathit{cat} & A \\ \mathit{head} & \begin{bmatrix} s & \boxed{1} \end{bmatrix} \end{bmatrix} \rightarrow \begin{bmatrix} \mathit{cat} & a \end{bmatrix} \begin{bmatrix} \mathit{cat} & A \\ \mathit{head} & \boxed{1} \end{bmatrix}$$

$$\begin{bmatrix} \mathit{cat} & X \\ \mathit{head} & 0 \end{bmatrix} \rightarrow \begin{bmatrix} \mathit{cat} & b \end{bmatrix} \begin{bmatrix} \mathit{cat} & c \end{bmatrix}$$

$$\begin{bmatrix} \mathit{cat} & X \\ \mathit{head} & \begin{bmatrix} s & \boxed{1} \end{bmatrix} \end{bmatrix} \rightarrow \begin{bmatrix} \mathit{cat} & b \end{bmatrix} \begin{bmatrix} \mathit{cat} & X \\ \mathit{head} & \boxed{1} \end{bmatrix} \begin{bmatrix} \mathit{cat} & c \end{bmatrix}$$

Für die folgende Grammatik G_1 gilt: $L(G_1) = \{a^m b^n c^m d^n \mid n \geq 1\}$.

$$\begin{bmatrix} \mathit{cat} & S \\ \mathit{head} & \boxed{1} \end{bmatrix} \rightarrow \begin{bmatrix} \mathit{cat} & X \\ \mathit{head} & \begin{bmatrix} m & \boxed{1} \\ n & \boxed{2} \end{bmatrix} \end{bmatrix} \begin{bmatrix} \mathit{cat} & Y \\ \mathit{head} & \begin{bmatrix} m & \boxed{1} \\ n & \boxed{2} \end{bmatrix} \end{bmatrix}$$

$$\begin{bmatrix} \mathit{cat} & X \\ \mathit{head} & \begin{bmatrix} m & \boxed{1} \\ n & \boxed{2} \end{bmatrix} \end{bmatrix} \rightarrow \begin{bmatrix} \mathit{cat} & A \\ \mathit{head} & \boxed{1} \end{bmatrix} \begin{bmatrix} \mathit{cat} & B \\ \mathit{head} & \boxed{2} \end{bmatrix}$$

$$\begin{bmatrix} \mathit{cat} & A \\ \mathit{head} & \begin{bmatrix} m & \boxed{1} \end{bmatrix} \end{bmatrix} \rightarrow \begin{bmatrix} \mathit{cat} & a \end{bmatrix} \begin{bmatrix} \mathit{cat} & A \\ \mathit{head} & \boxed{1} \end{bmatrix}$$

$$\begin{bmatrix} \mathit{cat} & B \\ \mathit{head} & \begin{bmatrix} n & \boxed{1} \end{bmatrix} \end{bmatrix} \rightarrow \begin{bmatrix} \mathit{cat} & b \end{bmatrix} \begin{bmatrix} \mathit{cat} & B \\ \mathit{head} & \boxed{1} \end{bmatrix}$$

$$\begin{bmatrix} \mathit{cat} & Y \\ \mathit{head} & \begin{bmatrix} m & \boxed{1} \\ n & \boxed{2} \end{bmatrix} \end{bmatrix} \rightarrow \begin{bmatrix} \mathit{cat} & C \\ \mathit{head} & \boxed{1} \end{bmatrix} \begin{bmatrix} \mathit{cat} & D \\ \mathit{head} & \boxed{2} \end{bmatrix}$$

$$\begin{bmatrix} \mathit{cat} & C \\ \mathit{head} & \begin{bmatrix} m & \boxed{1} \end{bmatrix} \end{bmatrix} \rightarrow \begin{bmatrix} \mathit{cat} & c \end{bmatrix} \begin{bmatrix} \mathit{cat} & C \\ \mathit{head} & \boxed{1} \end{bmatrix}$$

$$\begin{bmatrix} \mathit{cat} & D \\ \mathit{head} & \begin{bmatrix} n & \boxed{1} \end{bmatrix} \end{bmatrix} \rightarrow \begin{bmatrix} \mathit{cat} & d \end{bmatrix} \begin{bmatrix} \mathit{cat} & D \\ \mathit{head} & \boxed{1} \end{bmatrix}$$

$$\begin{bmatrix} \mathit{cat} & A \\ \mathit{head} & a \end{bmatrix} \rightarrow \begin{bmatrix} \mathit{cat} & a \end{bmatrix} \qquad \begin{bmatrix} \mathit{cat} & B \\ \mathit{head} & b \end{bmatrix} \rightarrow \begin{bmatrix} \mathit{cat} & b \end{bmatrix}$$

$$\begin{bmatrix} \mathit{cat} & C \\ \mathit{head} & c \end{bmatrix} \rightarrow \begin{bmatrix} \mathit{cat} & c \end{bmatrix} \qquad \begin{bmatrix} \mathit{cat} & D \\ \mathit{head} & d \end{bmatrix} \rightarrow \begin{bmatrix} \mathit{cat} & d \end{bmatrix}$$

Literaturverzeichnis

[Aho et al. 1986] A.V. Aho, R. Sethi und J.D. Ullman. *Compilers. Principles, Techniques, and Tools.* Addison-Wesley, Reading, M.A., 1986.

[Aho/Ullman 1972] A.V. Aho und J.D. Ullman. *The Theory of Parsing, Translation, and Compiling.* Prentice-Hall, New York, 1972.

[Aho/Ullman 1977] A.V. Aho und J.D. Ullman. *Principles of Compiler Design.* Addison-Wesley, Reading, M.A., 1977.

[Anderson 1976] J.R. Anderson. *Language, Memory, and Thought.* John Wiley & Sons, New York, 1976.

[Anderson 1983] J.R. Anderson. *The Architecure of Cognition.* Harvard University Press, Cambridge, 1983.

[Barton 1985a] E.G. Barton. The computational difficulty of ID/LP parsing. In: *Proceedings of the 23rd ACL*, S. 76–81, 1985.

[Barton 1985b] E.G. Barton. On the complexity of ID/LP parsing. *Computational Linguistics*, 11, S.206–18, 1985.

[Barton et al. 1987] E.G. Barton, R.C. Berwick und R.S. Ristad. *Computational Complexity and Natural Language.* MIT Press, Cambridge/Massachusetts, 1987.

[Bátori et al. 1989] I.S. Bátori, W. Lenders und W. Putschke, Hrsg. *Computational Linguistics. An International Handbook on Computer Oriented Language Research and Applications.* Walter de Gruyter, Berlin, 1989.

[Berwick 1991] R.C. Berwick, Hrsg. *Principle Based Parsing: Computations and Psycholinguistics.* Kluwer, Boston, 1991.

[Berwick/Weinberg 1982] R.C. Berwick und A.S. Weinberg. Parsing efficiency, computational complexity, and the evaluation of grammatical theories. *Linguistic Inquiry*, 13, S.165–191, 1982.

[Bolc 1987] L. Bolc. *Natural Language Parsing System.* Springer Verlag, Berlin, 1987.

[Bouckaert et al. 1975] M. Bouckaert, A. Pirotte und M. Snelling. Efficient parsing algorithmms for general context-free grammars. *Information Science*, 8.1, S.1–26, 1975.

[Bouma/Noord 1993] G. Bouma und G. van Noord. Head–Driven Parsing for Lexicalist Grammars: Experimental Results. In: *Proceedings of the 6th EACL*, S. 71–88, 1993.

[Bresnan 1982] J. Bresnan, Hrsg. *The Mental Representation of Grammatical Relations.* MIT Press, Cambridge, 1982.

[Charniak et al. 1987] E. Charniak, C.K. Riesbeck, D.V. McDermott und J.R. Meehan. *Artificial Intelligence Programming.* Lawrence Erlbaum Assoc., New Jersey, 2. Auflage, 1987.

[Cheatham 1967] T.E. Cheatham. *The Theory and Construction of Compilers.* Computer Associates, Inc., Wakefield, Massachusetts, 2. Auflage, 1967.

[Chester 1980] D. Chester. A parsing algorithm that extends phrases. *American Journal of Computational Linguistics*, 6.2, S.87–96, 1980.

[Chomsky 1957] N. Chomsky. *Syntactic Structures.* Mouton, The Hague, 1957.

[Chomsky 1965] N. Chomsky. *Aspects of the Theory of Syntax.* MIT Press, Cambridge, Massachusetts, 1965.

[Chomsky 1981] N. Chomsky. *Lectures on Government and Binding.* Foris, Dordrecht, 1981.

[Chomsky 1986] N. Chomsky. *Barriers.* MIT Press, Cambridge, 1986.

[Cohen/Gotlieb 1970] D.J. Cohen und C.C. Gotlieb. A list structure form of grammars for syntactic analysis. *Computing Surveys*, 2.1, S.65–82, 1970.

[Cohen/Hickey 1987] L. Cohen und T.J. Hickey. Parsing and compiling using prolog. *ACM Transactions on Programming Languages and Systems*, 9.2, S.125–63, 1987.

[Crain/Fodor 1985] S. Crain und J.D. Fodor. Natural language parsing. In: [Dowty et al. 1985], S. 94–128.

[Culy 1985] C. Culy. The complexity of the vocabulary of Bambara. *Linguistics and Philosophy*, 8, S.345–51, 1985.

[Dahl 1985] V. Dahl. Hiding complexity from the casual writer of parsers. In: [Dahl/Dizier 1985], S. 1–19.

[Dahl/Dizier 1985] V. Dahl und P.S. Dizier, Hrsg. *Natural Language Understanding and Logic Programming*. North-Holland, Amsterdam, 1985.

[Dahl/Dizier 1988] V. Dahl und P.S. Dizier, Hrsg. *Natural Language Understanding and Logic Programming II*. North-Holland, Amsterdam, 1988.

[Dömölki 1964] B. Dömölki. An algorithm for syntactic analysis. *Computational Linguistics*, 3, S.29–46, 1964.

[Dörre 1987] J. Dörre. Weiterentwicklung des Earley-Algorithmus für kontextfreie und ID/LP-Grammatiken. LILOG-Report 28, IBM Deutschland, 1987.

[Dowty et al. 1985] D.R. Dowty, L. Karttunen und A. Zwicky, Hrsg. *Natural Language Parsing*. Cambridge University Press, 1985.

[Earley 1970] J. Earley. An efficient context-free parsing algorithm. *Communications of the ACM*, 13, S.94–102, 1970.

[Errman et al. 1980] L.D. Errman, F. Hayes-Roth, V.R. Lesser und D.R. Reddy. The Hearsay-II speech-understanding system: Integrating knowledge to resolve uncertainty. *Computing Surveys*, 12(2), S.213–53, 1980.

[Falcone/Insinnamo 1989] R. Falcone und P. Insinnamo. Bidirectional charts: a potential technique for parsing spoken natural language sentences. *Computer Speech and Language*, 3, S.219–37, 1989.

[Floyd 1967] R.W. Floyd. Nondeterministic algorithms. *Jour. of the ACM*, 14.4, S.636–44, 1967.

[Gazdar et al. 1985] G. Gazdar, E. Klein, G.K. Pullum und I.A. Sag. *Generalized Phrase Structure Grammar*. Basil Blackwell, Oxford, 1985.

[Gazdar/Mellish 1989] G. Gazdar und C. Mellish. *Natural Language Processing in LISP*. Addison-Wesley, 1989.

[Gazdar/Pullum 1982] G. Gazdar und G.K. Pullum. Generalized Phrase Structure Grammar: A theoretical synopsis. Technical report, Indiana University Linguistics Club, 1982.

[Gibbons/Rytter 1988] A. Gibbons und W. Rytter. *Efficient Parallel Algorithms.* Cambridge University Press, Cambridge, 1988.

[Görz 1988] G. Görz. *Strukturanalyse natürlicher Sprache.* Addison-Wesley, Bonn, 1988.

[Görz 1993] G. Görz, Hrsg. *Einführung in die künstliche Intelligenz.* Addison-Wesley, Bonn, 1993.

[Graham et al. 1980] S.L. Graham, M.A. Harrison und W.L. Ruzzo. An improved context-free recognizer. *ACM Transactions on Programming Languages and Systems*, 2.3, S.415–62, 1980.

[Graham/Harrison 1976] S.L. Graham und M.A. Harrison. *Parsing of General Context-free Languages.* Academic Press, New York, 1976.

[Griffiths/Petrick 1965] T. Griffiths und S.R. Petrick. On the relative efficiencies of context-free grammar recognizers. *Communications of the ACM*, 8, S.289–300, 1965.

[Grosz et al. 1986] B.J. Grosz, J.K. Sparck und B.L. Webber, Hrsg. *Readings in Natural Language Parsing.* Morgan Kaufmann, 1986.

[Haas 1987] A. Haas. Parallel parsing for unification grammars. In: *IJCAI Proceedings*, S. 615–19, 1987.

[Haas 1989] A. Haas. A parsing algorithm for unification grammar. *Computational Linguistics*, 15.4, S.219–33, 1989.

[Haddock 1987] N.J. Haddock. Incremental interpretation and combinatory categorial grammar. In: *IJCAI Proceedings*, S. 661–63, 1987.

[Harbusch 1988] K. Harbusch. Effiziente Analyse natürlicher Sprache mit TAGs. In: M. Pinkal I.S. Bátori, U. Hahn und W. Wahlster, Hrsg., *Computerlinguistik und ihre theoretischen Grundlagen*, S. 79–103. Springer Verlag, Berlin, 1988.

[Hays 1967] D.G. Hays. *Introduction to Computational Linguistics.* American Elsevier, New York, 1967.

[Hein 1982] A.S. Hein. An experimental parser. In: *COLING 1982*, S. 121–26, 1982.

[Hext/Roberts 1970] J.B. Hext und P.S. Roberts. Syntax analysis by Dömölki's algorithm. *The Computer Journal*, 13, S.263–71, 1970.

[Hopcraft/Ullman 1979] J.E. Hopcraft und J.D. Ullman. *Introduction to Automata Theory, Languages, and Computation*. Addison-Wesley, Massachusetts, 1979.

[Huybregts 1984] R. Huybregts. The weak inadaequacy of context-free phrase structure grammars. In: G. de Haan, M. Trommelen und W. Zonneveld, Hrsg., *Van Periferie naar Kern*, S. 81–99. Foris, 1984.

[Jain/Waibel 1991] A.N. Jain und A.H. Waibel. Parsing with connectionistic networks. In: M. Tomita, Hrsg., *Current Issues in Parsing Technology*, S. 243–60. Kluwer, 1991.

[Jakobson et al. 1951] R.C. Jakobson, G.M. Fant und M. Halle. *Preliminaries to Speech Analysis*. MIT Press, Cambridge, Massachusetts, 1951.

[Johnson 1985] M. Johnson. Parsing with discontinuous constituents. *Communications of the ACL*, S. 127–132, 1985.

[Johnson 1991] M. Johnson. The computational complexity of GLR parsing. In: [Tomita 1991b], S. 35–42.

[Johnson-Laird 1983] P.N. Johnson-Laird. *Mental Models*. Cambridge University Press, 1983.

[Joshi 1985] A. Joshi. Tree adjoining grammars: How much context-sensitivity is required to provide reasonable structural descriptions? In: [Dowty et al. 1985], S. 206–50.

[Kaplan 1967a] R.M. Kaplan. A general syntactic processor. In: R. Rustin, Hrsg., *Natural Language Processing*, S. 193–241. Academic Press, New York, 1967.

[Kaplan 1967b] R.M. Kaplan. A multi-processing approach to natural language. In: *Proceedings of the 1973 National Computer Conference*, S. 435–440, 1967.

[Kaplan 1975] R.M. Kaplan. On process models for sentence analysis. In: D.A. Norman, D.E. Rumelhart und the LNR Research Group, Hrsg., *Explorations in Cognition*, S. 117–135, San Francisco, 1975. Freeman.

[Kasami 1965] T. Kasami. An efficient recognition and syntax analysis algorithm for context-free languages. Technical report, Air Force Cambridge Research Laboratory, Bedford, Mass., 1965.

[Kasami/Torii 1969] T. Kasami und K. Torii. A syntax-analysis procedure for unambiguous context-free grammars. *jacm*, 16, S.423–431, 1969.

[Kay 1967] M. Kay. Experiments with a powerful parser. Memorandum rm-5452-pr, The Rand Cooperation, Santa Monica, 1967.

[Kay 1973] M. Kay. The mind system. In: R. Rustin, Hrsg., *Natural Language Processing*, S. 155–188. Academic Press, New York, 1973.

[Kay 1979] M. Kay. Functional grammar. In: *Proc. of the 5th an. Meet. of the Berkeley Linguistics Society*, S. 142–58, 1979.

[Kay 1985] M. Kay. Parsing in Functional Unification Grammar. In: [Dowty et al. 1985], S. 251–78.

[Kilbury 1984] J. Kilbury. Earley-basierte Algorithmen für direktes Parsen mit ID/LP-Grammatiken. Kit-report, TU Berlin, 1984.

[Kilbury 1985a] J. Kilbury. Chart parsing and the Earley algorithm. In: U. Klenk, Hrsg., *Kontextfreie Syntaxen und verwandte Systeme*, S. 76–89. Niemeyer Verlag, 1985.

[Kilbury 1985b] J. Kilbury. A modification of the Earley-Shieber algorithm for direct parsing of ID/LP-grammars. In: *GWAI 1984*, S. 39–48, Berlin, 1985. Springer Verlag.

[Kindermann/Meier 1985] J. Kindermann und J. Meier. Bottom-up Parsing und Generierung in Prolog. Ein Vergleich mit definite-clause Grammars. $(_1(_2\text{inter})_2\ (_3\text{parse})_3)_1$, Universität Bielefeld, 1985.

[Kindermann/Meier 1988] J. Kindermann und J. Meier. An extension of LR-parsing for Lexical-Functional Grammar. In: [Reyle 1988], S. 131–48.

[King 1983] M. King. *Parsing Natural Language*. Academic Press, London & New York, 1983.

[Kipps 1991] J.R. Kipps. GLR parsing in time O(n^3). In: [Tomita 1991b], S. 43–59.

[Klenk 1985] U. Klenk, Hrsg. *Kontextfreie Syntaxen und verwandte Systeme*. Niemeyer Verlag, Tübingen, 1985.

[Klenk 1992] U. Klenk, Hrsg. *Computatio Linguae*. Franz Steiner Verlag, Stuttgart, 1992.

[König/Seiffert 1989] E. König und R. Seiffert. *Grundkurs PROLOG für Linguisten*. UTB 1525. Francke Verlag, Tübingen, 1989.

[Kratzer et al. 1974] A. Kratzer, E. Pause und A. von Stechow. *Einführung in Theorie und Anwendung der generativen Syntax*. Athenäum, Frankfurt, 1974.

[Langer 1990a] H. Langer. Syntactic normalization of spontaneous speech. In: *COLING 1990*, volume 3, S. 180–184, Helsinki, 1990.

[Langer 1990b] H. Langer. Syntaktische Normalisierung gesprochener Sprache. Technical report, DFG-Forschergruppe Kohärenz, Universität Bielefeld, 1990.

[Langer/Naumann 1992] H. Langer und S. Naumann. Syntaktische Hierarchie und lineare Abfolge. [Klenk 1992], S. 125–145.

[Leiss 1990] H. Leiss. On Kilbury's modification of Earley's algorithm. *ACM Transactions on Programming Languages and Systems*, 12(4), S.610–640, 1990.

[Lowerre 1976] B.T. Lowerre. The HARPY speech recognition system. Technical report, Department of Computer Science, Carnegie-Mellon University, 1976.

[Massiomo et al. 1987] M. Massiomo, A. Spiezo, G. Ferrari und I. Prodanof. An efficient context-free parser for augmented phrase-structure grammars. *European Chapter of the ACL*, S. 196–202, 1987.

[Matsumoto 1986] Y. Matsumoto. A parallel parsing system for natural language analysis. In: 3rd *International Conference on Logic Programming*, S. 396–409, Berlin, 1986. Springer.

[Matsumoto 1988] Y. Matsumoto. Parallel parsing of discontinuous grammars. In: K. Fuchi und L. Kott, Hrsg., *Programming of Future Generation Computers II*, S. 191–202. North-Holland, 1988.

[Matsumoto et al. 1983] Y. Matsumoto, H. Tanaka, H. Hirakawa, H. Miyoshi und H. Yasukawa. BUP: a bottom-up parser embedded in prolog. *New Generation Computing*, 1, S.145–158, 1983.

[Matsumoto et al. 1985] Y. Matsumoto, M. Kiyono und H. Tanaka. Facilities of the BUP parsing system. In: [Dahl/Dizier 1985], S. 97–106.

[Matsumoto/Sugimura 1987] Y. Matsumoto und R. Sugimura. A parsing system based on logic programming. In: *IJCAI Proceedings*, S. 671–74, 1987.

[Maurer 1969] H. Maurer. *Theoretische Grundlagen der Programmiersprachen.* Bibliographisches Institut, Mannheim, 1969.

[Mayer 1982] O. Mayer. *Syntaxanalyse.* Bibliographisches Institut, 1982.

[Moll et al. 1988] R.N. Moll, M.A. Arbib und A.J. Kfoury. *An Introduction to Formal Language Theory.* Texts and Monographs in Computer Science. Springer, New York, 1988.

[Moshier/Rounds 1987] M.D. Moshier und W.C. Rounds. On the succinctness properties of unordered context-free grammars. In: *ACL*, S. 112–16, 1987.

[Nagao/Nakamura 1982] M. Nagao und J. Nakamura. A parser which learns the application order of rewriting rules. In: *COLING 1982*, S. 253–58, 1982.

[Naumann 1987] S. Naumann. Ein einfacher Parser für generalisierte Phrasenstrukturgrammatiken. *Zeitschrift für Sprachwissenschaft*, 6.2, S.206–26, 1987.

[Naumann 1988] S. Naumann. *Generalisierte Phrasenstrukturgrammatik: Parsingstrategien, Regelorganisation und Unifikation.* Niemeyer Verlag, Tübingen, 1988.

[Numazaki/Tamura 1991] H. Numazaki und N. Tamura. Parallel generalized LR parser based on Logic Programming. In: *Logic Programming 89*, S. 97–206. Springer, 1991.

[Okunishi et al. 1988] T. Okunishi, R. Sugimura, Y. Matsumoto, Tanaka T. und O. Toshiyuki. Comparison of logic programming based natural language parsing systems. In: [Dahl/Dizier 1988], S. 1–14.

[Oliva 1990] K. Oliva. A simple parser for an HPSG-style grammar implemented in Prolog. In: *COLING 90*, volume 3, S. 434–36, Helsinki, 1990.

[Pareschi/Steedman 1987] R. Pareschi und M. Steedman. A lazy way to chart-parse with categorial grammars. In: *Proceedings of the ACL*, S. 81–88, 1987.

[Partee et al. 1990] B.H. Partee, A. ter Meulen und R.E. Wall. *Mathematical Methods in Linguistics.* Kluwer Academic Publishers, Dordrecht, 1990.

[Pereira 1981] F.C.N. Pereira. Extraposition grammars. *American Journal of Computational Linguistics*, 7.4, S.243–256, 1981.

[Pereira 1985] F.C.N. Pereira. A new characterization of attachment preferences. In: [Dowty et al. 1985], S. 307–319.

[Pereira/Shieber 1987] F.C.N. Pereira und S.M. Shieber. Prolog and natural-language analysis. CSLI Lecture Notes 10, CSLI, Stanford, 1987.

[Pereira/Warren 1980] F.C.N. Pereira und D.H.D. Warren. Definite Clause Grammars for language analysis. A survey of the formalism and a comparison with augmented transition networks. *Artificial Intelligence*, 13, S.231–278, 1980.

[Pereira/Warren 1983] F.C.N. Pereira und D.H.D. Warren. Parsing as deduction. In: *ACL*, S. 137–144, 1983.

[Pollard/Sag 1987] C. Pollard und I. Sag. *Information-Based Syntax and Semantics. Volume I: Fundamentals.* CSLI Lecture Notes 13. Stanford University Press, 1987.

[Pratt 1975] V.R. Pratt. LINGOL - a progress report. In: *Advance Papers 4th International Joint Conference on Artificial Intelligence*, S. 422–428, Tbilisi, USSR, 1975.

[Reyle 1988] U. Reyle, Hrsg. *Natural Language Parsing and Linguistic Theory.* Reidel, Dordrecht, 1988.

[Roeck 1983] A. de Roeck. An underview of parsing. In: [King 1983], S. 4–17.

[Ross 1982] K.M. Ross. An improved left-corner parsing algorithm. In: *COLING 1982*, S. 333–38, 1982.

[Russi 1990] T. Russi. Parsers for a Text-to-Speech System. In: *Proceedings of COLING 1990*, S. 443–45, 1990.

[Rustin 1973] R. Rustin, Hrsg. *Natural Language Processing.* Academic Press, New York, 1973.

[Sampson 1983] G.R. Sampson. Context free parsing and the adequacy of context-free grammars. In: *Parsing Natural Language* [King 1983], S. 152–170.

[Schade 1992] U. Schade. *Konnektionismus. Zur Modellierung naürlicher Sprache.* Westdeutscher Verlag, Opladen, 1992.

[Schank 1975] R.C. Schank, Hrsg. *Conceptual Information Processing.* North Holland, Amsterdam, 1975.

[Schnelle/Wilkens 1990] H. Schnelle und R. Wilkens. The translation of constituent structure grammars into connectionist networks. In: *COLING 1990*, S. 53–55, 1990.

[Sells 1985] P. Sells. *Lectures on contemporary syntactic theories.* CSLI Lecture Notes 3. Stanford University Press, 1985.

[Shann 1989] P. Shann. The selection of a parsing strategy for an on-line machine translation system in a sublanguage domain. In: *Proceedings of the International Workshop on Parsing Technologies*, S. 264–76, 1989.

[Sheil 1976] B. Sheil. Observations on context free parsing. *Statistical Methods in Linguistics*, S. 71–109, 1976.

[Shieber 1983] S.M. Shieber. Direct Parsing of ID/LP grammars. *Linguistics and Philosophy*, 7, S.135–54, 1983.

[Shieber 1985a] S.M. Shieber. Evidence against the context-freeness of natural languages. *Linguistics and Philosophy*, 8, S.333–343, 1985.

[Shieber 1985b] S.M. Shieber. Using restrictions to extend parsing algorithms for complex-feature-based formalisms. *Comm. of the ACL*, S. 145–152, 1985.

[Shieber 1986] S.M. Shieber. *An Introduction to Unification-Based Approaches to Grammar.* University of Chicago Press, Chicago, 1986.

[Shieber 1988] S.M. Shieber. A uniform architecture for parsing and generation. In: *COLING 1988*, S. 614–619, 1988.

[Shieber et al. 1983] S. Shieber, H. Uszkoreit, F. Pereira, J. Robinson und M. Tyson. The formalism and implementation of PATR-II. In: B. Grosz und M. Stickel, Hrsg., *Research on Interactive Acquisition and Use of Knowledge.* Menlo Park, 1983.

[Slocum 1981] J. Slocum. A practical comparison of parsing strategies. In: *Proceedings of the 19th ACL*, S. 1–6, 1981.

[Sparck-Jones/Wilks 1983] K. Sparck-Jones und Y. Wilks, Hrsg. *Automatic Natural Language Parsing.* J.Wiley, New York-Chichester-Brisbane, 1983.

[Stabler 1983] E.P. Stabler. Deterministic and bottom-up parsing in prolog. In: *AAAI*, S. 383–86, 1983.

[Stabler 1988] E.P. Stabler. Parsing with explicit representations of syntactic constraints. In: [Dahl/Dizier 1988], S. 15–25.

[Steel/deRoeck 1987] S. Steel und A. de Roeck. Bidirectional chart parsing. In: J. Hallam und C. Mellish, Hrsg., *Advances in Artificial Intelligence*, S. 223–235. John Wiley, New York, 1987.

[Sterling/Shapiro 1986] L. Sterling und E. Shapiro. *The Art of Prolog.* MIT Press, Cambridge, 1986.

[Stock 1987] G. Stock. Coping with dynamic syntactic strategies: An experimental environment for an experimental parser. In: *EACL*, S. 234–240, 1987.

[Stock et al. 1989] O. Stock, R. Falcone und P. Insinnamo. Bidirectional charts: A potential technique for parsing spoken natural language sentences. *Computer Speech and Language*, 3, S.219–237, 1989.

[Thompson 1983] H. Thompson. Natural language processing: A critical analysis of the structure of the field with some implications for parsing. In: [Sparck-Jones/Wilks 1983], S. 1–9.

[Tomita 1984] M. Tomita. LR Parsers for natural languages. In: *COLING 1984*, S. 354–57, 1984.

[Tomita 1985] M. Tomita. An efficient context-free parsing algorithm for natural languages. In: *Proceeding of the 9th IJCAI*, S. 756–64, 1985.

[Tomita 1986] M. Tomita. *Efficient Parsing for Natural Languages: A Fast Algorithm for Practical Systems.* Kluewer, Boston, 1986.

[Tomita 1987] M. Tomita. An efficient augmented-context-free parsing algorithm. *Computational Linguistics*, 13.1/2, S.31–46, 1987.

[Tomita 1988] M. Tomita. Parser factory: The universal parser compiler and its application to a knowledge-based speech translation system. Technical report, Universität Duisburg, 1988.

[Tomita 1991a] M. Tomita, Hrsg. *Current Issues in Parsing Technology.* Kluwer, Boston, 1991.

[Tomita 1991b] M. Tomita, Hrsg. *Generalized LR Parsing.* Kluwer, Boston, 1991.

[Tomita/Carbonell 1987] M. Tomita und J.G. Carbonell. The universal parser architecture for knowledge-based machine translation. In: *IJCAI 87*, S. 718–21, 1987.

[Trehan/Wilk 1988] R. Trehan und P.F. Wilk. A parallel chart parser for the committed choice non-deterministic logic languages. In: *5th International Conference on Logic Programming*, S. 212–32, Berlin, 1988.

[Unger 1968] S.H. Unger. A global parser for context-free phrase structure grammars. *Communications of the ACM*, 11.4, S.240–47, 1968.

[Uszkoreit 1986a] H. Uszkoreit. Categorial unification grammar. In: *COLING 86*, S. 187–94, 1986.

[Uszkoreit 1986b] H. Uszkoreit. Constraints on order. *Linguistics*, 24, S.83–106, 1986.

[Uszkoreit 1991] H. Uszkoreit. Strategies for adding control information to declarative grammars. In: *29th Proceedings of the ACL*, S. 237–245, 1991.

[Valkonen et al. 1987] K. Valkonen, H. Jäppinen, A. Lehtola und M. Ylilammi. Declarative model for dependency parsing - a view into blackboard methodology. *EACL*, S. 218–225, 1987.

[Varile 1983] G.B. Varile. Charts: A data structure for parsing. In: [King 1983], S. 73–87.

[Verlinden 1993] M. Verlinden. Head-Corner Parsing on Unification Grammars: A Case Study. In: K. Sikkel und A. Nijdholt, Hrsg., *Natural Language Parsing: Methods and Formalisms*, S. 71–84. Universiteit Twente, 1993.

[Vreught 1993] J.P.M. de Vreught. A practical comparison between parallel tabular recognizers. In: K. Sikkel und A. Nijdholt, Hrsg., *Natural Language Parsing: Methods and Formalisms*, S. 63–70. Universiteit Twente, 1993.

[Wang 1985] W. Wang. The comparison of Kilbury's algorithm with Earley's for parsing context-free grammars. Technical report, Boston University, 1985.

[Wedekind 1988] J. Wedekind. Generation as structure driven derivation. In: *COLING 88*, S. 732–37, 1988.

[Wedekind 1991] J. Wedekind. *Unifikationsgrammatiken und ihre Logik*. PhD thesis, Universiät Stuttgart, 1991.

[Winograd 1983] T. Winograd. *Language as a Cognitive Process: I. Syntax*. Addison-Wesley, Reading, M.A, 1983.

[Winston/Horn 1989] P.H. Winston und B.K.P. Horn. *LISP*. Addison-Wesley, Massachusetts, 1989.

[Wiren 1987] M. Wiren. A comparison of rule-invocation strategies in context-free chart parsing. In: *EACL*, S. 226–233, 1987.

[Woods 1970] W.A. Woods. Transition network grammars for natural language analysis. *CACM*, 13(10), S.591–606, 1970.

[Woods 1982] W.A. Woods. Optimal search strategies for speech understanding control. *Artificial Intelligence*, 18, S.295–326, 1982.

[Younger 1967] D. Younger. Recognition and parsing of context-free language in time n^3. *Information and Control*, 10, S.189–208, 1967.

[Zeevat et al. 1987] H. Zeevat, E. Klein und J. Calder. Unification Categorial Grammar. In: N. Haddock, E. Klein und G. Morrill, Hrsg., *Edinburgh Working Papers in Cognitive Science*, S. 195–222. 1987.

Index

TEUBNER-TEXTE zur Informatik

B. G. Teubner Verlagsgesellschaft
St